Ruby
コードレシピ集

山本浩平
下重博資
板倉悠太 著

技術評論社

注意

ご購入・ご利用の前に必ずお読み下さい

本書に記載された内容は、情報の提供のみを目的としています。したがって、本書を用いた運用は、必ずお客様自身の責任と判断によっておこなってください。これらの情報の運用の結果について、技術評論社および著者はいかなる責任も負いません。

本書記載の情報は2024年7月現在のものを掲載しており、ご利用時には変更されている場合もあります。また、ソフトウェアに関する記述は、特に断りのないかぎり、2024年7月現在での最新バージョンをもとにしています。ソフトウェアはバージョンアップされる場合があり、本書での説明とは機能内容や画面図などが異なってしまうこともありえます。

以上の注意事項をご承諾いただいた上で、本書をご利用願います。これらの注意事項をお読みいただかずに、お問い合わせいただいても、技術評論社および著者は対処しかねます。あらかじめ、ご承知おきください。

●本文中に記載されている製品名、会社名は、すべて関係各社の商標または登録商標です。なお、本文中には™マーク、®マークは明記しておりません。

はじめに

　まつもとゆきひろさんによって1993年に生み出されたプログラミング言語Rubyは、いわゆるスクリプト言語としてテキストデータの処理や日々の作業自動化のために長年愛用されています。また、Ruby on Railsの人気とともに、Webアプリケーションを書くための言語として国内外で広く使われるようになりました。

　現在ではRuby on Railsと合わせて利用されることが多いRubyですが、効率的で読みやすいコードを書くには、基礎となる言語そのものや標準ライブラリの使い方を正しく把握することが重要です。本書では、入門者や他言語の経験があるプログラマがRubyの基礎を学び、アプリケーション開発など次のステップに役立てられることを目指しています。

　本書はRubyを使ってできることをコードレシピ形式で解説しており、実現したい処理に基づいて各項目を読み進めることができます。また、Rubyには継続的にコーディングを便利にする機能が追加されていることを鑑み、本書は2023年12月にリリースされたRuby 3.3までの機能に基づいて書かれています。

　全体として、本書は次のような構成になっています。

- ▶ 1章：Rubyの基礎的な使い方
- ▶ 2章〜6章：基礎的な文法、配列やハッシュなどのデータ構造、文字列操作
- ▶ 7章〜8章：Rubyのオブジェクト指向言語としての機能
- ▶ 9章〜11章：プログラムの開発に便利な日時、数学、ファイル操作
- ▶ 12章〜15章：本格的な開発に必要なエラー処理、テスト、デバッグ、ライブラリ管理
- ▶ 16章〜21章：応用としてさまざまな形式のデータ処理、DB操作、Webアプリケーション開発

　本書は学習用途で1章から順に読むのでも、実務用途でやりたいことに応じて必要なところから読むのでもかまいません。また、各項目で紹介しているサンプルコードは、著者陣がソフトウェア開発の現場で実践してきたものに基づいています。本書を読み、実際にコードを実行したり変更したりすることで、Rubyの実践的な活用方法への理解が深まることでしょう。ぜひ、本書を通じてRubyによる楽しいプログラミングの一端に触れていただければ幸いです。

2024年7月 著者を代表して、山本浩平

本書の読み方

❶ 項目名

Rubyを使って実現したいテクニックを示しています。

❷ Syntax

目的のテクニックを実現するために必要なRubyの機能や構文です。

❸ 本文

目的のテクニックを実現するために、どの機能をどのような考えで使用するかなど、方針や具体的な手順を解説しています。

❹ Rubyコード

目的のテクニックを構成するRubyコードを示しています。本来1行で表示されるはずのコードが紙面の都合で折り返されている場合は、行末に┛マークを入れています。

---

030 ❶ 変数に値がないことを表したい (nil)

Syntax

❷ ● 値がないことを表す

```
nil
```

変数に値がないことを表す場合、nilを利用します。ほかのプログラミング言語でのnullに相当するもので、語源が違うだけでどちらも「何もない」という意味を持ちます。

❸ ■ nilを条件式に使う

nilを条件式に使った場合、偽として扱われます。Rubyでは偽として扱われるのはfalse（▶▶027）とnilだけです。それ以外は0や空文字列も含めてすべて真として扱われます。

■ samples/chapter-02/030.rb

❹
```
if nil
    puts 'nilは真です'
else
    puts 'nilは偽です'
end
```

▼ 実行結果

❺
```
nilは偽です
```

■ 変数がnilかどうかを確認する

変数がnilかどうかを確認するには、Object#nil?メソッドを利用します。

062

❺ ファイル名
サンプルファイルとして提供しているコードのファイル名を示しています。

❻ 実行結果
Rubyコードを実行したときの実行結果を示しています。

❼ コラム
テクニックに関連する補足情報です。

❽ 関連項目
関連するレシピを示しています。

サンプルファイルについて
本書掲載の多くのテクニックは、サンプルファイルを用意しています。以下の技術評論社Webサイトからダウンロード方法を確認してください。

URL https://gihyo.jp/book/2024/978-4-297-14403-6/support

■ 本書について

本書はコードレシピ形式で構成しています。各レシピは独立した内容としており、どこからでも読めるようになっています。また、レシピ本文や関連項目で、関連するレシピの番号と名前を示しており、関連する知識をすばやく見つけることができます。

■ 実行環境について

▶OS

本書では、利用するOSとしてmacOSまたはLinuxを想定しています。利用するコマンドやファイルシステムもこれらのOSに準拠します。実際はmacOSとLinuxでコマンドオプションの機能やシステムのディレクトリ構造に違いはありますが、本書ではそれらシステム固有の事柄にはなるべく依存しない形で説明しています。

Windowsで本書のコードを実行する場合は、WSL（Windows Subsystem for Linux、https://learn.microsoft.com/ja-jp/windows/wsl/）を利用してLinuxの環境を準備してください。

▶Ruby

本書のコードは、2024年7月時点でメンテナンスされている次のバージョンのRubyで動作を確認しています。

- 3.3.4
- 3.2.4
- 3.1.6

■ 本書に掲載しているコードについて

本書では断りがない限り、Ruby 3.3.4におけるコードと実行結果を掲載しています。Rubyのバージョンによって、エラーメッセージなどが変わる場合があります。また、本書ではRubyの慣習に従い、インスタンスメソッドを「**クラス名#インスタンスメソッド名**」、クラスメソッドを「**クラス名.クラスメソッド名**」と表記しています。

CONTENTS

Chapter 1 Rubyの基礎 017

001	Rubyスクリプトを実行したい	018
002	標準出力に文字列を出力したい	019
003	コメントを書きたい	020
004	ローカル変数を使いたい	021
005	整数を使いたい	023
006	算術演算をしたい	024
007	比較演算をしたい	026
008	配列を使いたい	027
009	ハッシュを使いたい	029
010	メソッドを定義したい	031
011	条件分岐を利用したい	033
012	Rubyスクリプトに引数を渡したい	035
013	Rubyスクリプトを実行可能ファイルにしたい	036
014	Rubyをワンライナーで実行したい	037
015	Rubyを対話形式で実行したい	039
016	Rubyの標準添付ライブラリを使いたい	041
017	複数のバージョンのRubyを管理したい	043

Chapter 2 データとメソッドを扱う 047

018	浮動小数点数を使いたい	048
019	有理数（分数）を使いたい	050
020	小数を誤差なく計算したい（BigDecimal）	053
021	数値の端数処理（切り上げ／切り捨て／四捨五入）を行いたい	055
022	2進数／8進数／16進数を使いたい	059
023	10進数を基数変換したい	061
024	文字列を使いたい	062
025	ヒアドキュメントで文字列を書きたい	065
026	シンボルを使いたい	068

007

027	真偽値を使いたい	072
028	値を真偽値に変換したい	074
029	論理演算をしたい	075
030	変数に値がないことを表したい (nil)	078
031	定数を使いたい	080
032	変数にデフォルト値を代入したい	083
033	代入で複数の変数を使いたい	085
034	変数に演算結果を入れ直したい	087
035	範囲を表すデータを使いたい	089
036	構造体を作りたい	094
037	イミュータブルな構造体を使いたい (Data)	097
038	メソッドを呼び出したい	100
039	キーワード引数を使いたい	103
040	ブロックを受け取るメソッドを定義したい	107
041	I行でメソッドを定義したい	111
042	メソッドに渡す引数の数を可変にしたい	113
043	メソッドに渡すキーワード引数の数を可変にしたい	114
044	メソッドを連続して呼び出したい (メソッドチェーン)	115
045	メソッドチェーンの途中に処理を挟みたい	116
046	メソッドをパイプライン形式で連続して呼び出したい	117
047	nilの可能性があるオブジェクトに対してメソッドを安全に呼び出したい	119
048	オブジェクトをコピーしたい	122
049	オブジェクトの意図しない書き換えを防止したい	125
050	システムのコマンドを実行したい	126

Chapter 3 分岐と繰り返しで処理を制御する 131

051	特定の条件に当てはまらないときだけ処理を実行したい (unless)	132
052	複数の条件分岐を順番に実行したい (if-elsif-else)	134
053	ガード節を書きたい	135
054	三項演算子を使いたい	136
055	if式を使って条件に応じた値を取得したい	137
056	式の値に応じて複数の条件に分岐したい (case-when)	138
057	パターンマッチを使いたい (case-in)	140
058	指定した回数繰り返しを実行したい	145
059	配列の要素を繰り返し処理したい	146

060	配列の要素をインデックスとともに繰り返し処理したい	147
061	無限ループしたい	148
062	条件を満たしている間繰り返しを実行したい	149
063	特定の範囲の整数を数え上げながら繰り返しを実行したい	150
064	特定の条件のとき繰り返しを中断したい	152
065	特定の条件のとき繰り返しの処理をスキップしたい	153
066	ブロックの実行を中断したい	154

Chapter 4 配列やハッシュとしてデータを扱う　157

067	配列から値を取得したい	158
068	配列の長さを調べたい	160
069	配列に値を挿入したい	161
070	配列から値を削除したい	163
071	配列から重複する要素を取り除きたい	165
072	配列からnilを取り除きたい	166
073	配列を整列したい	168
074	任意の値から配列を生成したい	171
075	配列の各要素を変換して新しい配列を作りたい	172
076	文字列やシンボルの配列を簡潔に記述したい	173
077	配列の要素を連結して文字列にしたい	174
078	配列から条件に合う要素だけを取り出したい	175
079	配列から条件に合う要素を取り除きたい	176
080	配列のすべての要素について条件が成立するか確認したい	177
081	配列の少なくとも1つの要素について条件が成立するか確認したい	178
082	特定の条件が成り立つ要素を変換して新しい配列を作りたい	179
083	配列の全要素を集計して1つの値を得たい	180
084	配列をもとにした新しいハッシュを作りたい	182
085	配列をバイナリ文字列に変換したい／バイナリ文字列をデータに変換したい	183
086	ハッシュから複数の値を取得したい	185
087	ハッシュにキーと値を挿入したい	186
088	ハッシュからキーと値を削除したい	187
089	ハッシュを簡潔に記述したい (Shorthand Syntax)	189
090	ハッシュのキーの数を調べたい	190
091	ハッシュがどのようなキーを持つか調べたい	191
092	ハッシュのキーと値に対して繰り返し処理したい	192

093	ハッシュのデフォルト値を設定したい	193
094	集合を扱いたい	195
095	集合に特定の要素が含まれているか確認したい	197
096	集合の要素を追加・削除したい	198
097	集合演算を実行したい	201

Chapter 5 文字列を操作する 203

098	文字列を連結したい	204
099	文字列に含まれる文字数を知りたい	205
100	文字列に式の返り値を埋め込みたい	206
101	フォーマットを指定して数値を文字列にしたい	207
102	文字列を置換したい	209
103	文字列内に特定の文字列が含まれるか判定したい	210
104	文字列の一部を取り出したい	211
105	文字列の前後の不要な空白文字を削除したい	212
106	文字列の大文字／小文字を変換したい	213
107	文字列を左詰め／右詰め／中央揃えにしたい	214
108	文字列を数値に変換したい	215
109	改行を含む文字列を1行ずつ処理したい	216
110	文字列から空白行だけを削除したい	218
111	全角文字と半角文字を相互に変換したい	220
112	文字コードを判定したい	222
113	文字列とBase64文字列を相互に変換したい	223
114	ハッシュ値を計算したい	227

Chapter 6 正規表現で文字列を扱う 231

115	正規表現を使いたい	232
116	正規表現で文字クラスを使いたい	235
117	正規表現で特別な意味を持つ文字をパターンとして使いたい	237
118	正規表現で文字列に意図しない文字が含まれていないことを確認したい	238
119	繰り返しの正規表現で最小の範囲にマッチさせたい	240
120	正規表現で前後に特定のパターンが存在する場合のみマッチさせたい	242
121	正規表現で複数行にまたがってマッチさせたい	243
122	正規表現でひらがなとカタカナにマッチさせたい	244

123	正規表現でパーセント記法／式展開／パターンの連結を利用したい	246
124	正規表現にマッチする箇所のインデックスを取得したい	248
125	正規表現にマッチする箇所をすべて取得したい	249
126	正規表現にマッチする最初の箇所を置換したい	251
127	正規表現にマッチする箇所をすべて置換したい	252
128	正規表現で文字列を分割したい	253
129	正規表現にマッチした文字列の一部を参照したい	254
130	正規表現にマッチした箇所の前後を調べたい	257

Chapter 7 クラスとモジュールの機能を利用する　259

131	クラスを定義したい	260
132	インスタンス変数を定義したい	261
133	クラス変数を定義したい	263
134	クラスインスタンス変数を定義したい	266
135	インスタンスメソッドを定義したい	268
136	クラスメソッドを定義したい	269
137	privateなクラスメソッドを定義したい	272
138	特定のオブジェクトのみにメソッドを定義したい	275
139	メソッドの公開範囲を設定したい	278
140	インスタンス変数へのゲッター／セッターメソッドを簡単に定義したい	283
141	別のクラスを継承したい	286
142	モジュールを定義したい	288
143	モジュールのメソッドをインスタンスメソッドとして追加したい	290
144	モジュールのメソッドをクラスメソッドとして追加したい	292
145	モジュール関数を定義したい	294
146	クラス／モジュールに名前空間を作りたい	296
147	クラスが持つメソッドをリスト化したい	298
148	クラスの継承関係を調べたい	300
149	オブジェクトが属するクラスを調べたい	302
150	オブジェクトが指定されたクラスのインスタンスかどうか調べたい	303

Chapter 8 動的なプログラミング言語の機能を利用する　305

| 151 | メソッドを上書きしたい | 306 |
| 152 | 限られた箇所だけでメソッドを上書きしたい | 309 |

153	プログラム全体で上書きしたメソッドを使いたい	311
154	既存のクラスに新しいメソッドを追加したい	313
155	メソッドを動的に定義したい	314
156	存在しないメソッドを呼び出して動的に扱いたい	316
157	存在しないメソッドが動的に呼び出せることを確認したい	318
158	呼び出すメソッドを動的に決定したい	320

Chapter 9 時刻と日付のデータを扱う　323

159	時刻のデータを扱いたい	324
160	日付のデータを扱いたい	326
161	現在の日付や時刻を取得したい	328
162	指定した日付の曜日を取得したい	329
163	日付が特定の曜日であるか判定したい	331
164	うるう年かどうか判定したい	333
165	過去／未来の時刻を取得したい	335
166	年／月／日の単位で過去／未来の時刻を取得したい	338
167	月末の日付を取得したい	340
168	ある日付が月末かどうか判定したい	341
169	文字列から日付／時刻を作成したい	342
170	日付／時刻の文字列を作成したい	344
171	時刻を標準規格の形式の文字列に変換したい	347
172	時刻のタイムゾーンを変更したい	349
173	日付を時刻に変換したい／時刻を日付に変換したい	352
174	メソッドのデフォルト引数として現在時刻を利用したい	354
175	テストのために現在時刻を固定／変更したい	355

Chapter 10 数学的な機能を利用する　361

176	絶対値を求めたい	362
177	最大値、最小値を求めたい	363
178	合計値を求めたい	364
179	平方根を求めたい	365
180	複素数を使いたい	366
181	三角関数を使いたい	368
182	指数関数を使いたい	370

183	対数関数を使いたい	371
184	数学に関する定数を使いたい	372
185	乱数を使いたい	373
186	安全な乱数を使いたい	375
187	順列／組合せを求めたい	377

Chapter 11 ファイルシステムを操作する 379

188	ファイルやディレクトリの名前の一覧を取得したい	380
189	実行中のスクリプトが存在するディレクトリの名前を取得したい	382
190	ファイルの拡張子を取得したい	384
191	ファイルとディレクトリが存在するかどうか確認したい	385
192	ディレクトリ名とファイル名を結合してパス文字列を作りたい	386
193	特定のパターンにしたがうファイル名を取得したい	387
194	相対パスを絶対パスに変換したい	389
195	ファイルの移動やファイル名の変更を実行したい	391
196	ファイルをコピーしたい	393
197	ディレクトリとその中のファイルをコピーしたい	395
198	ファイルを削除したい	397
199	ディレクトリを削除したい	398
200	ファイルを開きたい	400
201	ファイルの文字コードを指定して開きたい	402
202	テキストファイルを読み込みたい	405
203	テキストファイルを1行ずつ読み込んで処理したい	408
204	ファイルに文字列を書き込みたい	409
205	カレントディレクトリを参照／移動したい	411
206	ファイルやディレクトリが空かどうか判定したい	414
207	実行中のスクリプトの名前とパスを取得したい	416
208	スクリプトにテキストデータを埋め込みたい	418

Chapter 12 例外を用いてエラーを制御する 421

209	例外を発生させたい	422
210	発生した例外に対応したい	424
211	独自の例外を作りたい	427
212	例外の種類に応じて異なる対応をしたい	429

213	1行で例外に対応したい	431
214	例外が発生したときに処理をやり直したい	432
215	例外の有無によらずに最後に同じ処理をしたい	433

Chapter 13 Rubyのプログラムをテストする　435

216	Rubyのコードをテストしたい	436
217	インスタンスメソッド／クラスメソッドの返り値をテストしたい	441
218	例外が発生することをテストしたい	445
219	メソッドが呼び出されたかどうかをテストしたい	447
220	テスト実行前後に特定の処理を実行したい	450
221	ネスト（入れ子に）したテストケースを書きたい	455
222	外部へのHTTPリクエストをスタブしたい	459

Chapter 14 Rubyのプログラムをデバッグする　463

223	デバッグのために変数の内容を出力したい	464
224	プログラムの実行を途中で止めて処理を追いたい（IRB）	467
225	高機能なデバッガを使いたい（debugライブラリ）	472
226	プログラムの実行速度を計測したい	478
227	ログを標準出力に出力したい	481
228	ログをファイルに出力したい	483
229	特定のレベル以上のログだけを出力したい	484

Chapter 15 RubyGemsを活用する　487

230	gemを使いたい	488
231	特定バージョンのgemを使いたい	489
232	インストールされているgemを確認したい	492
233	プログラムごとに必要なgemを管理したい（Bundler）	494
234	Bundlerで管理しているgemを一括で読み込みたい	496
235	開発時だけ特定のgemをインストールしたい	498
236	Bundlerでgemをインストールする場所を変えたい	500
237	Gemfileを使わずにgemを使うプログラムを書きたい	501

Chapter 16 テキストデータを扱う 503

238	JSONを読み込んでRubyで扱いたい	504
239	RubyのオブジェクトをJSON文字列に変換したい	506
240	CSVを読み込んで2次元配列として扱いたい	507
241	配列からCSVを組み立てたい	511
242	YAMLを読み込んでハッシュとして扱いたい	513
243	RubyオブジェクトをYAMLにして出力したい	518
244	TOMLを読み込んでRubyで扱いたい	520
245	MarkdownをHTMLに変換したい	522

Chapter 17 さまざまな形式のデータを扱う 525

246	tar.gzファイルを作成したい	526
247	tar.gzファイルを展開したい	529
248	zipファイルを作成したい	530
249	zipファイルを展開したい	532
250	画像を扱いたい	533
251	画像をリサイズしたい	535
252	画像を回転・反転したい	537
253	画像のExifデータを参照／削除したい	539
254	PDFを作成したい	541
255	Microsoft ExcelのXLSXファイルを扱いたい	544

Chapter 18 使いやすいコマンドラインツールを作る 549

256	コマンドラインオプションのあるプログラムを作りたい	550
257	コマンドラインオプションの利用方法を表示したい	554
258	サブコマンドを持つCLIプログラムを作りたい	556
259	Rakeでタスクを実行したい	559
260	Rakeタスクを名前空間でまとめたい	561
261	Rakeタスクの間で依存関係を作りたい	563

Chapter 19 さまざまなデータベースシステムを扱う 565

| 262 | SQLiteデータベースに接続したい | 566 |

263	SQLiteデータベースにレコードを書き込みたい	568
264	SQLiteデータベースからレコードを取得したい	571
265	MySQLデータベースに接続したい	574
266	MySQLデータベースにレコードを書き込みたい	576
267	MySQLデータベースからレコードを取得したい	580
268	PostgreSQLデータベースに接続したい	583
269	PostgreSQLデータベースにレコードを書き込みたい	585
270	PostgreSQLデータベースからレコードを取得したい	589
271	オブジェクトからデータベースを操作したい (Active Record)	592
272	Redisを使いたい	596
273	RedisにJSONを保存したい	598
274	RedisにRubyオブジェクトを保存したい	599

Chapter 20 Webから情報を取得する 601

275	WebサイトからHTMLを取得したい (スクレイピングしたい)	602
276	WebサイトからRSSを取得したい	604
277	HTML／XMLの特定のタグを取り出したい	606
278	HTML／XMLのimgタグに指定されている画像をダウンロードしたい	610
279	URL文字列を編集したい	613
280	公開されているWeb APIを利用したい	615

Chapter 21 基本的なWebアプリケーションの機能を実現する 619

281	簡単なWebアプリケーションを作りたい	620
282	URLのクエリ文字列 (URLパラメータ) を扱いたい	624
283	HTTPレスポンスの生成を簡単に行いたい	626
284	テンプレートを使ってレスポンスを返したい	629
285	URLに応じた処理の切り替え (ルーティング) を設定したい	634
286	Basic認証を使いたい	638
287	ファイルをそのまま配信したい	642
288	Rackアプリケーションのログ出力をフォーマットしたい	646
289	条件に基づいてアクセス制限をしたい	649
290	Rackミドルウェアを作成してリクエストやレスポンスを加工したい	654

| 参考文献 | 662 |
| Index | 663 |

Rubyの基礎

Chapter

1

001 Rubyスクリプトを実行したい

> **Syntax**

● コマンドラインからRubyスクリプトを実行

```
$ ruby ファイル名
```

コマンドラインからRubyスクリプトを実行するには**ruby**コマンドを使います。

Rubyスクリプトとは、Rubyのプログラムが書かれたテキストファイルのことです。Rubyスクリプトのファイルの拡張子は一般的に**.rb**を使います。

Rubyスクリプトを実行するには、引数にそのファイル名を指定して**ruby**コマンドを実行します。たとえば、次のような内容のRubyスクリプトがあるとします。

■ samples/chapter-01/001.rb

```
puts 'hello, world'
```

このとき、次のコマンドを実行するとスクリプトに書かれたRubyのプログラムを実行できます。

```
$ ruby samples/chapter-01/001.rb
```

▼ 実行結果

```
hello, world
```

002 標準出力に文字列を出力したい

Chap 1 Rubyの基礎

Syntax

● **文字列を標準出力に出力**

```
puts 文字列
```

● **オブジェクトを文字列として標準出力に出力**

```
puts オブジェクト
```

Rubyで標準出力に文字列を出力したいときはputsを使います。

putsに引数として文字列を渡すと、その文字列が標準出力に出力されます。また、putsには引数として文字列だけでなくどんなオブジェクトでも渡せます。たとえば、配列を渡すと配列の要素を改行区切りで出力します。配列の要素が文字列でなければ、要素に対してto_sを呼び出し、文字列に変換してから出力します。

putsには、カンマ区切りで0個以上の引数を渡すことができます。引数が0個のとき（引数を渡さないとき）は改行文字だけを出力します。また、複数の引数を渡すと、それらの引数を改行区切りで出力します。

次のサンプルコードでは、putsで標準出力にさまざまな文字列を出力しています。

■ **samples/chapter-01/002.rb**

```
# 複数の引数をそれぞれ出力
puts '1', '2 3', '4 5 6'

# 改行だけ出力
puts

# 配列を渡す。1は文字列の'1'に変換して出力
puts [1, 'あ']
```

▼ **実行結果**

```
1
2 3
4 5 6

1
あ
```

019

003 コメントを書きたい

Syntax

● **コメントの記述**

```
# コメント
```

Rubyのプログラムにコメントを書きたいときは、ナンバーサイン#を使います。#から行末までのテキストはコメントになり、実行対象のコードとして扱われないので、プログラムに関するメモや注意書きに利用できます。

ただし、文字列内での式展開で使う#{...}のように、特別な役割を持つ#はコメントの開始と見なされません。

次のサンプルコードでは、行頭からのコメントと、行の途中からのコメントの例を示しています。

■ **samples/chapter-01/003.rb**

```ruby
# ナンバーサイン(#)以降はコメントになる
puts 'hello, world' # プログラムの後ろにもコメントを書ける
```

▼ **実行結果**

```
hello, world
```

004 ローカル変数を使いたい

Chap 1 Rubyの基礎

Syntax

● ローカル変数への値の代入

```
変数名 = 値
```

　変数の有効範囲が、その変数が定義されたクラス、モジュール、メソッド、ブロックの終わりまでに限られる変数のことをローカル変数と呼びます。

■ ローカル変数の名前

　Rubyでは、アルファベットの小文字かアンダースコアで始まる名前をローカル変数名として利用できます。たとえば、次の名前はローカル変数名として使えます。

```
var_X
_1st
```

　一方、次の名前はローカル変数名として使えません。このうち、大文字から始まる名前Xは定数とみなされます（ **▶▶ 031** ）。

```
X
1st
```

■ トップレベルでのローカル変数

　トップレベル（Rubyスクリプトの直下、あらゆるクラスやメソッドの外側の位置）でローカル変数とみなされる名前の変数を定義すると、そのスクリプトの中で有効なローカル変数となります。

■ ローカル変数に値を代入する

　特定のスコープではじめて現れる変数名に値が代入された場合、それは新たなローカル変数とみなされます。ローカル変数の定義後は、変数名によってそこに保持されている値を参照できます。

021

004

ローカル変数を使いたい

■ samples/chapter-01/004.rb

```ruby
# 変数greetingを定義して利用する
greeting = 'hello, world'
puts greeting

# 変数a、bを定義したあと、変数cを定義して変数a、bの値を加算した値を代入する
a = 1
b = 2
c = a + b
puts c
```

▼ 実行結果

```
hello, world
3
```

 グローバル変数

　一度定義すると実行中のRubyのプログラム全体から参照できるグローバル変数というものが存在します。名前が$から始まる変数がグローバル変数とみなされます。
　Rubyには、あらかじめ定義されているグローバル変数が多数存在します。ふだんのプログラミングでよく使うグローバル変数には次のようなものがあります。

- 標準入力、標準出力、標準エラー出力を表す$stdin、$stdout、$stderr
- Rubyが読み込むファイルを探す起点となるパスが登録された$LOAD_PATH

　独自にグローバル変数を定義して、それを書き換えるようなプログラムを書くと、どこで値が変更されているかわかりにくくなることが少なくありません。独自のグローバル変数は極力使わないことを推奨します。

（ 関連項目 ）

▶031 定数を使いたい

005 整数を使いたい

Chap 1 Rubyの基礎

Syntax

● **変数に整数を代入**

```
変数名 = 1
```

整数は1や-2のようにリテラル（値を直接表現するコード）で書くことができます。整数リテラルは符号（+は省略可能）とそのあとに続く数字からなります。これらの整数はIntegerクラスのオブジェクトです。

■ **samples/chapter-01/005.rb**

```
#  正の整数
a = +1

#  +は省略可能
b = 23

#  負の整数
c = -45

puts a, b, c
```

▼ **実行結果**

```
1
23
-45
```

■ アンダースコアによる桁区切り

一般的な文章では、大きな数値を表現するとき「1,000,000,000円」のように数字を3桁ごとにカンマで区切ることがあります。Rubyでは、整数リテラルでアンダースコア_を使うことで、この桁区切りを表現できます。

■ **samples/chapter-01/005.rb**

```
billion = 1_000_000_000
puts billion
```

▼ **実行結果**

```
1000000000
```

023

006 算術演算をしたい

Syntax

● 算術演算子

記法	意味
x + y	加算
x - y	減算
x * y	乗算
x / y	整数の商を得る除算
x.fdiv(y)	浮動小数点数の商を得る除算
x % y	剰余
x ** y	べき乗

※ x、yは整数

加減乗除、剰余、べき乗の算術演算は次のように実行できます。

■ samples/chapter-01/006.rb

```ruby
# 加算
puts 1 + 2

# 減算
puts 1 - 2

# 乗算
puts 2 * 3

# 整数の商を得る除算
puts 9 / 2

# 浮動小数点数の商を得る除算
puts 9.fdiv(2)

# 剰余
puts 9 % 2
```

```
# べき乗
puts 2 ** 10
```

▼ 実行結果

```
3
-1
6
4
4.5
1
1024
```

 Column

演算子の記法

　Rubyでは、算術演算は数値のクラス（整数であれば`Integer`）のインスタンスメソッドとして定義されています。これらのメソッドは特殊な扱いをされているので、演算子を数値の間に置く「中置記法」で記述できます。次のようなメソッド呼び出しの形式も使用できますが、このような書き方をすることはほとんどありません。

■ samples/chapter-01/006.rb

```
# 1 + 2と同じ意味
puts 1.+(2)
```

▼ 実行結果

```
3
```

007 比較演算をしたい

> Syntax

● **比較演算子**

記法	意味
x == y	xとyは等しい
x != y	xとyは等しくない
x >= y	xはy以上
x > y	xはyより大きい
x <= y	xはy以下
x < y	xはyより小さい

※ x、yは数値

比較演算は2つの値の間の等価性や大小関係を調べる演算です。演算式の関係が成り立つとき true、成り立たないときfalseを式の返り値として取得できます。

■ **samples/chapter-01/007.rb**

```ruby
puts 1 + 2 == 3
puts 1 != 2
puts 1 > 2
puts 1 <= 2
```

▼ **実行結果**

```
true
true
false
true
```

008 配列を使いたい

Chap 1 Rubyの基礎

Syntax

● **配列をリテラルで作成**

[要素0, 要素1, ...]

● **配列の中の要素を取得**

a[インデックス]

※aは配列

Rubyでは、複数の値を順番に並べた状態でまとめて保持するためのデータ構造として、配列がよく使われます。

配列を作成するときはリテラルを使うのが一般的です。カンマ区切りの要素の列を角括弧 [ ] で囲んだものが配列のリテラルとなります。

配列をputsに渡すと、各要素を改行区切りで標準出力に出力します。

次のサンプルコードでは、11までの素数を持つ配列をリテラルで作成して変数primesに代入し、それをputsで標準出力に出力しています。

■ **samples/chapter-01/008.rb**

```ruby
primes = [2, 3, 5, 7, 11]
puts primes
```

▼ **実行結果**

```
2
3
5
7
11
```

027

008

配列を使いたい

■ 配列の要素を取得する

配列は**Array**クラスのオブジェクトです。**Array**クラスには、要素の取得や操作のためにさまざまなメソッドが定義されています。ここでは配列中の位置を指定して要素を取得する方法について説明します。

配列中の要素を取得するには、ほしい要素の位置をインデックスとして整数で指定します。配列のインデックスは0から始まります。たとえば、[2，3，5，7，11]という配列であれば、2はインデックス0、3はインデックス1となり、最後の11がインデックス4となります。ですので、最初の要素を取得したいときは[0]、2番目の要素がほしいときは[1]をインデックスとして指定します。なお、存在しない位置の要素を取得しようとすると、値が存在しないことを表す**nil**が返ります。

■ samples/chapter-01/008.rb

```ruby
primes = [2, 3, 5, 7, 11]
p primes[0]
p primes[1]

# 存在しないインデックス100の要素を取得
p primes[100]
```

▼ 実行結果

```
2
3
nil
```

また、インデックスには負の数を指定することもできます。[-1]を指定すると最後の要素、[-2]を指定すると最後から2番目の要素、といった規則で要素を取得できます。

■ samples/chapter-01/008.rb

```ruby
primes = [2, 3, 5, 7, 11]
p primes[-1]
p primes[-2]
```

▼ 実行結果

```
11
7
```

配列についてはChapter 4で詳しく説明します。

009 ハッシュを使いたい

Chap 1 Rubyの基礎

Syntax

● **シンボルをキーとするハッシュのリテラル**

```
{キー1: 値1, キー2: 値2, ...}
```

● **任意のキーを使うハッシュのリテラル**

```
{キー1 => 値1, キー2 => 値2, ...}
```

● **あるキーの値を取得**

```
h[キー]
```

※hはハッシュ

　インデックスに整数以外の値を使える「連想配列」というデータ構造があります。Rubyではハッシュという機能で連想配列を使用できます。ハッシュは**Hash**クラスのオブジェクトです。
　連想配列のインデックスを「キー」と呼びます。キーにはどんなオブジェクトでも使用できますが、多くの場合はシンボルを使います（ ▶▶026 ）。シンボルをキーとして持つハッシュは、次のようなリテラルで作成できます。また、キーに対応する値は、配列と同じように角括弧 [ ] を使って取得します。なお、ハッシュに存在しないキーの値を取得しようとすると、値が存在しないことを表す**nil**が返ります。

■ **samples/chapter-01/009.rb**

```ruby
h = {greeting: 'hello, world', num: 1}
p h[:greeting]
p h[:num]
p h[:not_found]
```

▼ **実行結果**

```
"hello, world"
1
nil
```

029

009

ハッシュを使いたい

シンボル以外をキーとして持つハッシュを作るときは、次のようにキーと値を対応付ける記号として=>
を利用します。=>はその形から「ハッシュロケット」と呼ばれます。

■ samples/chapter-01/009.rb

```ruby
h = {'language' => 'ja', 100 => :hundred}
p h['language']
p h[100]
```

▼ 実行結果

```
"ja"
:hundred
```

ハッシュについては、Chapter 4で詳しく説明します。

(関連項目)

▶▶026 シンボルを使いたい

010 メソッドを定義したい

Chap 1 Rubyの基礎

Syntax

● メソッドの定義

```
def  メソッド名(引数1, 引数2, ...)
  ...
end
```

　Rubyでは「メソッド」という機能でサブルーチン（再利用できる処理）を定義できます。

　メソッドを定義するのに必要なのは名前、引数、処理の内容です。メソッド名には基本的に変数名（▶▶004）と同じルールが適用されます（演算子の再定義もできるので本当はもう少し緩いルールになります）。引数は0個以上定義できます。処理の内容としては、defとendの間に複数行のコードを書くことができます。

　メソッドの返り値は、次の2つのどちらかになります。

▶ メソッドにおける最後の式の値
▶ returnで明示的に返す値

　メソッドを呼び出した側はメソッドの返り値を取得できます。メソッドの最後に到達する前にreturnを使うと、その時点でメソッドが終了して呼び出し元に値を返します。

　次のサンプルコードでは、摂氏温度から華氏温度への変換とその逆をメソッドto_fahrenheitとto_celsiusとして定義しています。そして、温度を引数にしてこれらのメソッドを呼び出し、返り値を標準出力に出力しています。to_fahrenheitでは、最後の式をそのまま返り値としています。to_celsiusでは、returnを使って明示的に結果の値を返しています。

■ samples/chapter-01/010.rb

```ruby
# 摂氏温度から華氏温度に変換する
def to_fahrenheit(celsius)
  (celsius * 1.8) + 32
end

puts to_fahrenheit(25)
```

010

メソッドを定義したい

```ruby
# 華氏温度から摂氏温度に変換する
def to_celsius(fahrenheit)
  return (fahrenheit - 32) / 1.8
end

puts to_celsius(77.0)
```

▼ 実行結果

```
77.0
25.0
```

　次のように、引数のないメソッドも定義できます。引数のないメソッドはメソッド名だけで呼び出すことができます。

■ samples/chapter-01/010.rb

```ruby
def greet
  puts 'hello'
  puts 'world'
end

greet
```

▼ 実行結果

```
hello
world
```

(関連項目)

▶▶004 ローカル変数を使いたい

011 条件分岐を利用したい

Chap 1
Rubyの基礎

Syntax

● **条件式が真のときに実行**

```
if 条件式
  ...
end
```

　ある条件式の値が真のときだけ特定のコードを実行するには、**if**というキーワードを使います。

　次のサンプルコードでは、ループを使って1から6の整数を順番に調べ、3の約数のときだけ、その数と**'fizz'**という文字列を出力しています。

■ **samples/chapter-01/011.rb**

```ruby
[1, 2, 3, 4, 5, 6].each do |n|
  # 3の約数のときだけ実行する
  if n % 3 == 0
    puts n, 'fizz'
  end
end
```

▼ **実行結果**

```
3
fizz
6
fizz
```

　Rubyでは、**if**は式の一種です。つまり、**if**自体も値を返します。**if**の条件式が真のときは、実行される式のうち最後のものが**if**の返り値になります。また、条件式が偽のときは、**nil**が返り値になります。

　次のサンプルコードでは、変数に入っている整数が偶数のときだけ文字列を返す**if**式を実行し、その結果を出力しています。

033

011

条件分岐を利用したい

■ samples/chapter-01/011.rb

```ruby
n = 12
# nは2の約数なのでifの中の式の値が返り値になる
s = if n % 2 == 0
      '偶数'
    end
p s

m = 13
# mは2の倍数ではないのでnilが返り値になる
t = if m % 2 == 0
      '偶数'
    end
p t
```

▼ 実行結果

```
"偶数"
nil
```

012 Rubyスクリプトに引数を渡したい

Chap **1** Rubyの基礎

Syntax

● **コマンドライン引数を持つ配列**

```
ARGV
```

コマンドラインからRubyスクリプトに渡した引数をスクリプト内で取得するには**ARGV**を使います。

コマンドラインから渡された引数は**ARGV**という配列の要素として利用できます。引数はコマンドラインで渡された順に格納されます。なお、引数はすべて文字列になるので、引数をスクリプト内で数値として扱いたいときは**to_i**や**to_f**などの変換用メソッドを使う必要があります。

ARGVはスクリプトのどこからでも利用できます。

次のサンプルコードでは、コマンドライン引数として渡された各種の値を持つ**ARGV**を配列として標準出力に出力したあと、配列の要素を個別に出力しています。

■ samples/chapter-01/012.rb

```ruby
p ARGV

p ARGV[0].to_i
p ARGV[1].to_f
p ARGV[2]
```

```
$ ruby samples/chapter-01/012.rb 1 3.14 テスト
```

▼ 実行結果

```
["1", "3.14", "テスト"]
1
3.14
"テスト"
```

035

013 Rubyスクリプトを
実行可能ファイルにしたい

Syntax

● **コマンドラインからRubyスクリプトを実行するためのshebang**

```
#!/usr/bin/env ruby
```

Unix／Linux、macOSでよく使われるシェルであるbashやzshでは、Rubyスクリプトの先頭にshebang（シバン）という特殊なコメントを書くことで、スクリプトを直接実行できます。Rubyスクリプトでは次のようなshebangをファイルの1行目に記述します。

```
#!/usr/bin/env ruby
```

摂氏温度から華氏温度への変換を実行するスクリプトにshebangを追加すると次のようになります。ここで配列ARGVはコマンドライン引数を保持しています（ ▶▶012 ）。

■ **samples/chapter-01/013**

```
#!/usr/bin/env ruby

abort '温度を入力してください' unless ARGV[0]
celsius = ARGV[0]
fahrenheit = (celsius.to_i * 1.8) + 32
puts "#{celsius}℃は#{fahrenheit}°Fです"
```

このファイルに実行権限を与えることで、引数を与えてファイルを実行したときにRubyが自動的に起動し、スクリプトの内容が実行されます。

```
$ chmod +x samples/chapter-01/013
$ ./samples/chapter-01/013 25
25℃は77.0°Fです
$ ./samples/chapter-01/013
温度を入力してください
```

関連項目

▶▶012 Rubyスクリプトに引数を渡したい

014

Rubyをワンライナーで実行したい

Chap 1 Rubyの基礎

Syntax

● **コマンドラインからRubyのワンライナーを実行**

```
$ ruby -e "Rubyのコード"
```

Rubyはコマンドラインからワンライナー（1行で書くコード）として直接実行できます。また、bashやzshなどのシェルでは、パイプを使うことでRubyのワンライナーとほかのコマンドを組み合わせることができます。

ワンライナーを実行するには、`ruby`コマンドにオプション-**e**を指定し、値としてRubyのコードを文字列で渡します。コードは複数個渡すことが可能で、先に渡したコードから順に実行されます。

```
$ ruby -e "puts 'hello, world'"
hello, world

# ほかのコマンドの出力を受け取る
# STDIN.readlinesは標準入力から複数行の文字列を配列として取得する
$ echo hello | ruby -e "puts STDIN.readlines"
hello

# ほかのコマンドに出力を渡す
$ ruby -e "puts 'hello world goodbye'" | cut -d ' ' -f 1,3
hello goodbye

# コードを複数渡す
$ ruby -e "puts 'hello'" -e "puts 'world'"
hello
world
```

`require`（ ▶▶016 ）で読み込んで使うライブラリをワンライナーで使いたいときは、オプション-**r**にそのライブラリの名前を渡します。

次の実行例では、`securerandom`というライブラリ名を-**r**に渡して、ワンライナーの中でこのライブラリのメソッドを利用しています。

037

014

Rubyをワンライナーで実行したい

```
# securerandomライブラリのUUID生成メソッドをワンライナーで実行する
$ ruby -r securerandom -e 'puts SecureRandom.uuid'
1fb3c178-8964-458d-839c-32f3815e74d5
```

※ 結果は実行のたびに変わる

【 関連項目 】

▶▶016 Rubyの標準添付ライブラリを使いたい

015 Rubyを対話形式で実行したい

Syntax

● IRBを起動

```
$ irb
```

RubyにはIRBという対話形式で利用できるインタプリタが同梱されています。

IRBを`irb`コマンドで起動し、表示されるプロンプトにRubyのコードを入力することで、対話的に結果を得られます。

```
$ irb
irb(main):001:0> {title: 'greeting', message: 'hello, world'}
=> {:title=>"greeting", :message=>"hello, world"}
irb(main):002:0> [1, 2, 3, 4, 5, 6, 7, 8, 9, 10].sum
=> 55
```

`=>`のあとに表示される値が実行した式の最終的な返り値です。返り値の表示形式は`p`（ ▶▶223 ）での出力と同じです。

プロンプトにはメソッド定義のような複数行のコードを入力することもできます。式の終わりと見なされるまでは続けてコードを入力できます。

```
irb(main):003:1* def to_fahrenheit(celsius)
irb(main):004:1*   (celsius * 1.8) + 32
irb(main):005:0> end
=> :to_fahrenheit
irb(main):006:0> to_fahrenheit(25)
=> 77.0
```

IRBを終了するには`quit`を入力するか、Ctrl＋DなどでEOFを入力します。

015

Rubyを対話形式で実行したい

```
# IRBを終了する
$ irb
irb(main):001:0> quit

$ irb
irb(main):001:0> <[Ctrl]+Dを入力>
```

Ruby 3.1以降でのIRBの補完機能強化

　Ruby 3.1以降に同梱のIRBから、プロンプトにコードを入力しているときに自動でクラス名、メソッド名、変数名の補完候補が表示されるようになりました。また、Tabキーで補完候補を選択すると、その補完候補に関するドキュメントが表示されるようになりました。

```
$ irb
irb(main):001> nums = [1, 2, 3]
=> [1, 2, 3]
irb(main):002> nums.push
               nums.last         Press Option+d to read the full document
               nums.to_h         Array.push
               nums.include?
               nums.at           (from ruby core)
               nums.fetch        ------------------------------
               nums.union          array.push(*objects) -> self
               nums.difference
               nums.intersection ------------------------------
               nums.intersect?
               nums.push         Appends trailing elements.
               nums.append
               nums.pop          Appends each argument in objects
               nums.shift        to self; returns self:
               nums.unshift
               nums.each_index     a = [:foo, 'bar', 2]
                                   a.push(:baz, :bat) # => [:foo, "bar",

                                 Appends each argument as one element,
                                 even if it is another Array:
```

(関連項目)

▶▶223 デバッグのために変数の内容を出力したい

016 Rubyの標準添付ライブラリを使いたい

Syntax

● **ライブラリ名を指定して読み込み**

```
require 'ライブラリ名'
```

　Rubyには基本的な機能を提供する組み込みライブラリに加えて、発展的な機能を持ったライブラリも標準で用意されています。たとえば、次のようなライブラリがあります。

■ **標準添付ライブラリの例**

ライブラリ名	機能
net/http	HTTPクライアント
fileutils	ファイル操作
csv	CSVファイルの操作

　標準添付ライブラリを使うには、**require**を使ってあらかじめ該当のライブラリを読み込んでおく必要があります。**require**にはライブラリ名を文字列として渡します。

　次のサンプルコードでは、**require**で net/http ライブラリを読み込んで HTTP クライアントを使えるようにしたあと、**Net::HTTP.get**で Ruby の公式 Web ページから HTML を取得しています。

■ **samples/chapter-01/016.rb**

```
require 'net/http'
uri = URI.parse('https://www.ruby-lang.org/en/')
puts Net::HTTP.get(uri)
```

016

Rubyの標準添付ライブラリを使いたい

▼ 実行結果

```
<!DOCTYPE html>
<html>
  <head>
    <meta charset="utf-8">


    <title>Ruby Programming Language</
title>
...
```

　なお、同じライブラリに対して複数回requireを実行した場合でも、ライブラリが読み込まれるのは
最初の1回だけです。

017 複数のバージョンのRubyを管理したい

Chap 1 Rubyの基礎

Syntax

- **特定のバージョンのRubyのインストール**

```
$ rbenv install バージョン
```

- **開発環境全体で使うRubyのバージョンの設定**

```
$ rbenv global バージョン
```

- **特定のディレクトリで使うRubyのバージョンの設定**

```
$ rbenv local バージョン
```

　rbenvを使うと、複数のバージョンのRubyをインストールして、使用するRubyのバージョンを切り替えられるようになります。複数のバージョンのRubyを使用できると、次のような場面で便利です。

▶ **アプリケーションによって使用するRubyのバージョンが違う**
▶ **異なるバージョンでRubyの挙動を比較したい**

　rbenvでRubyを管理できるようにするには、rbenvとruby-buildをインストールします[注1]。

```
# Ubuntu
$ apt-get update -qq && apt-get install -y curl git
$ curl -fsSL https://github.com/rbenv/rbenv-installer/raw/HEAD/ ⏎
bin/rbenv-installer | bash
```

```
# macOS
$ brew install rbenv ruby-build
```

注1　Rubyのビルドに必要なライブラリの詳細についてはhttps://github.com/rbenv/ruby-build/wiki#suggested-build-environmentを参照してください。

043

rbenvをインストールしたあと、**rbenv init**を実行して標準出力に出力される設定をシェルの設定ファイルにコピーします。

```
$ rbenv init
（表示されるスクリプトをシェルの設定ファイルにコピー）
```

シェルの設定ファイルを更新したあとは、シェルを再起動します。

■ 特定のバージョンのRubyをインストールする

rbenvを利用して特定のバージョンのRubyをインストールするには、バージョンを指定して**rbenv install**を実行します。次のコマンドではRuby 3.3.4をインストールしています。

```
$ rbenv install 3.3.4
```

インストール済みのRubyの一覧は**rbenv versions**で確認できます。★で印が付けられているバージョンが現在利用しているものです。

```
$ rbenv versions
  system
  3.1.6
  3.2.4
* 3.3.4 (set by /Users/ユーザ名/.rbenv/version)
```

■ 開発環境全体で使うRubyのバージョンを設定する

環境全体で共通して使うRubyのバージョンを設定するには、**rbenv global**を実行します。次のコマンドでは、インストール済みのRuby 3.3.4を開発環境全体で使うRubyのバージョンとして設定しています。

```
$ rbenv global 3.3.4
```

rbenvは、このコマンドで設定したバージョンをホームディレクトリの下の`.rbenv/version`という
ファイルに記録しており、このファイルを参照して、利用するRubyのバージョンを決定しています。現在
利用しているRubyのバージョンを確認するには、`rbenv version`か`ruby -v`を実行します。

```
$ cat ~/.rbenv/version
3.3.4
$ rbenv version
3.3.4 (set by /Users/ユーザ名/.rbenv/version)
$ ruby -v
ruby 3.3.4 (2024-07-09 revision be1089c8ec) [arm64-darwin23]
```

■ 特定のディレクトリで使うRubyのバージョンを設定する

特定のディレクトリで使うRubyのバージョンを設定するには、`rbenv local`を実行します。次の
コマンドでは、インストール済みのRuby 3.2.4をカレントディレクトリで使うRubyのバージョンとして設定
しています。

```
$ rbenv local 3.2.4
```

このコマンドを実行すると、設定したバージョンを記録した`.ruby-version`というファイルがカレン
トディレクトリに作成されます。このファイルは`~/.rbenv/version`と同様の役割を果たします
が、`.ruby-version`が存在するときはこちらが優先されます。

```
$ cat .ruby-version
3.2.4
$ rbenv version
3.2.4 (set by 特定のディレクトリのパス/.ruby-version)
$ ruby -v
ruby 3.2.4 (2024-04-23 revision af471c0e01) [arm64-darwin23]
```

データとメソッドを扱う

Chapter

2

018 浮動小数点数を使いたい

Syntax

● **小数点を使った表記**

```
0.1
```

● **指数表記**

```
1e-1
```

Rubyでは以下の2通りの方法で浮動小数点数を表記できます。

▶ **小数点を使った表記**：`0.1`など

▶ **指数表記**：`1e-1`など

浮動小数点数は整数と同様に変数への代入や、四則演算が行えます。浮動小数点数は**Float**クラスのインスタンスです。

次のサンプルコードでは、小数**0.25**と、その指数表記である**25e-2**を変数に代入し、加算、減算を行っています。

■ **samples/chapter-02/018.rb**

```
x = 0.25
y = 25e-2

puts "x: #{x}, y: #{y}"
p x + y
p x - y
```

▼ **実行結果**

```
x: 0.25, y: 0.25
0.5
0.0
```

浮動小数点数はその仕様上、数値を2進数で表現できないときに誤差が生じてしまいます。次の例では、x + yの結果は意図どおり2.2になっていますが、x - yは0.2ではなくズレが起きています。消費税の算出など金銭に関する計算のように誤差が許容できない場合は、有理数（ ▶▶019 ）やBigDecimalクラス（ ▶▶020 ）を利用しましょう。

■ samples/chapter-02/018.rb

```
x = 1.2
y = 1.0

p x + y
p x - y
```

▼ 実行結果

```
2.2
0.19999999999999996
```

（ 関連項目 ）

▶▶019　有理数（分数）を使いたい

▶▶020　小数を誤差なく計算したい（BigDecimal）

019 有理数（分数）を使いたい

> **Syntax**

● **第1引数を分子、第2引数を分母とするRationalオブジェクトを作成する**

```
Rational(1, 2)
```

● **文字列を引数としてRationalオブジェクトを作成する**

```
Rational('1/2')
```

● **有理数リテラルを使う**

```
0.5r
```

　Rubyで有理数を扱いたいときは**Rational**クラスを利用します。**Rational**オブジェクトは次の3パターンの方法で作成できます。

▶ **Rational**メソッドに数値で引数を渡す：**Rational(1, 2)**など
▶ **Rational**メソッドに文字列で引数を渡す：**Rational('1/2')**や**Rational('0.5')**など
▶ 有理数リテラルを使う：**0.5r**など

　最初のパターンでは、第1引数が分子、第2引数が分母となります。2、3番目のパターンでは小数点を使った表記から**Rational**オブジェクトを作成できます。
　Rationalオブジェクトは整数と同様に変数に代入したり、四則演算が行えます。そのほか、分母を返す**denominator**メソッドや分子を返す**numerator**メソッドなど、有理数ならではのメソッドが用意されています。
　次のサンプルコードでは、**Rational(1, 2)**（1/2）と、有理数リテラル**0.25r**（1/4）を変数に代入し、加算、減算を行っています。

■ samples/chapter-02/019.rb

```ruby
r1 = Rational(1, 2)
r2 = 0.25r
puts "r1の分母は#{r1.denominator}、分子は#{r1.numerator}"
puts "r2の分母は#{r2.denominator}、分子は#{r2.numerator}"
p r1 + r2
p r1 - r2
```

▼ 実行結果

```
r1の分母は2、分子は1
r2の分母は4、分子は1
(3/4)
(1/4)
```

　Rationalオブジェクトは常に約分された状態（既約）で表現されます。そのため1/3と2/3を足した結果は3/3にはならず、1/1となることに注意してください。

■ samples/chapter-02/019.rb

```ruby
r1 = Rational(1, 3)
r2 = Rational('2/3')
p r1 + r2
```

▼ 実行結果

```
(1/1)
```

051

019

有理数（分数）を使いたい

Rationalオブジェクトで誤差の出ない計算を行う

浮動小数点数はその仕様上、数値を2進数で表現できないときに誤差が生じます（▶▶020）。Rationalオブジェクトでは、有理数で表せる範囲の計算であれば誤差は発生しませんが、途中でRational以外を使うと誤差が入り込む可能性があるため注意してください。Rationalの計算ではすべてRationalを使用し、最後にto_sを使って文字列表現にしたり、ceil、floor、roundメソッドなどで端数処理（▶▶021）を行うようにしましょう。

次のサンプルコードでは、浮動小数点数では誤差が生じる1.2−1.0の計算を行い、最後にto_sで文字列表現にしています。結果は意図どおり1/5（0.2）になっています。

1.2r − 1.0のように片方を浮動小数点数にすると、返り値が浮動小数点数になるため誤差が発生します。しかし、198 * 1.1rのように片方が整数であればRationalになるので問題ありません。

■ samples/chapter-02/019.rb

```ruby
p (1.2r - 1.0r).to_s
p 1.2r - 1.0 # 誤差が発生する

price = 198 * 1.1r
p price.to_s
p price.ceil # 切り上げ
p price.floor # 切り捨て
```

▼ 実行結果

```
"1/5"
0.19999999999999996
"1089/5"
218
217
```

〔 関連項目 〕

▶▶020　小数を誤差なく計算したい（BigDecimal）

▶▶021　数値の端数処理（切り上げ／切り捨て／四捨五入）を行いたい

020

小数を誤差なく計算したい (BigDecimal)

Syntax

● **BigDecimalオブジェクトを作成する**

```
require 'bigdecimal'

BigDecimal('0.1')
```

浮動小数点数はその仕様上、数値を2進数で表現できないときに誤差が生じます（▶▶018）。消費税の算出など、金銭やその他に関わる誤差が許容できない計算には、任意精度の浮動小数点数を扱うための**BigDecimal**クラスが利用できます。

BigDecimalオブジェクトを作成するには**BigDecimal()**メソッドを利用し、引数に文字列を指定します。**BigDecimal**オブジェクトは整数や浮動小数点数と同様に変数に代入したり、四則演算が行えます。

次のサンプルコードでは、浮動小数点数では誤差が生じる1.2−1.0の計算を**BigDecimal**オブジェクトで行い、意図どおり0.2になることを確認しています。

なお、**BigDecimal**を**p**や**to_s**メソッドで文字列表現にすると、デフォルトでは指数表記で出力されます。**to_s('f')**と指定することで小数点を使った表記になります。

■ **samples/chapter-02/020.rb**

```
require 'bigdecimal'

x = BigDecimal('1.2')
y = BigDecimal('1.0')

# 指数表記で出力される
p (x + y)
# 小数点を使った表記にする
p (x + y).to_s('f')
p (x - y).to_s('f')
```

▼ **実行結果**

```
0.22e1
"2.2"
"0.2"
```

053

020

小数を誤差なく計算したい（BigDecimal）

■ BigDecimalオブジェクトで誤差の出ない計算を行う

BigDecimalオブジェクトを計算するとき、片方がBigDecimalであれば、もう片方は
BigDecimalに自動変換された上で計算されます。この仕組みがあるためとくに意識しなくても問題
ありませんが、計算途中でBigDecimal以外を使うと誤差が入り込む可能性があるため注意してくだ
さい。BigDecimalの計算ではすべてBigDecimalを使用し、最後にto_sを使って文字列表
現にしたり、ceil、floor、roundメソッドなどで端数処理（ ▶▶021 ）を行うようにしましょう。

■ samples/chapter-02/020.rb

```ruby
require 'bigdecimal'

price = 198 * BigDecimal('1.1')
p price.to_s('f')
p price.ceil # 切り上げ
p price.floor # 切り捨て
```

▼ 実行結果

```
"217.8"
218
217
```

(関連項目)

▶▶018 浮動小数点数を使いたい

▶▶021 数値の端数処理（切り上げ／切り捨て／四捨五入）を行いたい

054

021 数値の端数処理（切り上げ／切り捨て／四捨五入）を行いたい

Syntax

● 切り上げ

数値.ceil(有効桁数)

● 切り捨て

数値.floor(有効桁数)

● 切り捨て（常に0へ近づく方向に丸める）

数値.truncate(有効桁数)
数値.to_i

● 四捨五入

数値.round(有効桁数)

数値の切り上げ／切り捨て／四捨五入といった端数処理を行いたいときは、次のメソッドが利用できます。これらのメソッドは浮動小数点数（▶▶018）のほか、有理数（▶▶019）やBigDecimalオブジェクト（▶▶020）に対しても呼び出せます。

● 端数処理（丸め）を行うメソッド

メソッド	意味	備考
ceil(有効桁数)	切り上げ	常に数が増える方向に丸める
floor(有効桁数)	切り捨て	常に数が減る方向に丸める
truncate(有効桁数)	切り捨て	常に0へ近づく方向に丸める
to_i	切り捨て	truncate(0)と同等
round(有効桁数)	四捨五入	偶数丸めではない（詳しくは後述）

■ 切り上げ

ceilメソッドで数値の切り上げができます。引数には小数点以下の有効桁数を指定できます。デフォルトは0で、小数第一位で切り上げられて結果は整数になります。たとえばceil(1)では、小数第二位で切り上げられます。

なお、ceilは常に数が増える方向に数値を丸めるため、負数を切り上げるときは自分の意図した挙動になっているか注意してください。

055

■ samples/chapter-02/021.rb

```ruby
puts "1.15を切り上げ: #{1.15.ceil}"
puts "1.15を小数第二位で切り上げ: #{1.15.ceil(1)}"
puts "-1.15を切り上げ: #{-1.15.ceil}"
puts "-1.15を小数第二位で切り上げ: #{-1.15.ceil(1)}"
```

▼ 実行結果

```
1.15を切り上げ: 2
1.15を小数第二位で切り上げ: 1.2
-1.15を切り上げ: -1
-1.15を小数第二位で切り上げ: -1.1
```

■ 切り捨て

floorメソッドで数値の切り捨てができます。ceilと同様に、引数には小数点以下の有効桁数を指定できます。デフォルトは0です。

なお、floorは常に数が減る方向に数値を丸めるため、負数を切り捨てるときは自分の意図した挙動になっているか注意してください。

■ samples/chapter-02/021.rb

```ruby
puts "1.15を切り捨て: #{1.15.floor}"
puts "1.15を小数第二位で切り捨て: #{1.15.floor(1)}"
puts "-1.15を切り捨て: #{-1.15.floor}"
puts "-1.15を小数第二位で切り捨て: #{-1.15.floor(1)}"
```

▼ 実行結果

```
1.15を切り捨て: 1
1.15を小数第二位で切り捨て: 1.1
-1.15を切り捨て: -2
-1.15を小数第二位で切り捨て: -1.2
```

021

数値の端数処理（切り上げ／切り捨て／四捨五入）を行いたい

常に0へ近づく方向に丸める

floorは常に数が減る方向に数値を丸めます。それに対して、常に0へ近づく方向に丸めたいときはtruncateメソッドが利用できます。floorと同様に、引数には小数点以下の有効桁数を指定できます。デフォルトは0です。

to_iメソッドはtruncate(0)と同等の挙動になります。

■ samples/chapter-02/021.rb

```ruby
puts "1.15を切り捨て: #{1.15.to_i}"
puts "1.15を小数第二位で切り捨て: #{1.15.truncate(1)}"
puts "-1.15を切り捨て（truncate）: #{-1.15.truncate}"
puts "-1.15を切り捨て（to_i）: #{-1.15.to_i}"
puts "-1.15を小数第二位で切り捨て: #{-1.15.truncate(1)}"
```

▼ 実行結果

```
1.15を切り捨て: 1
1.15を小数第二位で切り捨て: 1.1
-1.15を切り捨て（truncate）: -1
-1.15を切り捨て（to_i）: -1
-1.15を小数第二位で切り捨て: -1.1
```

四捨五入

roundメソッドで四捨五入ができます。引数で小数点以下の有効桁数を指定できるのもほかのメソッドと同様で、デフォルトは0です。

なお、roundは偶数丸め（端数がちょうど0.5のとき、切り捨てと切り上げのうち結果が偶数となる方へ丸める）ではありません。2.5.roundは2ではなく3となります。

021

数値の端数処理（切り上げ／切り捨て／四捨五入）を行いたい

■ samples/chapter-02/021.rb

```
puts "1.15を四捨五入： #{1.15.round}"
puts "1.15を小数第二位で四捨五入： #{1.15.round(1)}"
puts "-1.15を四捨五入： #{-1.15.round}"
puts "-1.15を小数第二位で四捨五入： #{-1.15.round(1)}"
puts "2.5を四捨五入： #{2.5.round}"
```

▼ 実行結果

```
1.15を四捨五入： 1
1.15を小数第二位で四捨五入： 1.2
-1.15を四捨五入： -1
-1.15を小数第二位で四捨五入： -1.2
2.5を四捨五入： 3
```

(関連項目)

▶▶018　浮動小数点数を使いたい

▶▶019　有理数（分数）を使いたい

▶▶020　小数を誤差なく計算したい（BigDecimal）

022 2進数／8進数／16進数を使いたい

Syntax

● **2進数**

0b数値

● **16進数**

0x数値

● **8進数**

0o数値

0数値

● **10進数（0dは省略可）**

0d数値

10進数以外の数値を扱いたいときは、数値の前に0から始まる接頭辞（プリフィックス）を記述します。利用できる接頭辞は以下のとおりです。

● **基数を表す接頭辞**

接頭辞	意味
0b	2進数
0x	16進数
0o	8進数
0	8進数
0d	10進数

いずれの接頭辞を付けた場合でも、**Integer**クラスのインスタンスが作られることは変わらず、整数に対して呼び出せるメソッドはすべて利用できます。

━ 2進数

数値の前に**0b**を付けることで2進数となります。

■ **samples/chapter-02/022.rb**

```
binary = 0b1011111011101111
p binary
```

▼ **実行結果**

```
48879
```

022

2進数／8進数／16進数を使いたい

■ 16進数

数値の前に0xを付けることで16進数となります。16進数で使用するアルファベット（A～F）については、大文字／小文字どちらでもかまいません。

■ samples/chapter-02/022.rb

```ruby
hexadecimal = 0xBEEF
p hexadecimal
p hexadecimal == 0xbeef
```

▼ 実行結果

```
48879
true
```

■ 8進数

数値の前に0oまたは0を付けることで8進数となります。

■ samples/chapter-02/022.rb

```ruby
octal = 0o137357
p octal
p octal == 0137357
```

▼ 実行結果

```
48879
true
```

■ 10進数

数値の前に0dを付けることで10進数となります。10進数には接頭辞は不要ですが、特別な事情で10進数であることを明示したいときに使用できます。

■ samples/chapter-02/022.rb

```ruby
decimal = 0d48879
p decimal == 48879
```

▼ 実行結果

```
true
```

023 10進数を基数変換したい

Chap 2
データとメソッドを扱う

Syntax

● **10進整数を2〜36までの基数表現に変換**

```
整数.to_s(変換先の基数)
```

10進数の整数をほかの基数による表現に変換するときは`Integer#to_s`を使います。`to_s`の引数として2から36までの基数を渡すことで、整数をその基数による表現に変換します。結果は文字列として取得できます。

次のサンプルコードでは、10進数の整数リテラル`2023`を2進数、8進数、16進数の文字列に変換しています。

■ **samples/chapter-02/023.rb**

```
puts 2023.to_s(2)
puts 2023.to_s(8)
puts 2023.to_s(16)
```

▼ **実行結果**

```
11111100111
3747
7e7
```

061

024 文字列を使いたい

> **Syntax**

- **シングルクォーテーションで文字列を作成**

  ```
  '文字列'
  ```

- **ダブルクォーテーションで文字列を作成**

  ```
  "文字列"
  ```

- **パーセント記法で文字列を作成**

  ```
  %[文字列]
  %Q[文字列]
  %q[文字列]
  ```

文字列はRubyにおいてもっともよく使うオブジェクトの1つです。主に次の方法で作成できます。

1. シングルクォーテーション (') で囲む
2. ダブルクォーテーション (") で囲む
3. パーセント記法 (%、%Q、%q) を使う
4. ヒアドキュメントを使う (▶▶ 025)

■ バックスラッシュ記法と式展開

文字列の作成方法によって、次のように、バックスラッシュ記法と式展開の利用可否が異なります。

- **バックスラッシュ記法と式展開の利用可否**

記法	構文	バックスラッシュ記法	式展開	備考
シングルクォーテーション	'文字列'	×	×	
ダブルクォーテーション	"文字列"	○	○	
パーセント記法%	%[文字列]	○	○	[]部分は任意の記号を使える
パーセント記法%Q	%Q[文字列]	○	○	[]部分は任意の記号を使える
パーセント記法%q	%q[文字列]	×	×	[]部分は任意の記号を使える

バックスラッシュ記法とは、バックスラッシュの後に特定の文字を付けて特別な文字を表現する記法のことです。\n（改行文字）や\t（タブ文字）などがあります。

式展開は文字列中に#{}を使ってRubyの式を埋め込む記法です。詳しくは ▶▶100 を参照してください。

■ シングルクォーテーションで文字列を作成する

シングルクォーテーション内では、バックスラッシュ記法と式展開が利用できません。

シングルクォーテーションで囲んだ文字列にシングルクォーテーションを含めたいときは、文字の前にバックスラッシュを付けてエスケープする必要があります。

■ samples/chapter-02/024.rb

```ruby
puts 'バックスラッシュ記法（\n）と式展開（#{1 + 1}）は使えない'
puts 'エスケープすることでシングルクォーテーション（\'）を含められる'
```

▼ 実行結果

```
バックスラッシュ記法（\n）と式展開（#{1 + 1}）は使えない
エスケープすることでシングルクォーテーション（'）を含められる
```

■ ダブルクォーテーションで文字列を作成する

ダブルクォーテーション内では、バックスラッシュ記法と式展開が利用できます。次のサンプルコードでは、\nで改行され、式展開で2が埋め込まれるのが確認できます。

ダブルクォーテーションで囲んだ文字列内にダブルクォーテーションを含めたいときは、文字の前にバックスラッシュを付けてエスケープする必要があります。

■ samples/chapter-02/024.rb

```ruby
puts "バックスラッシュ記法（\n）と式展開（#{1 + 1}）が利用できる"
puts "エスケープすることでダブルクォーテーション（\"）を含められる"
```

063

024

文字列を使いたい

▼ 実行結果

```
バックスラッシュ記法（
）と式展開（2）が利用できる
エスケープすることでダブルクォーテーション（"）を含められる
```

■ パーセント記法で文字列を作成する

パーセント記法は、%記号を使って文字列や配列などを表現する記法です。文字列表記では%、%Q、%qの3パターンがあり、それぞれ次のように動作します。

▶ **%および%Q：バックスラッシュ記法と式展開が利用できる（ダブルクォーテーションと同等）**
▶ **%q：バックスラッシュ記法と式展開が利用できない（シングルクォーテーションと同等）**

パーセント記法の区切り文字には任意の記号を利用できますが、( )、[ ] などの括弧がよく使われます。括弧を用いる利点としては、「終端の区切り文字が閉じ括弧になり視認性がよいこと」「括弧の対応が取れていれば、区切り文字と同じ括弧をエスケープせずに含められること」があります。

■ samples/chapter-02/024.rb

```
puts %Q[バックスラッシュ記法（\t）と式展開（#{3 * 5}）が利用できる]
puts %q(バックスラッシュ記法（\t）と式展開（#{3 * 5}）は利用できない)
puts %|パーセント記法の区切り文字には任意の記号を使える|
puts %[括弧の対応が取れていれば、区切り文字と同じ括弧（[]）をエスケープせずに使える]
```

▼ 実行結果

```
バックスラッシュ記法（ ）と式展開（15）が利用できる
バックスラッシュ記法（\t）と式展開（#{3 * 5}）は利用できない
パーセント記法の区切り文字には任意の記号を使える
括弧の対応が取れていれば、区切り文字と同じ括弧（[]）をエスケープせずに使える
```

（ 関連項目 ）

▶▶ **025** ヒアドキュメントで文字列を書きたい
▶▶ **100** 文字列に式の戻り値を埋め込みたい

025 ヒアドキュメントで文字列を書きたい

Syntax

● ヒアドキュメントを使って文字列を作成する

```
<<識別子
文字列
識別子
```

ヒアドキュメントは複数行に渡る文字列を作成したいときに便利な構文です。<<識別子がある次の行から、終端の識別子の直前までを対象として文字列が作成されます。作成された文字列には、ヒアドキュメント内の改行やスペースがそのまま含まれます。

識別子には任意の文字が利用できますが、EOS（End Of Stringの略）を使うのが慣例となっています。しかし、たとえばSQLを書くときは識別子をSQLにするなど、文字列の内容にあわせた識別子を使うと可読性が向上します。

ヒアドキュメント内では、バックスラッシュ記法（ ▶▶024 ）と式展開（ ▶▶100 ）も利用できます。

■ samples/chapter-02/025.rb

```
heredoc = <<EOS
2の10乗は
#{2 ** 10}
EOS
puts heredoc
```

▼ 実行結果

```
2の10乗は
1024
```

■ インデントされたコードの中でヒアドキュメントを使う

ヒアドキュメントの終端の識別子は行頭から記述する必要があり、スペースなどでインデントできません。そのため、インデントされている行にヒアドキュメントを書くと、終端のインデントがずれてしまい不格好です。そのようなときは、<<-または<<~による構文が利用できます。

<<-では終端行の先頭にあるスペースが文字列に含まれないため、これを使用すると終端の識別子をインデントできます。<<~ではそれに加え、もっともインデントの少ない行のスペースの数だけ、すべての行から先頭のスペースを取り除きます。

　各構文の挙動をまとめた表を以下に示します。

● ヒアドキュメント構文と挙動

構文	終端の識別子	行頭のスペース
<<	インデントできない	取り除かない
<<-	インデントできる	取り除かない
<<~	インデントできる	取り除く

　次のサンプルコードでは、=のあとにあえて改行してインデントを入れています。<<-や<<~を使うと終端のインデントをきれいに揃えられること、<<~では行頭のスペース4個分が取り除かれていることが確認できます。

■ samples/chapter-02/025.rb

```
string1 =
  <<EOS
    通常のヒアドキュメントでは終端の識別子をインデントできない
EOS

string2 =
  <<-EOS
    <<-を使うことで終端の識別子をインデントできる
  EOS

string3 =
  <<~EOS
    <<~を使うともっともインデントの少ない行のスペースの数だけ、
      すべての行から先頭のスペースが取り除かれる
  EOS

puts string1, string2, string3
```

025

ヒアドキュメントで文字列を書きたい

Chap 2
データとメソッドを扱う

▼ 実行結果

```
        通常のヒアドキュメントでは終端の識別子をインデントできない
        <<-を使うことで終端の識別子をインデントできる
    <<~を使うともっともインデントの少ない行のスペースの数だけ、
        すべての行から先頭のスペースが取り除かれる
```

■ ヒアドキュメントをメソッドの引数として渡す

ヒアドキュメントはそのままメソッドの引数として渡せます。<<識別子の部分を引数として渡し、その次の行からヒアドキュメントを記述します。

■ samples/chapter-02/025.rb

```ruby
puts <<EOS, '名前はまだ無い'
吾輩は
猫である
EOS
```

▼ 実行結果

```
吾輩は
猫である
名前はまだ無い
```

■ ヒアドキュメントに対してメソッドを呼び出す

ヒアドキュメントに対してメソッドを呼び出すこともできます。次のように、<<識別子に続けてメソッドを呼び出し、その次の行からヒアドキュメントの内容を記述します。

■ samples/chapter-02/025.rb

```ruby
puts <<~SQL.reverse
  SELECT * FROM users
  ORDER BY id DESC;
SQL
```

▼ 実行結果

```
;CSED di YB REDRO
sresu MORF * TCELES
```

(関連項目)

▶▶024 文字列を使いたい

▶▶100 文字列に式の戻り値を埋め込みたい

067

026 シンボルを使いたい

Syntax

- **シンボルを作成**

  ```
  :シンボル
  ```

- **クォーテーションで囲んでシンボルを作成**

  ```
  :'シンボル'
  ```

- **パーセント記法でシンボルを作成**

  ```
  %s[シンボル]
  ```

- **文字列からシンボルを作成**

  ```
  '文字列'.to_sym
  '文字列'.intern
  ```

シンボルはRubyの特徴的なデータ型と言えるでしょう。文字列と同じように見えますが、Ruby内部では整数で管理されており、同じ値をもつシンボルは必ず同一のオブジェクトになります。整数で管理することにより、パフォーマンス的に有利になり、比較演算も高速になるという利点があります。

シンボルを作成するには、:の後に任意のシンボル名を記述します。

■ samples/chapter-02/026.rb

```
symbol = :abc
p symbol
```

▼ 実行結果

```
:abc
```

■ シンボルを使う場面

文字列ではなくシンボルを使う場面としては、ハッシュ（ ▶▶009 ）のキーが代表的です。ハッシュのキーをシンボルにした場合、{ :key => 'value' }ではなく{ key: 'value' }のように=>演算子を省略できます。

次のサンプルコードの2つの記述は同じ意味になりますが、後者のほうが簡潔に記述できています。

■ samples/chapter-02/026.rb

```
hash1 = { :a => 1, :b => 2 }
hash2 = { a: 1, b: 2 }
p hash1 == hash2
```

▼ 実行結果

```
true
```

アクセサメソッド（ ▶▶140 ）の引数として渡すインスタンス変数名など、名前を識別するための用途にも利用されます。

■ samples/chapter-02/026.rb

```ruby
class Car
  attr_accessor :name
end

car = Car.new
car.name = 'CX-30'
p car.name
```

▼ 実行結果

```
"CX-30"
```

■ クォーテーションで囲んでシンボルを作成する

シンボル名に記号が入ることでRubyの構文として誤りとなるときは、クォーテーション（'または"）で囲む必要があります。たとえば:a_bであれば問題ありませんが、:a-bはシンタックスエラーになってしまいます。このような場合は:'a-b'とすることで正しく表現できます。

■ samples/chapter-02/026.rb

```ruby
symbol1 = :a_b
symbol2 = :'a-b'
p symbol1, symbol2
```

▼ 実行結果

```
:a_b
:"a-b"
```

■ パーセント記法でシンボルを作成する

パーセント記法（ ▶▶024 ）は、%記号を使って文字列や配列などを表現する記法です。シンボルは%sを用いて表記します。

■ samples/chapter-02/026.rb

```ruby
symbol = %s[foo-bar-baz]
p symbol
```

▼ 実行結果

```
:"foo-bar-baz"
```

■ 文字列からシンボルを作成する

String#to_symまたはString#internメソッドで、文字列から対応するシンボルを作成できます。

■ samples/chapter-02/026.rb

```ruby
symbol1 = 'a_b'.to_sym
symbol2 = 'a-b'.intern
p symbol1, symbol2
```

▼ 実行結果

```
:a_b
:"a-b"
```

Column 同じ値をもつシンボルは同一のオブジェクトになることを確認する

「同じ値をもつシンボルは必ず同一のオブジェクトになる」と説明しましたが、実際にそうなるのか確認してみましょう。

オブジェクトが同じ値であるかどうかは==で確認できます。それに対して、同一のオブジェクトを指しているかどうかの判定にはequal?メソッドを使います。Rubyのオブジェクトにはそれぞれ一意な値が割り当てられており、object_idメソッドで参照できます。equal?メソッドは、このobject_idが一致しているかどうかを確認しています。

文字列は同じ値であっても同一のオブジェクトであるとは限りませんが、シンボルではequal?メソッドでの比較が真となり、同一のオブジェクトであることがわかります。

■ samples/chapter-02/026.rb

```ruby
str1 = 'str'
str2 = 'str'
puts str1.object_id, str2.object_id
puts "str1 == str2 => #{str1 == str2}"
puts "str1.equal?(str2) => #{str1.equal?(str2)}"

sym1 = :sym
sym2 = :sym
puts sym1.object_id, sym2.object_id
puts "sym1 == sym2 => #{sym1 == sym2}"
puts "sym1.equal?(sym2) => #{sym1.equal?(sym2)}"
```

026

シンボルを使いたい

▼ 実行結果

```
60
80
str1 == str2 => true
str1.equal?(str2) => false
676508
676508
sym1 == sym2 => true
sym1.equal?(sym2) => true
```

（　関連項目　）

▶▶009　ハッシュを使いたい

▶▶024　文字列を使いたい

▶▶140　インスタンス変数へのゲッター／セッターメソッドを簡単に定義したい

027 真偽値を使いたい

> Syntax

- 真を表す

```
true
```

- 偽を表す

```
false
```

真偽値とは真か偽のどちらかを表す値で、条件分岐（▶011）や比較演算（▶007）の返り値などで利用されます。真はtrue、偽はfalseで表記します。

■ samples/chapter-02/027.rb

```
a = true

if a
  puts 'aは真です'
end

p false == false
p 1 + 1 == 3
```

▼ 実行結果

```
aは真です
true
false
```

 真偽値もオブジェクト

　Rubyではすべての値はオブジェクトであり、真偽値も例外ではありません。trueはTrueClassのインスタンス、falseはFalseClassのインスタンスです。勘違いされがちですが、Rubyの組み込みクラスにBooleanやBoolという名前のクラスはありません。

　真偽値もオブジェクトであることを、実際にメソッドを呼んで確認してみましょう。次のように、真偽値に対してclassメソッド（▶149）を呼ぶとクラス名が返り、to_sメソッドで文字列に変換できます。

■ **samples/chapter-02/027.rb**

```ruby
p true.class
p false.class
p true.to_s
```

▼ **実行結果**

```
TrueClass
FalseClass
"true"
```

（ 関連項目 ）

▶▶007 比較演算をしたい

▶▶011 条件分岐を利用したい

▶▶149 オブジェクトが属するクラスを調べたい

028 値を真偽値に変換したい

Syntax

● **値を真偽値に変換する**

```
!!値
```

Rubyの論理演算（▶▶029）には以下の性質があります。

▶ **Rubyで偽として扱われるのはfalseとnilだけで、それ以外はすべて真として扱われる**

▶ **NOT演算はAND演算／OR演算とは異なり、返り値が必ず真偽値（trueかfalseのどちらか）となる**

この性質を利用し、!演算子を2つ重ねて!!とすることで、真として扱われる値はtrueに、偽として扱われる値はfalseに変換できます。したがって、falseとnilだけがfalseになり、それ以外の値はすべてtrueになります。必ず真偽値を返すメソッドを実装するときなどに利用されます。

■ **samples/chapter-02/028.rb**

```ruby
p !!true
p !!nil
p !!false
p !!30
p !!'string'
p !!0
p !![]
p !!''
```

▼ **実行結果**

```
true
false
false
true
true
true
true
true
```

(**関連項目**)

▶▶029 論理演算をしたい

029 論理演算をしたい

Chap.2 データとメソッドを扱う

Syntax

● AND演算を行う

```
式A && 式B
式A and 式B
```

● OR演算を行う

```
式A || 式B
式A or 式B
```

● NOT演算を行う

```
!式
not 式
```

Rubyで論理演算を行うときは&&、||、!の3つの論理演算子を利用します。また、それぞれ演算子に対し、より優先順位の低いand、or、notも用意されています。

Rubyの論理演算子を以下に示します。

● 論理演算子

演算子	演算	優先順位
&&	AND	高
and	AND	低
||	OR	高
or	OR	低
!	NOT	高
not	NOT	低

▬ &&演算子

&&演算子を用いるとAND演算となります。左辺の式を評価し、偽として扱われる値であれば、右辺の式を評価せずにその値を返し、真として扱われる値であれば右辺を評価し、その結果を返します。

Rubyでは偽として扱われるのは`false`と`nil`だけです。それ以外はすべて真として扱われます。次のサンプルコードのとおり、AND演算の返り値は左辺か右辺どちらかの評価結果であり、真偽値（`true`または`false`）ではありません。論理演算の結果を変数に代入する際は注意が必要です。

075

■ samples/chapter-02/029.rb

```
p true && false
p 0 && 1
```

▼ 実行結果

```
false
1
```

‖演算子

‖演算子を用いるとOR演算となります。左辺の式を評価し、真として扱われる値であれば、右辺の式を評価せずにその値を返します。偽として扱われる値であれば右辺を評価し、その結果を返します。

OR演算の返り値も左辺か右辺どちらかの評価結果であり、真偽値ではありません。

■ samples/chapter-02/029.rb

```
p false || true
p nil || 1
```

▼ 実行結果

```
true
1
```

!演算子

!演算子を用いるとNOT演算となり、真として扱われる値であればfalseを、偽として扱われる値であればtrueを返します。

NOT演算はAND演算／OR演算とは異なり、返り値が必ず真偽値（trueかfalseのどちらか）となります。

■ samples/chapter-02/029.rb

```
p !false
p !1
```

▼ 実行結果

```
true
false
```

029

論理演算をしたい

■ and、or、not演算子

　and、or、not演算子はそれぞれ&&、||、!演算子と同じ挙動を持ちますが、演算子の優先順位が低くなっています。基本的にこれらの演算子は、優先順位をコントロールしたいときにのみ利用します。

　たとえばRuby on Railsにおいて、リダイレクト処理を記述する際に`redirect_to foo_url and return`などと書く場合があります。これは、&&演算子を使うと`foo_url && return`がまず評価され、`redicrect_to`を実行するより先に`return`してしまうのに対し、and演算子を使うと`redirect_to foo_url`を評価したあとに`return`を実行できるからです。

```
# redirect_toメソッドが呼ばれた後にreturnが実行される
redirect_to foo_url and return
```

```
# &&演算子では意図した動作にならない
redirect_to foo_url && return
```

077

030 変数に値がないことを表したい (nil)

> **Syntax**

● **値がないことを表す**

```
nil
```

変数に値がないことを表す場合、nilを利用します。ほかのプログラミング言語でのnullに相当するもので、語源が違うだけでどちらも「何もない」という意味を持ちます。

▬ nilを条件式に使う

nilを条件式に使った場合、偽として扱われます。Rubyでは偽として扱われるのはfalse（▶▶027）とnilだけです。それ以外は0や空文字列も含めてすべて真として扱われます。

■ samples/chapter-02/030.rb

```
if nil
  puts 'nilは真です'
else
  puts 'nilは偽です'
end
```

▼ 実行結果

```
nilは偽です
```

▬ 変数がnilかどうかを確認する

変数がnilかどうかを確認するには、Object#nil?メソッドを利用します。

■ samples/chapter-02/030.rb

```
a = nil
b = '文字列'

if a.nil?
  puts '変数aはnilです'
end

unless b.nil?
  puts '変数bはnilではありません'
end
```

▼ 実行結果

```
変数aはnilです
変数bはnilではありません
```

Column

 nilもオブジェクト

Rubyではすべての値はオブジェクトです。nilも例外ではなく、NilClassのインスタンスとなっています。オブジェクトということはnilに対してメソッドを呼び出せます。

前述のnil?もメソッドでした。そのほか、classメソッド（ ▶▶149 ）を呼ぶとクラス名を確認できます。また、to_sメソッドで文字列に変換すると空文字列になります。

■ samples/chapter-02/030.rb

```
p nil.class
p nil.to_s
```

▼ 実行結果

```
NilClass
""
```

(関連項目)

▶▶027　真偽値を使いたい
▶▶149　オブジェクトが属するクラスを調べたい

031 定数を使いたい

Syntax

● **定数を定義する**

```
大文字から始まる識別子 = 値
```

● **クラス内に定義された定数を参照する**

```
クラス名::大文字から始まる識別子
```

● **クラス内に定数を定義する**

```
class クラス名
    大文字から始まる識別子 = 値
end
```

● **定数をプライベートにする**

```
private_constant :大文字から始まる識別子
```

　アルファベットの大文字から始まる識別子はRubyでは定数として扱われます。変数と同じように値を代入できますが、一度代入したあとは値を変更しないことを示したいときに利用します。

■ samples/chapter-02/031.rb

```
CONST = '定数です'
p CONST
```

▼ 実行結果

```
"定数です"
```

　Rubyの定数はほかのプログラミング言語と異なり、値の変更や再代入が不可能になるわけではありません。定数に再代入を行うと次のように警告が出ますが、実際の値は変更できてしまうので注意してください。

■ samples/chapter-02/031.rb

```
CONST = 1
p CONST
# 定数に再代入を行う
CONST = 2
p CONST
```

▼ 実行結果

```
1
031.rb:4: warning: already initialized constant CONST
031.rb:1: warning: previous definition of CONST was here
2
```

■ クラスやモジュール内で定義した定数を参照する

クラスやモジュール（ Chap7 ）内で定義した定数は、::演算子を使うことで外部から参照できます。サンプルコードでは、MyClassクラス内に定義したVERSION定数をMyClass::VERSIONで参照しています。

■ samples/chapter-02/031.rb

```ruby
class MyClass
  VERSION = '1.0.0'
end

p MyClass::VERSION
```

▼ 実行結果

```
"1.0.0"
```

■ 定数をプライベートにする

定数をプライベートにするには、クラスやモジュールの中で定数名のシンボルを引数としてprivate_constantメソッドを呼び出します。プライベートにした定数をクラスやモジュールの外から参照しようとすると例外が発生します。

次のサンプルコードでは、MyClass::VERSIONをプライベートにすることで外部から直接参照できないようにして、定数を直接参照しようとすると例外が発生すること、クラスメソッドを経由すると参照できることを確認しています。

031

定数を使いたい

■ samples/chapter-02/031.rb

```ruby
class MyClass
  VERSION = '1.0.0'
  private_constant :VERSION

  def self.version
    VERSION
  end
end

begin
  MyClass::VERSION
rescue => e
  p e
end

p MyClass.version
```

▼ 実行結果

```
#<NameError: private constant MyClass::VERSION referenced>
"1.0.0"
```

032 変数にデフォルト値を代入したい

Chap 2
データとメソッドを扱う

Syntax

● 値がnilのとき変数にデフォルト値を代入する

変数 = nilやfalseの可能性がある値 || デフォルト値

● 変数がnilのときは代入し、すでに値が入っていればそのまま使う

変数 ||= 値

Rubyの論理演算（▶▶029）には以下の性質があります。

▶ Rubyで偽として扱われるのはfalseとnilだけで、それ以外はすべて真として扱われる

▶ AND演算／OR演算の返り値は左辺か右辺どちらかの評価結果であり、真偽値（trueまたはfalse）ではない

この性質を利用し、||演算子を用いて左辺がnilやfalseのときだけ右辺の値を代入することで、値がnilのときのみ使用するデフォルト値（右辺の値）を指定できます。たとえば、プログラムで事前にホスト名やポート番号などを設定するとき、デフォルトの設定値を与えるときに利用できます。

■ samples/chapter-02/032.rb

```ruby
# hostのデフォルト値を 'http://localhost' とし、valがnilなのでデフォルト値
を利用する
val = nil
host = val || 'http://localhost'
puts host
```

```ruby
# portのデフォルト値を '3000' とするが、valがnil/falseでないのでデフォルト値
を利用しない
val = '1234'
port = val || '3000'
puts port
```

032

変数にデフォルト値を代入したい

▼ 実行結果

```
http://localhost
1234
```

また、a = a || 1と記述した場合、変数aがfalseかnilであれば1が代入され、それ以外であればaの値がそのまま維持されます。これを自己代入演算子（ ▶▶034 ）を使って縮めるとa ||= 1になります。

インスタンス変数を用いたメモ化（ ▶▶132 ）など、変数にすでに値が入っていればそのまま使い、nilのときは初期値を代入したいときに利用できます。

■ samples/chapter-02/032.rb

```ruby
a = nil
a ||= 1
p a

a ||= 2
p a
```

▼ 実行結果

```
1
1
```

（ 関連項目 ）

▶▶029 論理演算をしたい

▶▶034 変数に演算結果を入れ直したい

▶▶132 インスタンス変数を定義したい

033 代入で複数の変数を使いたい

Chap 2 データとメソッドを扱う

Syntax

- **複数の変数に値を代入**

  変数1，変数2 = 値1，値2

- **配列の要素を複数の変数に代入**

  変数1，変数2 = 配列

- **変数の値を入れ替える**

  変数1，変数2 = 変数2，変数1

- **配列の要素を変数に代入（余った要素は配列で代入）**

  変数1，*変数2 = 配列

Rubyでは変数をカンマ区切りで複数並べることで、それぞれの変数に同時に代入できます。これを多重代入と呼びます。

左辺には代入したい変数を指定し、右辺にはカンマで区切られた値、または配列を指定します。

■ samples/chapter-02/033.rb

```ruby
# カンマで区切って多重代入する
a, b = 1, 2
puts "a: #{a}, b: #{b}"

# 配列を使って多重代入する
c, d = [3, 4]
puts "c: #{c}, d: #{d}"
```

▼ 実行結果

```
a: 1, b: 2
c: 3, d: 4
```

085

033

代入で複数の変数を使いたい

右辺の要素の個数のほうが多い場合、余った要素は無視されます。反対に、左辺の変数の個数のほうが多い場合、余った変数には nil が代入されます。

■ samples/chapter-02/033.rb

```ruby
# 最後の要素である4は無視される
a, b = 2, 3, 4
puts "a: #{a}, b: #{b}"

# 変数eにはnilが代入される
c, d, e = [5, 6]
puts "c: #{c}, d: #{d}"
p e
```

▼ 実行結果

```
a: 2, b: 3
c: 5, d: 6
nil
```

また、変数の前に * を付けることで、残りの要素すべてを配列として受け取れます。次のサンプルコードでは、aに1が、bに2が代入され、残りの要素である3, 4, 5が配列としてcに代入されています。

■ samples/chapter-02/033.rb

```ruby
a, b, *c = [1, 2, 3, 4, 5]
puts "a: #{a}, b: #{b}, c: #{c}"
```

▼ 実行結果

```
a: 1, b: 2, c: [3, 4, 5]
```

■ 多重代入を使って変数の値を入れ替える

さらに、この多重代入を使うことで変数の値を入れ替えることもできます。

■ samples/chapter-02/033.rb

```ruby
a, b = 1, 5
a, b = b, a
puts "a: #{a}, b: #{b}"
```

▼ 実行結果

```
a: 5, b: 1
```

034 変数に演算結果を入れ直したい

Chap 2

データとメソッドを扱う

Syntax

● 変数に演算結果を入れ直す

　変数 ＝ 変数を用いた演算

● 自己代入演算子を用いて変数に演算結果を入れ直す

　変数 演算子＝ 式

　Rubyでは変数の演算結果を同じ名前の変数に代入し直すことができます。たとえば a = a + 1 と書くと、変数aに1を足した結果が改めてaに代入されるため、最終的にaの値が1増えることになります。このような書き方を自己代入と呼びます。

■ samples/chapter-02/034.rb

```
a = 1
a = a + 1
p a

a = a - 1
p a
```

▼ 実行結果

```
2
1
```

■ 自己代入を簡潔に書く

　一部の演算子では、この自己代入を簡潔に書くための構文が用意されています。利用できる演算子は次のとおりです。

087

034

変数に演算結果を入れ直したい

● **自己代入演算子**

演算子	自己代入演算子
+	+=
−	−=
*	*=
/	/=
%	%=
**	**=
&	&=
|	|=
^	^=
<<	<<=
>>	>>=
&&	&&=
||	||=

　Rubyには、値を1増やすインクリメント演算子や、1減らすデクリメント演算子は用意されていません。インクリメント／デクリメントを行いたいときは、自己代入演算子を用いて+=　1、−=　1と記述します。
　先ほどのコードを自己代入演算子を使って書き直すと次のようになります。

■ **samples/chapter-02/034.rb**

```
a = 1
a += 1
p a

a -= 1
p a
```

▼ **実行結果**

```
2
1
```

088

035 範囲を表すデータを使いたい

Syntax

● 範囲演算子..でRangeオブジェクトを作成
（始端以上、終端以下）

```
始端..終端
```

● 範囲演算子...でRangeオブジェクトを作
成（始端以上、終端未満）

```
始端...終端
```

● Range.newでRangeオブジェクトを作成
（始端以上、終端以下）

```
Range.new(始端，終端)
```

Rubyでは範囲を表すデータ型としてRangeクラスが提供されています。Rangeクラスのインスタンス（Rangeオブジェクト）は範囲演算子..や...を使った範囲式、もしくはRange.newメソッドで作成できます。次のように、使用する構文によって終端の値を含むかどうかが異なります。

● Rangeオブジェクトの始端と終端

構文	始端の値	終端の値
始端..終端	含む（以上）	含む（以下）
始端...終端	含む（以上）	含まない（未満）
Range.new(始端，終端)	含む（以上）	含む（以下）

次のサンプルコードでは、Range#to_aメソッドを呼び出すことでRangeオブジェクトを配列に変換しています。...演算子を用いて作成したRangeオブジェクトでは、終端の5が含まれていないことがわかります。

なお、範囲式に対してメソッドを呼ぶときは、演算部分を括弧で囲む必要があります。

■ samples/chapter-02/035.rb

```ruby
p (1..5).to_a
p (1...5).to_a
p Range.new(1, 5).to_a
```

▼ 実行結果

```
[1, 2, 3, 4, 5]
[1, 2, 3, 4]
[1, 2, 3, 4, 5]
```

■ 値が範囲に含まれているかどうか確認する

ある値が範囲に含まれているかどうかは、include?またはcover?メソッドで確認できます。
cover?は<=>メソッド(▶▶073)による判定を行う点と、引数にRangeオブジェクトを渡せる点が
include?と異なります。

■ samples/chapter-02/035.rb

```ruby
puts "(1..5).include?(5) => #{(1..5).include?(5)}"
puts "(1..5).cover?(5) => #{(1..5).cover?(5)}"
puts "(1...5).include?(5) => #{(1...5).include?(5)}"
puts "(1...5).cover?(5) => #{(1...5).cover?(5)}"
puts "(1..10).include?(3..5) => #{(1..10).include?(3..5)}"
puts "(1..10).cover?(3..5) => #{(1..10).cover?(3..5)}"
```

▼ 実行結果

```
(1..5).include?(5) => true
(1..5).cover?(5) => true
(1...5).include?(5) => false
(1...5).cover?(5) => false
(1..10).include?(3..5) => false
(1..10).cover?(3..5) => true
```

■ 始端・終端を持たない範囲

始端をnilにすることで「始端を持たない範囲」(beginless range)を、終端をnilにすることで
「終端を持たない範囲」(endless range)を作成できます。たとえば1..nilであれば「1以上すべて」
を表します。さらに両端をnilにすると「始端も終端も持たない範囲」、つまり全範囲を表します。

範囲演算子で始端または終端を持たない範囲を定義するときはnilを省略できます。ただし両端を
省略することはできません。nil..または..nilのどちらかを使う必要があります。

次のサンプルコードでは、nilを指定した範囲が始端や終端を持たないことを確認するため、大きな
数値をinclude?とcover?に渡して比較しています。なお、始端も終端も持たない範囲に対しては
include?が使えず(TypeErrorが発生します)、cover?を使う必要があります。

090

035

範囲を表すデータを使いたい

■ samples/chapter-02/035.rb

```ruby
p (1..).include?(10000)
p (1..).include?(-10000)
p (nil..nil).cover?(10000)
p (nil..).cover?(-10000)
begin
  p (nil..).include?(-10000)
rescue => e
  p e
end
```

▼ 実行結果

```
true
false
true
true
#<TypeError: can't iterate from NilClass>
```

Rangeに対してEnumerableモジュールのメソッドを呼び出す

Rangeクラスには繰り返しを扱うメソッド群が実装されたEnumerableモジュールがインクルードされているため、配列と同じようにeachメソッドなどを呼び出せます。

次のサンプルコードでは、eachメソッド（▶059）による繰り返しと、injectメソッド（▶083）による畳み込み（要素を順番に処理して結果を1つにまとめる処理）を行っています。

■ samples/chapter-02/035.rb

```ruby
(1..3).each { |i| puts i }
puts (1..100).inject(:+)
```

▼ 実行結果

```
1
2
3
5050
```

■ Rangeオブジェクトの始端／終端に数値以外の値を利用する

Rangeオブジェクトの始端／終端には数値以外の値も利用できます。よく使われる値としては次のものがあります。

▶ 文字列 ('a'..'c'など)
▶ Timeクラス (▶▶159)
▶ Dateクラス (▶▶160)

■ samples/chapter-02/035.rb

```
p ('a'..'e').to_a

time_range = Time.new(2022, 1, 2)..Time.new(2022, 1, 3)
p time_range.include?(Time.new(2022, 1, 2, 23, 0, 0))

require 'date'

date_range = Date.new(2022, 1, 2)..Date.new(2022, 1, 4)
date_range.each { |date| puts date }
```

▼ 実行結果

```
["a", "b", "c", "d", "e"]
true
2022-01-02
2022-01-03
2022-01-04
```

浮動小数点数(▶▶018)やTimeクラスなど、一部のクラスは始端／終端として使うことはできますが、繰り返しには対応していません。これらにeachメソッドを使用すると、TypeErrorが発生します。

035

範囲を表すデータを使いたい

■ samples/chapter-02/035.rb

```ruby
begin
  (1.0..10.0).each { |float| puts float }
rescue => e
  p e
end

begin
  (Time.new(2022, 1, 2)..Time.new(2022, 1, 3)).each { |time|
puts time }
rescue => e
  p e
end
```

▼ 実行結果

```
#<TypeError: can't iterate from Float>
#<TypeError: can't iterate from Time>
```

（　関連項目　）

▶▶018　浮動小数点数を使いたい

▶▶059　配列の要素を繰り返し処理したい

▶▶073　配列を整列したい

▶▶083　配列の全要素を集計して1つの値を得たい

▶▶159　時刻のデータを扱いたい

▶▶160　日付のデータを扱いたい

036 構造体を作りたい

Syntax

● **構造体を定義**

```
定数 = Struct.new(メンバー...)
```

● **構造体のインスタンスを作成**

```
定数.new(メンバー...)
```

Rubyで構造体を作成するには**Struct**クラスを使います。Rubyにおける構造体は、「複数のデータをまとめて格納する箱」としての役割に特化したクラスです。**Struct**クラスを用いると構造体のメンバーに対するアクセサメソッド（ ▶▶140 ）が自動的に定義され、他言語における構造体のように扱えるクラスを簡潔に記述できます。普通のクラス（ ▶▶131 ）ではなく構造体を使う場面としては次が挙げられます。

▶ そのクラスが複数のデータを格納する箱としての役割しか持たないとき
▶ データ構造をクラスとして表現したいとき
▶ テストやデバッグなどの用途でダミーオブジェクトを作成したいとき

■ 構造体を作成する

Structクラスは次の手順で利用します。

1. **Struct.new**メソッドを呼び出す
2. **Struct.new**で生成したクラスを定数（ ▶▶031 ）に代入する
3. 代入した定数に対して**new**メソッドを呼び出す

Struct.newメソッドの引数には構造体のメンバーをシンボルで指定します。構造体を作成するとき（**代入した定数.new**メソッド）の引数は、**Struct.new**メソッドに渡した引数と同じ順序で渡す必要があります。

サンプルコードでは、2つのメンバー（**width**、**height**）を持つ構造体を定義し、**Rectangle**定数に代入しています。構造体のメンバーはアクセサメソッドを用いて参照、更新できます。

■ samples/chapter-02/036.rb

```
Rectangle = Struct.new(:width, :height)
rectangle = Rectangle.new(10, 20)

puts "width: #{rectangle.width}, height: #{rectangle.height}"
```

```
rectangle.height = 30
puts "width: #{rectangle.width}, height: #{rectangle.height}"
```

▼ 実行結果

```
width: 10, height: 20
width: 10, height: 30
```

■ 構造体をキーワード引数で作成する

Ruby 3.2では構造体をキーワード引数（▶▶039）で作成できるようになりました。キーワード引数を使うことで引数の位置を気にしなくてよくなり、可読性も向上します。

■ samples/chapter-02/036.rb

```
# Ruby 3.2以降
Rectangle = Struct.new(:width, :height)
rectangle = Rectangle.new(height: 30, width: 20)

puts "width: #{rectangle.width}, height: #{rectangle.height}"
```

▼ 実行結果

```
width: 20, height: 30
```

Ruby 3.1までのバージョンでは、Struct.newの引数としてkeyword_init: trueを渡すことでキーワード引数が利用できます。

■ samples/chapter-02/036.rb

```
# Ruby 3.1まで
Rectangle = Struct.new(:width, :height, keyword_init: true)
rectangle = Rectangle.new(height: 30, width: 20)
```

036

構造体を作りたい

■ 構造体に対して繰り返し処理を行う

構造体では、`each`や`each_pair`メソッドを使って各メンバーに対して繰り返し処理を行えます。`each`は各メンバーの値を、`each_pair`はメンバー名と値の組をブロックパラメータとして受け取ります。また、`to_h`メソッドによってメンバー名と値の組をハッシュに変換できます。

■ samples/chapter-02/036.rb

```ruby
Rectangle = Struct.new(:width, :height)
rectangle = Rectangle.new(10, 20)

rectangle.each do |value|
  puts value
end

rectangle.each_pair do |key, value|
  puts "#{key}: #{value}"
end

p rectangle.to_h
```

▼ 実行結果

```
10
20
width: 10
height: 20
{:width=>10, :height=>20}
```

（ 関連項目 ）

▶▶031 定数を使いたい

▶▶039 キーワード引数を使いたい

▶▶131 クラスを定義したい

▶▶140 インスタンス変数へのゲッター／セッターメソッドを簡単に定義したい

037 イミュータブルな構造体を使いたい（Data）

Syntax

● メンバーの値が変更できないクラスを作成

```
クラス名 = Data.define(:メンバー名, ...)
```

Ruby 3.2から、構造体（▶▶036）においてメンバーの値を変更できないようにしたデータ構造Dataが使えるようになりました。

メンバーの値が更新できないのは制約のように見えます。しかし、一度作ったオブジェクトのメンバーを更新不可にすることで、意図せずメンバーの値を書き換えてしまう不具合の混入を防いだり、オブジェクトをスレッドセーフに扱うことができます。

■ Dataを作成する

メンバーの値が変更できないクラスを作るには、**Data.define**の引数としてメンバー名をシンボルで渡します。作成したクラスは**Data**クラスのサブクラスになります。

クラス作成後は、そのクラスのオブジェクトを**new**で作成できます。引数には、メンバー名と値をキーワード引数の形式で渡します。設定したメンバーの値はアクセサメソッド（▶▶140）を通じて取得できます。なお、上述のように、一度作ったオブジェクトのメンバーの値に別の値を設定する方法はありません。

次のサンプルコードでは、商品を表すクラスである**Product**を**Data.define**で作成し、**Product**オブジェクトの作成、メンバーの値の取得、オブジェクト同士の比較を実行しています。

■ samples/chapter-02/037.rb

```ruby
Product = Data.define(:name, :price)

plate = Product.new(name: 'お皿', price: 2500)
puts "名前: #{plate.name}, 値段: #{plate.price}"

spoon = Product.new(name: 'スプーン', price: 1000)
another_plate = Product.new(name: 'お皿', price: 2500)
p plate == spoon
p plate == another_plate
```

▼ 実行結果

```
名前: お皿, 値段: 2500
false
true
```

■ Dataのメンバーの書き換えを完全に防ぐ

Dataオブジェクトにおいて、メンバーの値として自身を変更できるメソッドを持つオブジェクト（文字列など）を設定すると、その値を変更できてしまいます。メンバーの値の書き換えを完全に防ぎたいのであれば、メンバーに渡す値に対して`freeze`（▶049）を呼び出し、「自身を変更するメソッドの使用時にエラーを発生させる」というのが1つの解決策です。

■ samples/chapter-02/037.rb

```ruby
Product = Data.define(:name, :price)

# 文字列自体を変更するメソッドを使えばメンバーの値を更新できる
plate = Product.new(name: 'お皿', price: 2500)
plate.name << ' (白色) '
puts "名前: #{plate.name}, 値段: #{plate.price}"

# あらかじめ文字列をfreezeすればメンバーの値を更新できない
plate = Product.new(name: 'お皿'.freeze, price: 2500)
begin
  plate.name << ' (白色) '
rescue => e
  p e
end
```

037

イミュータブルな構造体を使いたい（Data）

▼ 実行結果

```
名前: お皿（白色）, 値段: 2500
#<FrozenError: can't modify frozen String: "お皿">
```

（ 関連項目 ）

▶▶036　構造体を作りたい

▶▶049　オブジェクトの意図しない書き換えを防止したい

▶▶140　インスタンス変数へのゲッター／セッターメソッドを簡単に定義したい

038 メソッドを呼び出したい

> Syntax

● **オブジェクトが持つメソッドを呼び出す**

```
オブジェクト.メソッド
```

● **クラスメソッドやモジュール関数を呼び出す**

```
クラスまたはモジュール.メソッド
クラスまたはモジュール::メソッド
```

　オブジェクトの後ろに.で区切ってメソッド名を指定することで、そのメソッドを呼び出せます。このとき、.の左側にある、呼び出される側のオブジェクトのことを「レシーバ」と呼びます。

■ samples/chapter-02/038.rb

```
p 'hello'.upcase
```

▼ 実行結果

```
"HELLO"
```

■ クラスメソッドやモジュール関数を呼び出す

　クラスメソッド（ ▶▶136 ）やモジュール関数（ ▶▶145 ）を呼び出すときは、.または::で区切ってメソッド名を指定します。ただし、::は定数（クラスやモジュールを含む）を参照するときにも利用します（ ▶▶031 ）。そのため、メソッドを呼び出すときは常に.を使い、定数参照のときにのみ::を使うのが一般的です。
　次のサンプルコードでは、ハッシュ値を計算するためのDigestモジュール（ ▶▶114 ）を使い、.と::の両方でクラスメソッドを呼び出せることを確認しています。

■ samples/chapter-02/038.rb

```
require 'digest'

# Digestモジュールに属するSHA256クラスのhexdigestクラスメソッドを呼び出す
p Digest::SHA256.hexdigest('ruby')

# クラスメソッドは::で区切って呼び出すこともできる
```

```
p Digest::SHA256::hexdigest('ruby')

# SHA256クラスではなくSHA256メソッドを呼び出そうとするため、NoMethodErrorが発生
begin
  p Digest.SHA256.hexdigest('ruby')
rescue => e
  p e
end
```

▼ 実行結果

```
"b9138194ffe9e7c8bb6d79d1ed56259553d18d9cb60b66e3ba5aa2e5b078055a"
"b9138194ffe9e7c8bb6d79d1ed56259553d18d9cb60b66e3ba5aa2e5b078055a"
#<NoMethodError: undefined method `SHA256' for Digest:Module>
```

Column メソッドを呼び出すときの括弧

Rubyでは引数があるかないかにかかわらず、メソッドを呼び出すときの括弧は省略できます。括弧を省略することが多い場合を次に示します。

- メソッドに引数を渡さないとき
- putsメソッドやpメソッド
- DSL（ドメイン固有言語）としての使用が想定されているメソッド

3つ目の「DSLとしての使用が想定されているメソッド」は、アクセサメソッド（▶▶140）や、Rakeのtaskメソッド（▶▶259）、Rackのrunメソッド（▶▶281）などが該当します。

それ以外ではあまり括弧は省略されません。とくに引数の数が多いときやメソッド呼び出しが複数行にわたるときは、視認性が悪くなるため括弧を付けておくのがよいでしょう。

```
# メソッドに引数を渡さないとき
'Hello'.size
```

038

メソッドを呼び出したい

```ruby
# putsメソッドやpメソッド
puts 'おはようございます'
p [1, 2, 3]

# アクセサメソッド
attr_reader :name

# Rakeのtaskメソッド
task :hello do
  puts 'Hello'
end

# Rackのuseメソッドやrunメソッド
use Rack::Static, urls: ['/css', '/js'], root: 'public'
run SampleApp.new

# 引数の数が多いときやメソッド呼び出しが複数行にわたるときは括弧を省略しないこと
# が多い
Time.new(2022, 10, 21, 0, 0, 0)
```

関連項目

- **031** 定数を使いたい
- **114** ハッシュ値を計算したい
- **136** クラスメソッドを定義したい
- **140** インスタンス変数へのゲッター／セッターメソッドを簡単に定義したい
- **145** モジュール関数を定義したい
- **259** Rakeでタスクを実行したい
- **281** 簡単なWebアプリケーションを作りたい

039 キーワード引数を使いたい

Syntax

● **キーワード引数を受け取るメソッドを定義**

```
def method(引数1:, 引数2:, ...)
  ...
end
```

　Rubyでは通常の引数（位置引数）のほかにキーワード引数を扱えます。位置引数では引数の位置、つまり順序によって引数を区別します。一方でキーワード引数は引数にキーワード、つまり名前を付けて区別します。これによって次のメリットが得られます。

▶ **引数の位置を考慮する必要がなくなり、呼び出し側で自由に変更可能になる**
▶ **引数の意味がわかりやすくなり、可読性が向上する**

　キーワード引数はメソッドが多数の引数を取る場合や、引数の順序が意味を持たず、名前を付けて区別したほうが可読性が上がる場合に利用するとよいでしょう。

キーワード引数を使う

　キーワード引数を使うには、メソッド定義の際に仮引数の後ろに：を付けます。メソッドを呼び出すときは、引数名の後ろに：を付け、続けて渡したい引数を記述します。

　次のサンプルコードでは、同じメソッドを位置引数とキーワード引数の両方で定義しています。このように多数の引数を取る場合、位置引数の`create_user1`ではどれが`name`なのか`role`なのかがわかりにくいですが、キーワード引数の`create_user2`では意味が明確になっています。また、引数の位置を入れ替えても問題なく動作することがわかります。

■ samples/chapter-02/039.rb

```ruby
# 位置引数で定義する
def create_user1(name, email, role)
  { name: name, email: email, role: role }
end

# キーワード引数で定義する
```

```
def create_user2(name:, email:, role:)
  { name: name, email: email, role: role }
end

p create_user1('Foo', 'foo@example.com', :none)
p create_user2(name: 'Bar', email: 'bar@example.com', role:
:admin)
p create_user2(email: 'baz@example.com', role: :none, name: 'Baz')
```

▼ 実行結果

```
{:name=>"Foo", :email=>"foo@example.com", :role=>:none}
{:name=>"Bar", :email=>"bar@example.com", :role=>:admin}
{:name=>"Baz", :email=>"baz@example.com", :role=>:none}
```

引数名:の形式で定義したキーワード引数は省略不可能です。省略するとArgumentErrorが発生します。

■ samples/chapter-02/039.rb

```
def create_user(name:, email:, role:)
  { name: name, email: email, role: role }
end

begin
  p create_user(name: 'Foo')
rescue => e
  p e
end
```

▼ 実行結果

```
#<ArgumentError: missing keywords: :email, :role>
```

039

キーワード引数を使いたい

■ キーワード引数省略時のデフォルト値を指定する

キーワード引数が省略されたときのデフォルト値を指定するときは、仮引数の:の後ろに値を記述します。デフォルト引数が指定されている場合、その引数は省略してもエラーになりません。

■ samples/chapter-02/039.rb

```ruby
def create_user(name:, email:, role: :none)
  { name: name, email: email, role: role }
end

p create_user(name: 'Ruby', email: 'ruby@example.com')
```

▼ 実行結果

```
{:name=>"Ruby", :email=>"ruby@example.com", :role=>:none}
```

■ キーワード引数と位置引数を同時に受け取る

キーワード引数と位置引数を同時に受け取るメソッドも定義できます。このとき、位置引数はキーワード引数の前に置く必要があります。

■ samples/chapter-02/039.rb

```ruby
def create_user(name, email: nil, role: :none)
  { name: name, email: email, role: role }
end

p create_user('Ruby')
p create_user('Diamond', role: :admin)
```

▼ 実行結果

```
{:name=>"Ruby", :email=>nil, :role=>:none}
{:name=>"Diamond", :email=>nil, :role=>:admin}
```

039

キーワード引数を使いたい

■ キーワード引数のShorthand Syntax

Ruby 3.1でハッシュのShorthand Syntax（▶▶089）が導入され、ハッシュのキー名と値に渡す変数名が一致するときは、値に渡す変数名を省略できるようになりました。キーワード引数においてもハッシュと同じような省略記法が使えます。キーワード引数の引数名と値に渡す変数名が一致するときは、その変数名を省略できます。

■ samples/chapter-02/039.rb

```ruby
def create_user(name, email: nil, role: :none)
  { name: name, email: email, role: role }
end

name = 'Ruby'
email = 'ruby@example.com'
role = :admin

p create_user(name, email: email, role: role)
# Ruby 3.1以降では以下の書き方もできる
p create_user(name, email:, role:)
```

```
{:name=>"Ruby", :email=>"ruby@example.com", :role=>:admin}
{:name=>"Ruby", :email=>"ruby@example.com", :role=>:admin}
```

（ 関連項目 ）

▶▶089 ハッシュを簡潔に記述したい（Shorthand Syntax）

040 ブロックを受け取るメソッドを定義したい

Syntax

● **ブロックを受け取るメソッドを定義**

```
def メソッド名(&ブロック引数名)
  # ブロックを実行する
  ブロック引数.call
end
```

● **ブロックを受け取ったか判別**

```
block_given?
```

● **ブロック引数を省略して、ブロックを受け取るメソッドを定義**

```
def メソッド名
  # ブロックを実行する
  yield
end
```

　繰り返し処理に用いる**each**メソッドなど、Rubyにはブロックを受け取るメソッドが数多く存在します。ブロックを受け取るメソッドを定義する方法は次のとおりです。

▶ **メソッド定義（ ▶▶010 ）の際に、&を先頭に付けた仮引数（ブロック引数）を書く**
▶ **受け取ったブロックを「ブロック引数.callメソッド」で実行する**

　まず、メソッド定義の際に&を先頭に付けた仮引数を記述することで、その引数名でブロックを受け取れるようになります。これを「ブロック引数」と呼びます。ブロック引数は1つしか受け取れず、最後の引数として記述しなければなりません。ブロック引数名には、多くの場合**&block**や**&blk**が使われます。

　こうして受け取ったブロックは、**call**メソッドで実行します。**call**メソッドに引数を渡すと、呼び出し側からはブロックパラメータ（メソッド呼び出しの際に｜｜で囲まれた部分）として扱えるようになります。

　次のサンプルコードでは、**Array#select**（ ▶▶078 ）と同じ機能を持った**select**メソッドを実装しています。**Array#select**は各要素に対してブロックを実行し、結果が真である要素をすべて含む配列を返します。これは、**each**メソッド（ ▶▶059 ）で配列の各要素に対して繰り返しブロックを実行し、結果が真ならば配列に追加することで実現できます。

　selectメソッドに配列を渡し、さらにブロックとして**{ |number| number.odd? }**を渡すと、配列から奇数のものだけを取り出せることが確認できます。また、**call**の引数として渡した**item**は、ブロックパラメータ（**|number|**）となることもわかります。

107

■ samples/chapter-02/040.rb

```ruby
def select(array, &block)
  # 最初に空配列を用意する
  result = []
  array.each do |item|
    # それぞれの要素に対してブロックを実行し、結果が真ならば配列に追加する
    result << item if block.call(item)
  end
  # 結果が真の要素だけが含まれた配列を返す
  result
end

array = [1, 2, 3, 4, 5]
# 配列から奇数のものだけを取り出す
p array.select { |number| number.odd? }
p select(array) { |number| number.odd? }
```

▼ 実行結果

```
[1, 3, 5]
[1, 3, 5]
```

■ ブロック引数を省略する

ブロック引数は省略することもできます。このとき、渡されたブロックを実行するにはyieldメソッドを呼びます。callメソッドと同様、yieldメソッドに渡した引数はブロックパラメータとなります。

ブロックは1つしか受け取れないため、実はブロック引数に名前を付けて区別する必要はありません。そのため、単にyieldメソッドを呼べば渡されたブロックを実行できるようになっています。

040

ブロックを受け取るメソッドを定義したい

■ samples/chapter-02/040.rb

```ruby
def select(array)
  result = []
  array.each do |item|
    result << item if yield(item)
  end
  result
end

array = [1, 2, 3, 4, 5]
p select(array) { |number| number.odd? }
```

▼ 実行結果

```
[1, 3, 5]
```

■ メソッドにブロックが渡されたかどうか判別する

　block_given?メソッドで、そのメソッドにブロックが渡されたかどうかを判別できます。ブロックの有無で挙動を変えたり、ブロックがあってもなくても動作するメソッドを作成するときに使用できます。

　次のサンプルコードでは、先ほどのselectメソッドを変更して、ブロックが渡されていないときは配列全体をそのまま返すようにしています。

040

ブロックを受け取るメソッドを定義したい

■ **samples/chapter-02/040.rb**

```ruby
def select(array)
  # ブロックが渡されていないときは配列全体をそのまま返す
  return array unless block_given?

  result = []
  array.each do |item|
    result << item if yield(item)
  end
  result
end

array = [1, 2, 3, 4, 5]
p select(array)
```

▼ 実行結果

```
[1, 2, 3, 4, 5]
```

　なお、今回は単純化のため配列全体をそのまま返すようにしましたが、実際の**Array#select**メソッドは挙動が異なります。**Array#select**にブロックを渡さなかった場合は、**Enumerator**オブジェクトが返されます。

（　関連項目　）

▶▶010　メソッドを定義したい

▶▶059　配列の要素を繰り返し処理したい

▶▶078　配列から条件に合う要素だけを取り出したい

041 1行でメソッドを定義したい

Chap.2 データとメソッドを扱う

Syntax

● エンドレスメソッド定義

```
def メソッド名(引数) = メソッド本体
```

　通常のメソッド定義は**def**キーワードから始まり、**end**キーワードで終わります（▶▶010）。セミコロンを用いて式を区切ると1行で記述できますが、基本的にメソッドの定義には複数行が必要になります。

　そこでRuby 3.0ではエンドレスメソッド定義構文が導入され、1行で簡潔にメソッドを定義できるようになりました。この構文でも**def**のあとにメソッド名と引数を書くところまでは同じですが、そのあとは=に続けてメソッド本体を記述します。

　次のサンプルコードでは同じ内容のメソッドを、通常のメソッド定義、セミコロンを使って1行にしたもの、エンドレスメソッド定義構文の3つで定義しました。これらのメソッドを実行するとすべて同じ結果になることが確認できます。

■ samples/chapter-02/041.rb

```ruby
# 通常のメソッド定義
def add1(a, b)
  a + b
end

# セミコロンを使って1行にする
def add2(a, b); a + b; end

# エンドレスメソッド定義構文
def add3(a, b) = a + b

p add1(2, 5)
p add2(2, 5)
p add3(2, 5)
```

111

041

1行でメソッドを定義したい

▼ 実行結果

```
7
7
7
```

■ エンドレスメソッド定義構文を使う場面

エンドレスメソッド定義構文はIRB（ ▶▶015 ）上でメソッドを定義するときや、一度実行したら捨ててしまうようなスクリプトで使うとよいでしょう。このような場面では、1行で簡潔にメソッドを定義できるメリットが活きてきます。

（ 関連項目 ）

▶▶010 メソッドを定義したい

▶▶015 Rubyを対話形式で実行したい

042 メソッドに渡す引数の数を可変にしたい

Chap.2 データとメソッドを扱う

Syntax

● 1個以上の引数を受け取る

```
def method(*引数)
 ...
end
```

　メソッドが1個以上の引数をいくつでも受け取れるようにしたいときは、可変長引数の機能を利用できます。可変長引数とは名前の前に*を付けた引数であり、この引数はメソッド内で配列として扱えるようになります。通常の引数（位置引数）と可変長引数を同時に使いたいときは、必ず可変長引数を最後に置きます。可変長の引数を受け付けるメソッドには、配列をもとに渡すこともできます。その場合は、渡す配列の直前に*を付けます。

　次のサンプルコードでは、位置引数に加えて可変長引数を受け取って、引数を順番に出力するメソッドを定義しています。

■ samples/chapter-02/042.rb

```ruby
def print_args(a, b, *args)
  puts "位置引数: #{a}, #{b}"
  args.each_with_index do |arg, i|
    puts "可変長引数#{i}: #{arg}"
  end
end

print_args(1, 2, 3, 4)
puts
print_args(1, 2, 'foo', 'bar', :test)
```

▼ 実行結果

```
位置引数: 1, 2
可変長引数0: 3
可変長引数1: 4

位置引数: 1, 2
可変長引数0: foo
可変長引数1: bar
可変長引数2: test
```

043 メソッドに渡すキーワード引数の数を可変にしたい

Syntax

● 0個以上のキーワード引数を受け取る

```
def method(**引数)
  ...
end
```

　メソッドが0個以上のキーワード引数（▶▶039）をいくつでも受け取れるようにしたいときは、引数名の前に**を付けます。この引数はメソッド内でハッシュとして扱えるようになります。通常の引数（位置引数）と可変長にしたキーワード引数を同時に使いたいときは、必ずキーワード引数を最後に置きます。

　可変長のキーワード引数を受け付けるメソッドに引数を渡すときは、キーワード引数の形式だけでなくハッシュをもとに渡すこともできます。その場合は、渡すハッシュの直前に**を付けます。

　次のサンプルコードでは、位置引数に加えて可変長のキーワード引数を受け取って、引数を順番に出力するメソッドを定義しています。

■ samples/chapter-02/043.rb

```ruby
def print_kwargs(a, b, **kwargs)
  puts "位置引数: #{a}, #{b}"

  kwargs.each_with_index do |(k, v), i|
    puts "引数#{i}: #{k} => #{v}"
  end
end

print_kwargs(1, 2, foo: 'v', bar: 'v')
puts

kwargs = { hoge: 'v', fuga: 'v' }
print_kwargs(1, 2, **kwargs)
```

▼ 実行結果

```
位置引数: 1, 2
引数0: foo => v
引数1: bar => v

位置引数: 1, 2
引数0: hoge => v
引数1: fuga => v
```

(関連項目)

▶▶039 キーワード引数を使いたい

114

044 メソッドを連続して呼び出したい（メソッドチェーン）

Syntax

● メソッドチェーン

```
オブジェクト.メソッド.メソッド
```

あるメソッドの返り値に対してさらにメソッドを呼び出したいとき、メソッド間を.でつなげると連続して実行できます。これをメソッドチェーンと呼びます。

メソッドチェーンの途中には改行を含められます。.は行頭にあっても行末にあってもかまいません。メソッドチェーンであることが一目でわかるため、本書では行頭に.を置くスタイルを採用しています。

次のサンプルコードでは、配列に対してmap（▶▶075）、reject（▶▶079）、reverse（▶▶073）メソッドを連続して呼び出しています。具体的にはmapで各要素を2乗し、rejectで5より大きい要素を削除し、最後にreverseで順番を反転しており、結果は[4, 1]となります。

■ samples/chapter-02/044.rb

```ruby
p [1, 2, 3]
  .map { |i| i ** 2 }
  .reject { |i| i > 5 }
  .reverse
```

▼ 実行結果

```
[4, 1]
```

（ 関連項目 ）

▶▶073　配列を整列したい

▶▶075　配列の各要素を変換して新しい配列を作りたい

▶▶079　配列から条件に合う要素を取り除きたい

045 メソッドチェーンの途中に処理を挟みたい

Syntax

● tapメソッドでメソッドチェーンの途中に処理を挟む

```
オブジェクト.tap do |ブロックパラメータ|
  処理内容
end
```

デバッグなどの目的で、メソッドチェーン（▶044）の途中に処理を挟みたい場合があります。このようなときはObject#tapメソッドを使うと便利です。tapはレシーバを引数としてブロック内の処理を実行し、レシーバ自身（self）を返します。tapはObjectクラスに定義されているため、すべてのオブジェクトで呼び出せます。

例として、「▶044 メソッドを連続して呼び出したい（メソッドチェーン）」のコードを再び取り上げます。

■ samples/chapter-02/045.rb

```
[1, 2, 3]
  .map { |i| i ** 2 }
  .reject { |i| i > 5 }
  .reverse
```

これらのメソッドそれぞれの実行結果を確認したいとき、変数に代入して出力してもよいですが面倒です。ここでtapメソッドを使うと、既存のメソッドチェーンを変更することなく途中に処理を追加できます。

■ samples/chapter-02/045.rb

```
# tapメソッドでメソッドチェーンの途中の実行結果を出力する
[1, 2, 3]
  .map { |i| i ** 2 }.tap{ |array| p array }
  .reject { |i| i > 5 }.tap{ |array| p array }
  .reverse.tap{ |array| p array }
```

▼ 実行結果

```
[1, 4, 9]
[1, 4]
[4, 1]
```

（ 関連項目 ）

▶044 メソッドを連続して呼び出したい（メソッドチェーン）

046 メソッドをパイプライン形式で連続して呼び出したい

Chap. 2 データとメソッドを扱う

Syntax

● **then**メソッドでメソッドをパイプライン形式で連続して呼び出す

```
オブジェクト.then do |ブロックパラメータ|
  処理内容
end
```

　Object#thenメソッドを用いると、メソッドチェーンでは書けないメソッドをパイプラインのようにつなげて記述できます。**then**はレシーバを引数としてブロック内の処理を実行し、ブロックの結果を返します。**then**は**Object**クラスに定義されているため、すべてのオブジェクトで呼び出せます。

　例として、「あるURLに対しHTTPリクエストを送信し、レスポンスのJSONをパースしてRubyのハッシュにする」という一連の処理を考えます。これを素朴に書くと次のようになります。

■ samples/chapter-02/046.rb

```ruby
require 'uri'
require 'net/http'
require 'json'

# GitHubのAPIを用いてRubyのリポジトリ情報をJSON形式で取得
# 詳細は https://docs.github.com/ja/rest を参照
str = 'https://api.github.com/repos/ruby/ruby'
url = URI.parse(str)
response = Net::HTTP.get(url)
json = JSON.parse(response)
puts json['description']
```

▼ 実行結果

```
# Webサイトの更新により結果が変わる可能性がある
The Ruby Programming Language
```

117

046

メソッドをパイプライン形式で連続して呼び出したい

この処理は、thenメソッドを使うと次のように書き直せます。

■ samples/chapter-02/046.rb

```ruby
require 'uri'
require 'net/http'
require 'json'

puts 'https://api.github.com/repos/ruby/ruby'
  .then { |str| URI.parse(str) }
  .then { |url| Net::HTTP.get(url) }
  .then { |response| JSON.parse(response) }
  .then { |json| json['description'] }
```

2つ目のコードでは、URLの文字列から最終的な結果を得るまでをデータのパイプラインとして記述しており、1つ目のコードに比べて、URL文字列が順に変換されていくことが明確になります。

047

nilの可能性があるオブジェクトに対してメソッドを安全に呼び出したい

Chap.2
データとメソッドを扱う

Syntax

● **&.演算子によるメソッド呼び出し**

nilの可能性があるオブジェクト&.メソッド

　オブジェクトに対してメソッドを呼び出したところ、そのオブジェクト（レシーバ）がnilだったためNoMethodErrorになってしまった、ということはよくあります。たとえば、配列の[]メソッドで指定した要素が存在しないときはnilが返されます（ ▶▶008 ）。ほかにも有効な値を返せない場合にnilを返すメソッドは多数あります。

　このようなnilの可能性があるオブジェクトに対してメソッドを安全に呼び出したい場合、次のように、そのオブジェクトがnilでないかをチェックしてからメソッドを呼び出す必要があります。しかし、このチェックを毎回行うのは煩雑です。

■ **samples/chapter-02/047.rb**

▼ **実行結果**

```
object = nil
# objectがnilでないときにupcaseメソッドが実行される
unless object.nil?
  p object.upcase
end
```

```
# 何も出力されません
```

　&.演算子を使うとnilの可能性があるオブジェクトに対してメソッドを安全に呼び出せます。これはSafe navigation operatorと呼ばれており、日本語では「ぼっち演算子」と言われることもあります（&.が膝を抱えてひとりぼっちで座っている人に見えるからという理由のようです）。

　&.演算子はレシーバがnilでないときだけそのメソッドを呼び出し、レシーバがnilのときはnilを返します。

　次のサンプルコードでは、変数obj1はnilであるため、upcaseメソッドは実行されずnilを返します。一方、obj2はnilでないためupcaseが呼び出され、大文字になった文字列を返します。

119

■ samples/chapter-02/047.rb

```ruby
obj1 = nil
obj2 = 'not nil'

# upcaseメソッドは実行されずnilを返す
p obj1&.upcase
# upcaseメソッドが実行される
p obj2&.upcase
```

▼ 実行結果

```
nil
"NOT NIL"
```

メソッドチェーンをつなげるときの注意点

&.演算子を用いたメソッド呼び出しに続けてメソッドチェーン（▶▶044）をつなげる際は注意が必要です。レシーバがnilのためメソッドが呼び出せなかったときでも、その後に続くメソッド呼び出しをキャンセルしないでそのまま実行しようとするためです。つまり&.演算子のあとにメソッドチェーンをつなげる場合、その後のすべてのメソッド呼び出しで&.演算子を利用する必要があるということです。

次の例では、upcaseで&.演算子の働きによってnilが返されますが、続くreverseでnil.reverseとなり、NoMethodErrorが発生してしまいます。reverseの前にも&.演算子を入れることで、意図どおりの挙動になります。

■ samples/chapter-02/047.rb

```ruby
# reverseメソッドでNoMethodErrorが発生
begin
  p nil&.upcase.reverse
rescue => e
  p e
end

# reverseメソッドでも&.演算子が働き、nilを返す
p nil&.upcase&.reverse
```

120

047

nilの可能性があるオブジェクトに対してメソッドを安全に呼び出したい

▼ 実行結果

```
#<NoMethodError: undefined method `reverse' for nil>
nil
```

（ 関連項目 ）

▶▶008 配列を使いたい

▶▶044 メソッドを連続して呼び出したい（メソッドチェーン）

048 オブジェクトをコピーしたい

Syntax

● **オブジェクトの浅いコピーを作る**

```
obj.dup
```

あるオブジェクトをコピーして新しいオブジェクトを作るには dup を使います。

■ 文字列のコピー

次のサンプルコードでは、ある文字列をコピーしてから破壊的メソッド String#prepend と String#concat で文字飾りを付与するメソッドを定義しています。このメソッドに引数として文字列を渡すと、引数の文字列自体は変更されず、新たな文字列を返り値として取得できます。

■ samples/chapter-02/048.rb

```ruby
def decorate(s)
  decorated = s.dup

  decorated.prepend('■')
  decorated.concat('■')

  decorated
end

original = 'Rubyコードレシピ集'
puts '実行前'
puts "original: #{original}"

decorated = decorate(original)
puts '実行後'
puts "original: #{original}"
puts "decorated: #{decorated}"
```

▼ 実行結果

```
実行前
original: Rubyコードレシピ集
実行後
original: Rubyコードレシピ集
decorated: ■Rubyコードレシピ集■
```

■ インスタンス変数を持つオブジェクトのコピー

　dupでコピーしたオブジェクトがインスタンス変数を持つとき、コピーしたオブジェクトはもとのオブジェクトとインスタンス変数の内容を共有します。つまり、コピーしたオブジェクトのインスタンス変数に変更を加えると、もとのオブジェクトが持つインスタンス変数の内容も変更されます。インスタンス変数の内容まではコピーしないことから、このようなコピーを「浅いコピー」（shallow copy）といいます。

　次のサンプルコードでは、Orderクラスのオブジェクトをdupでコピーしていますが、このときインスタンス変数も一緒にコピーされます。コピー元とコピー先のOrderのオブジェクトに含まれるuserを比較すると、同じUserのオブジェクトを参照していることがわかります。

■ samples/chapter-02/048.rb

```ruby
require 'securerandom'

class User; end
class Order
  attr_reader :id, :user
  def initialize(user)
    @id = SecureRandom.uuid
    @user = user
  end
end

p order_1 = Order.new(User.new)
p order_2 = order_1.dup
puts "order_1.user == order_2.user: #{order_1.user == order_2.user}"
```

▼ 実行結果

```
#<Order:0x000000010e336ee0 @id="3ddb95e5-e336-41dd-8902-
aa66bc79c58f", @user=#<User:0x000000010e3370e8>>
#<Order:0x000000010e335c20 @id="3ddb95e5-e336-41dd-8902-
aa66bc79c58f", @user=#<User:0x000000010e3370e8>>
order_1.user == order_2.user: true
```

※実行するたびにIDが変わる

123

オブジェクトをコピーしたい

Column オブジェクトの状態を含めて複製するcloneメソッド

dupはオブジェクトをインスタンス変数を含めてコピーします。一方で、オブジェクトがフリーズされているかどうかや、オブジェクトでextendした特異メソッドのような、そのオブジェクト特有の状態はコピーしません。

cloneを使うと、オブジェクトのフリーズ状態、オブジェクトが持つ特異メソッドを含めてコピーできます。なお、cloneメソッドもdupと同様に浅いコピーを行います。

■ samples/chapter-02/048.rb

```ruby
original = 'foo'
class << original
  def bar; 'bar'; end
end
original.freeze

cloned = original.clone
puts "frozen?: #{cloned.frozen?}"
puts "bar: #{cloned.bar}"
```

▼ 実行結果

```
frozen?: true
bar: bar
```

049 オブジェクトの意図しない書き換えを防止したい

Syntax

● **freezeメソッドによるオブジェクトの凍結**

```
obj.freeze
```

オブジェクトを書き換え不可能にするには`Object#freeze`を使います。

通常、オブジェクトは書き換えが可能です。たとえば、`Array`オブジェクトには`Array#push`で新しい要素を追加できます。また、`String`オブジェクトでは`String#replace`などで文字列を書き換えることができます。

一方で、プログラムを作る上では、オブジェクトがこれ以上書き換わらないことを保証したい場合があります。そのようなときは、`Object#freeze`を呼び出すことによって、オブジェクトを書き換え不可能にできます。このような操作を「オブジェクトを凍結する」と呼びます。

次のサンプルコードでは、`Array`オブジェクトを凍結し、その前後で書き換え操作時の挙動の違いを確認しています。

■ samples/chapter-02/049.rb

```ruby
nums = []

# 書き換え可
(1..10).each do |num|
  nums.push(num)
end
p nums

nums.freeze

# 書き換え不可
begin
  nums.push(11)
rescue => e
  p e
end
```

▼ 実行結果

```
[1, 2, 3, 4, 5, 6, 7, 8, 9, 10]
#<FrozenError: can't modify ⏎
frozen Array: [1, 2, 3, 4, 5, ⏎
6, 7, 8, 9, 10]>
```

125

050 システムのコマンドを実行したい

Syntax

● バッククォートで囲んでコマンドを実行

```
`コマンド`
```

● systemメソッドでコマンドを実行

```
system('コマンド')
```

● Open3.capture3メソッドでコマンドを実行

```
Open3.capture3('コマンド', stdin_data: '標準入力に渡すデータ')
```

※require 'open3'が必要

　Rubyにはシステムのコマンドを呼び出す機能が用意されており、これを利用するとRubyをシェルスクリプトのように扱うことができます。シェルスクリプトの代わりにRubyを使う利点としては次のものが挙げられます。

▶ コマンドの結果をRubyで処理できる
▶ シェルスクリプトでは煩雑になりがちな条件分岐やデータ構造をRubyの機能を用いて記述できる
▶ Rubyでテストが書ける

　どうしてもコマンドが必要な機能だけをコマンド呼び出しにし、そのほかの部分にはRubyを使うことで、文字列処理や条件分岐をより簡潔に記述できます。

　Rubyからシステムのコマンドを実行する方法はいくつかありますが、それぞれ返り値や標準入出力を扱えるかどうかといった違いがあります。代表的なものは次の3つです。

● **システムのコマンドの実行方法の比較**

メソッド	返り値	標準入力	標準出力	標準エラー出力	終了ステータス
`` `コマンド` ``	標準出力に出力された文字列	扱えない	返り値で取得できる	取得できない	$?で取得できる
system	終了ステータスをもとにした真偽値	扱えない	取得できない	取得できない	$?で取得できる
Open3.capture3	標準出力、標準エラー出力、終了ステータスの配列	引数で渡せる	返り値で取得できる	返り値で取得できる	返り値で取得できる

━ バッククォートで囲む

実行したいコマンドをバッククォート（`` ` ``）で囲むことで、そのコマンドを実行できます。返り値としてコマンドが標準出力に出力した文字列が返されます。

コマンドの終了ステータスは特殊なグローバル変数$?に格納されます。中身はProcess::Statusクラスのインスタンスとなっており、$?.exitstatusで終了ステータスを取得できます。

■ **samples/chapter-02/050.rb**

```ruby
p `echo Hello`
p $?
p $?.exitstatus
```

▼ **実行結果**

```
"Hello\n"
#<Process::Status: pid 2698 exit 0>
0
```

127

■ systemメソッド

systemメソッドの引数に文字列を渡すことでコマンドを実行できます。返り値はコマンドの終了ステータスをもとにした真偽値で、終了ステータスが0のときはtrue、それ以外はfalseを返します。コマンドを実行できなかった場合はnilを返します。

バッククォートと同様、コマンドの終了ステータスは$?に格納されます。

■ samples/chapter-02/050.rb

```ruby
p system('echo Hello')
p $?.exitstatus
```

▼ 実行結果

```
Hello
true
0
```

■ Open3.capture3メソッド

標準入力や標準エラー出力を扱ったり、終了ステータスを返り値として取得したいときはOpen3.capture3メソッドを使うとよいでしょう。このメソッドを利用するにはrequire 'open3'でopen3ライブラリを読み込む必要があります。

Open3.capture3の第1引数には実行したいコマンドを指定します。第2引数以降にstdin_data: '文字列'を指定することで、コマンドに標準入力を渡せます。返り値は標準出力、標準エラー出力、終了ステータスの3つの要素を持つ配列で、終了ステータスは$?と同じくProcess::Statusクラスのインスタンスです。

次のサンプルコードではcatコマンドに標準入力を渡して実行しています。1つ目の例では出力内容が標準出力に送られますが、2つ目の例では>&2を用いて標準エラー出力にリダイレクトされています。

結果を見ると、意図どおり前者は標準出力、後者は標準エラー出力に内容が出力されていることがわかります。なおこの例では、多重代入（ ▶▶033 ）を使って、それぞれの変数に返り値を同時に代入しています。

050

システムのコマンドを実行したい

■ samples/chapter-02/050.rb

```ruby
require 'open3'

p Open3.capture3('cat', stdin_data: 'Hello')

# 標準出力を標準エラー出力にリダイレクトする
stdout, stderr, status = Open3.capture3('cat >&2', stdin_data:
'Hello')
p stdout
p stderr
p status.exitstatus
```

▼ 実行結果

```
["Hello", "", #<Process::Status: pid 1134 exit 0>]
""
"Hello"
0
```

※実行するたびにIDが変わる

　open3ライブラリにはほかにも便利なメソッドが用意されています。バッククォートや**system**メソッドでは不十分なときは、open3ライブラリについて調べてみるとよいでしょう。

関連項目

▶▶033 代入で複数の変数を使いたい

129

分岐と繰り返しで処理を制御する

Chapter

3

051 特定の条件に当てはまらないときだけ処理を実行したい（unless）

Syntax

● unlessによる処理の分岐

```
unless 条件
    条件に当てはまらないときに行う処理
end
```

Rubyではifの反対の使い方ができる**unless**という構文があります。**unless**に続けて条件を書いて**end**で囲むと、その間に書かれている処理は「条件に当てはまらないとき」にだけ実行されます。言い換えると、「**unless 条件**」は「**if !条件**」と同じ意味になります。

次のサンプルコードでは、**unless**を使って除算の除数が0でないことを確認しています。

■ samples/chapter-03/051.rb

```ruby
# 除数が0のとき以外は商を表示する
divisor = 10
unless divisor == 0 # if divisor != 0 でも同じ
  puts "100を#{divisor}で割った数は#{100 / divisor}です"
end
```

▼ 実行結果

```
100を10で割った数は10です
```

■ unlessにはelsifを書けない

ifとほとんど同じように使える**unless**ですが、1つだけ注意点があります。**if**では、2つ目以降の条件式を**elsif**で記述できますが、**unless**では**elsif**を書くことができません。

次のサンプルコードでは、**unless**と**elsif**を一緒に使用しており、実行時にシンタックスエラー（文法の間違い）となります。

■ samples/chapter-03/051.rb

```ruby
divisor = 0
unless divisor == 0
  puts "100を#{divisor}で割った数は#{100 / divisor}です"
elsif divisor == 0
  puts "0で割ることはできません"
end
```

▼ 実行結果

```
syntax error, unexpected `elsif', expecting `end'
elsif divisor == 0
```

052 複数の条件分岐を順番に実行したい (if-elsif-else)

Syntax

● **複数の条件による条件分岐**

```
if 条件1
  処理1
elsif 条件2
  処理2
else
  処理3
end
```

ifのあと「elsif 条件」と続けることで、別の条件を記述できます。elsifは何度でも使えます。また、どの条件にも当てはまらない場合の処理は、最後にelseを使って記述します。

次のサンプルコードでは、与えられた変数の値で30が割り切れるかどうかを判定して、割り切れない場合は100であれば割り切れるかどうかを判定しています。

■ **samples/chapter-03/052.rb**

```ruby
# divisorの値で30を割り切れるか判定したあと、100を割り切れるか判定する
divisor = 25
if divisor == 0
  puts "0で割り算はできません"
elsif 30 % divisor == 0
  puts "30は#{divisor}で割り切れます"
elsif 100 % divisor == 0
  puts "100は#{divisor}で割り切れます"
else
  puts "100は#{divisor}で割り切れません"
end
```

▼ **実行結果**

```
100は25で割り切れます
```

053 ガード節を書きたい

Syntax

● if／unlessの後置

```
処理 if 条件
処理 unless 条件
```

Rubyではifやunlessを後置して1行で書けます。処理の内容が簡単なときはifやunlessを後置するとすっきり記述できることがあります。このように後置したifはif修飾子や後置ifと呼ばれ、メソッドの最初に入力値をチェックするガード節で多用されます。

次のサンプルコードでは、与えられた数で100を割るメソッドの最初で、ガード節として後置ifを使って除数が0かどうかチェックしています。

■ samples/chapter-03/053.rb

```ruby
def divide(divisor)
  return "0で割り算はできません" if divisor == 0
  100 / divisor
end

puts divide(20)
puts divide(0)

# divideをunlessで書き直す
def divide2(divisor)
  return "0で割り算はできません" unless divisor != 0
  100 / divisor
end

puts divide2(20)
puts divide2(0)
```

▼ 実行結果

```
5
0で割り算はできません
5
0で割り算はできません
```

054 三項演算子を使いたい

> Syntax

● **三項演算子**

条件 ？ 処理A ： 処理B

Rubyでは三項演算子が使えます。条件の後ろに**?**を書いて、続けて「**式A ： 式B**」と書きます。条件が真であれば**式A**、偽であれば**式B**の式が評価されるため、**if～else**のような使い方ができます。

■ samples/chapter-03/054.rb

```ruby
value = 100

# if～elseで偶数かどうか判定する
even_or_odd =
  if value % 2 == 0
    '偶数'
  else
    '奇数'
  end

puts even_or_odd

# 三項演算子を利用して、上記と同じ判定をする
even_or_odd = value % 2 == 0 ? '偶数' : '奇数'
puts even_or_odd
```

▼ 実行結果

```
偶数
偶数
```

■ 三項演算子を使えば読みやすくなるとは限らない

三項演算子を使うと多くの場合**if**に比べて行数は減ります。しかし、可読性という点では三項演算子が優れているとは一概に言えないため、状況によって**if**と使い分けるとよいでしょう。

055 if式を使って条件に応じた値を取得したい

Chap 3 分岐と繰り返しで処理を制御する

> Syntax

● **if式を利用した値の代入**

```
変数 =
  if 条件
    値A
  else
    値B
  end
```

ifブロックは、最後に実行した式の値を返す目的でも使用できます。条件によって変数の初期値を変えたいときなどに便利です。

次のサンプルコードでは、petという変数の中身が犬であるかどうかでmessageに代入する値を変えています。

■ samples/chapter-03/055.rb

```
pet = '犬'
message =
  if pet == '犬'
    '犬です'
  else
    '犬ではありません'
  end

puts message
```

▼ 実行結果

```
犬です
```

137

056 式の値に応じて複数の条件に分岐したい（case-when）

Syntax

● **case**による条件分岐

```
case 式
when 値1
    処理1
when 値2
    処理2
else
    処理3
end
```

　Rubyでは条件分岐として**case-when**が使えます。**case**に着目する変数や式を記述し、**when**に続いて**case**で記述した変数や式の範囲や条件を書き、直後に当てはまる場合の処理を書きます。特定の変数や式に応じて処理を分岐する場合は、**if**よりも**case**を使うと読みやすくなることがあります。

　次のサンプルコードでは、変数**animal**に入っている文字列に応じて、出力する文章を変えています。

■ samples/chapter-03/056.rb

```
animal = '猫'
case animal
when '犬'
  puts '犬です'
when 'うさぎ'
  puts 'うさぎです'
when '猫'
  puts '猫です'
else
  puts 'わかりません'
end
```

▼ 実行結果

```
猫です
```

whenにはいろいろな値を渡すことができる

　caseで行われるのは**===**演算子による一致判定であるため、**when**には正規表現（第6章）や範囲式（ ▶035 ）を渡すこともできます。

138

■ samples/chapter-03/056.rb

```ruby
def check(val)
  case val
  when 1..100
    puts "#{val}は1以上100以下の数値です"
  when 101..150
    puts "#{val}は101以上150以下の数値です"
  when /^(070|080|090)-\d{4}-\d{4}$/
    puts "#{val}は携帯電話番号です"
  else
    puts "判別不能です"
  end
end

check(50)
check(150)
check(200)
check("090-0000-0000")
check("03-0000-0000")
```

▼ 実行結果

```
50は1以上100以下の数値です
150は101以上150以下の数値です
判別不能です
090-0000-0000は携帯電話番号です
判別不能です
```

(関連項目)

▶▶035 範囲を表すデータを使いたい

057 パターンマッチを使いたい (case-in)

Syntax

● パターンマッチ構文の利用

```
case 式
in パターン1
  処理1
in パターン2
  処理2
end
```

　Rubyでは`case-in`を用いたパターンマッチ構文が使えます。パターンマッチとは、ある1つの式に対して、その構造によって処理を分岐する機能です。解析できる構造は主に配列やハッシュです。次に、パターンとして指定できるものの種類を列挙します。

● パターンマッチ構文で使用可能なパターン

パターン名	説明	例

Valueパターン	リテラル値や定数、変数が参照する値、インスタンスやクラスなど、特定の値との一致を検証する	`in 0,`
		`in MY_CONSTANT,`
		`in ^some_variable,`
		`in String`

Variableパターン	マッチした値を新しい変数に割り当てる。割り当てた変数を以降の処理で使用可能。主に他のパターンと組み合わせて使用される	`in [first, *rest]`
Alternativeパターン	複数のパターンを|で区切り、すべてのパターンを検証する	`in 0 | "zero"`
Asパターン	値とパターンとの一致を検証し、成功した場合に変数に割り当てる	`in Integer => num`
Arrayパターン	配列の構造と個々の要素との一致を検証する	`in [1, 2, *rest]`
Hashパターン	ハッシュの構造とキーごとの値の一致を検証する	`in {name: "Alice",` `age: Integer}`

次のサンプルコードでは、配列の構造を解析して、先頭2つの値とそれに続く値を表示します。Array
パターンとVariableパターンを組み合わせて使用しています。

■ samples/chapter-03/057.rb

```
array = [1, 2, 3]
case array
in [0, 1, num]
  puts "この配列の先頭2要素は0と1で、続く値は#{num}です。"
in [1, 2, num]
  puts "この配列の先頭2要素は1と2で、続く値は#{num}です。"
else
  puts "マッチしませんでした。"
end
```

▼ 実行結果

この配列の先頭2要素は1と2で、続く値は3です。

■ ハッシュをマッチさせる

Hashパターンを使うと、ハッシュの構造チェックと変数への取り出しを効率よく行えます。

次のサンプルコードでは、パターンマッチを活用して**kind**キーの値によって処理を分岐しつつ、
nameキーの値が文字列であることを確認して変数**name**に代入します。また、**age**キーはそのまま変
数**age**に代入し、その後の処理で使用しています（Variableパターン）。

■ samples/chapter-03/057.rb

```
def check_animal(animal)
  case animal
  in {name: String => name, kind: :human, age: age}
    puts "#{name}は#{age}歳の人間です。"
  in {name: String => name, kind: :dog, age: age}
```

```
      puts "#{name}は#{age}歳の犬です。"
    else
      puts "判別不能です。"
    end
end

taro = {name: '太郎', sex: :male, age: 18, kind: :human}
hanako = {name: '花子', sex: :female, age: 19, kind: :dog}
alien = {name: 'xxx', kind: :alien}
not_string_taro = {name: :taro, sex: :male, age: 18, kind: :human}

check_animal(taro)
check_animal(hanako)
check_animal(alien)
check_animal(not_string_taro)
```

▼ 実行結果

```
太郎は18歳の人間です。
花子は19歳の犬です。
判別不能です。
判別不能です。
```

■ ピン演算子

　変数に入っている値に基づいてパターンを作るときは、ピン演算子(^)を使用します。この演算子を使うと、パターン内に変数の値を埋め込むことができます。

　次のサンプルコードでは、ピン演算子を利用して作成したパターンを用いて、パターンマッチの挙動を確認しています。

057

パターンマッチを使いたい（case-in）

■ samples/chapter-03/057.rb

```ruby
def check_order(order, quantity, payment_method)
  case order
  in {id: id, quantity: ^quantity,
      payment_method: ^payment_method}
    puts "注文番号#{id}は「数量:#{quantity}個、決済方法:#{payment_
method}」の注文です。"
  in {id: id}
    puts "注文番号#{id}は指定した条件に当てはまりません"
  else
    puts "エラー"
  end
end

orders = [
  { id: "ORD001", customer: "Alice",
    quantity: 3, payment_method: "credit_card" },
  { id: "ORD002", customer: "Bob",
    quantity: 2, payment_method: "credit_card" },
  { id: "ORD003", customer: "Charlie",
    quantity: 1, payment_method: "cash" },
  { id: "ORD004", customer: "Dave",
    quantity: 5, payment_method: "bank_transfer" }
]

puts '---クレジットカードで2個購入した注文を探します---'
orders.each {|order| check_order(order, 2, "credit_card")}
puts '---銀行振込で5個購入した注文を探します---'
orders.each {|order| check_order(order, 5, "bank_transfer")}
```

057 パターンマッチを使いたい（case-in）

▼ 実行結果

```
---クレジットカードで2個購入した注文を探します---
注文番号ORD001は指定した条件に当てはまりません
注文番号ORD002は「数量:2個、決済方法:credit_card」の注文です。
注文番号ORD003は指定した条件に当てはまりません
注文番号ORD004は指定した条件に当てはまりません
---銀行振込で5個購入した注文を探します---
注文番号ORD001は指定した条件に当てはまりません
注文番号ORD002は指定した条件に当てはまりません
注文番号ORD003は指定した条件に当てはまりません
注文番号ORD004は「数量:5個、決済方法:bank_transfer」の注文です。
```

変数の値に応じて動的にパターンを作成したい場面では、ピン演算子を使うのが便利です。

Column

 パターンマッチの公式ドキュメント

パターンマッチはできることが多くて覚えるのが大変ですが、上手に使うと効率よくコードを記述できます。詳しい規則を調べるときは次のRubyリファレンスマニュアルの次のドキュメントを参照してください。

https://docs.ruby-lang.org/ja/latest/doc/spec=2fpattern_matching.html

058 指定した回数繰り返しを実行したい

Syntax

● timesメソッドによる繰り返し

```
整数.times do |繰り返しの回数|
  処理
end
```

整数に対して`Integer#times`メソッドを呼ぶと、その数だけ同じ処理を繰り返します。現在の繰り返しの回数はブロックパラメータとして受け取ることができます（使わない場合は省略できます）。繰り返しの回数は0から始まります。

次のサンプルコードでは、初期値が0の変数に7を10回加算しています。

■ samples/chapter-03/058.rb

```ruby
number = 0
10.times do |i|
  number += 7
  puts "#{i + 1}回目の加算: #{number}"
end
```

▼ 実行結果

```
1回目の加算: 7
2回目の加算: 14
3回目の加算: 21
4回目の加算: 28
5回目の加算: 35
6回目の加算: 42
7回目の加算: 49
8回目の加算: 56
9回目の加算: 63
10回目の加算: 70
```

145

059 配列の要素を繰り返し処理したい

> **Syntax**
>
> - eachメソッドによる繰り返し
>
> ```
> 配列.each do |要素|
>   ...
> end
> ```

繰り返しを使うと、複数の要素を保持するデータ構造である配列やハッシュに対して、要素を1つずつ取り出して同じ処理を繰り返し実行できます。

配列に対する繰り返しを書きたいときはArray#eachメソッドとブロックを使います。eachメソッドの呼び出しに続けて、「do、実行したい式、end」という構成のブロックを書きます。doの直後に|n|の形式で引数名を書くと、ブロックの中では、その引数名で配列の各要素を順番に取得できます。

次のサンプルコードでは、素数を5つ持つ配列から要素を繰り返し取り出して、ブロックの中でputsを使って標準出力に出力しています。

■ samples/chapter-03/059.rb

```ruby
primes = [2, 3, 5, 7, 11]
primes.each do |prime|
  puts prime
end
```

▼ 実行結果

```
2
3
5
7
11
```

また、ブロックの中では、複数行のプログラムを書くことができます。

次のサンプルコードでは、奇数を5つ持つ配列から要素を繰り返し取り出して、ブロックの中で要素に1を加えてputsで標準出力に出力しています。

■ samples/chapter-03/059.rb

```ruby
odds = [1, 3, 5, 7, 9]
odds.each do |odd|
  even = odd + 1
  puts even
end
```

▼ 実行結果

```
2
4
6
8
10
```

060

配列の要素をインデックスとともに繰り返し処理したい

Syntax

● **each_with_index**メソッドによる繰り返し処理

```
配列.each_with_index do |要素, インデックス|
  処理
end
```

　配列をArray#each（▶▶059）で繰り返し処理をするとき、配列の要素と同時にインデックス（今の値が配列の何番目なのか）を知りたい場合があります。Array#each_with_indexを使うと、インデックスと要素の両方をブロック内で利用できます。

■ samples/chapter-03/060.rb

```
['犬', '猫', 'うさぎ'].each_with_index do |animal, index|
  puts "#{index}: #{animal}"
end
```

▼ 実行結果

```
0: 犬
1: 猫
2: うさぎ
```

（　関連項目　）

▶▶059 配列の要素を繰り返し処理したい

061 無限ループしたい

Syntax

● loopによる無限ループ

```
loop do
  処理
end
```

loopを使うと、無限に同じ処理を繰り返す無限ループが実現できます。loopは、ずっと動かしておきたいプログラムを書くときに使います。無限ループ実行中のプログラムを停止するには「SIGINTを送信する（Ctrl+Cを押す）」「終了条件を満たしたときbreakする」（▶▶064）などの方法があります。

次のサンプルコードでは、5秒ごとに文字列を出力します。無限に動作することを確認したのち、Ctrl+Cを押して終了してください。

■ samples/chapter-03/061.rb

```
loop do
  puts '正常に動いています'
  sleep(5)
end
```

▼ 実行結果

```
正常に動いています
正常に動いています
正常に動いています
正常に動いています
# Ctrl+Cで終了
```

（ 関連項目 ）

▶▶064 特定の条件のとき繰り返しを中断したい

148

062

条件を満たしている間
繰り返しを実行したい

Syntax

● **while**による繰り返し

```
while 条件
    処理
end
```

　繰り返しを継続する条件が決まっているときは**while**を使って先に条件を書くことができます。条件を満たす間、**do-end**内の処理を繰り返します。**do**は省略できます。

　次のサンプルコードでは、2のべき乗を計算していき、1000を超えたら終了します。条件判定のあとに計算をするので、一度は計算結果が1000を超えることに注意してください。

■ samples/chapter-03/062.rb

```
two_exp = 1
while two_exp < 1000
    two_exp *= 2
    puts two_exp
end
```

▼ 実行結果

```
2
4
8
16
32
64
128
256
512
1024
```

063 特定の範囲の整数を数え上げ ながら繰り返しを実行したい

Syntax

● uptoによる繰り返し

```
数え始めの整数.upto(数え終わりの整数) do |整数|
  処理
end
```

● downtoによる繰り返し

```
数え始めの整数.downto(数え終わりの整数) do |整数|
  処理
end
```

整数を数え上げながら特定の処理を実行する場合はInteger#uptoを使います。
次のサンプルコードでは、1.upto(9)として、九九の7の段を計算しています。

■ samples/chapter-03/063.rb

```
puts '7の段は以下のとおりです'
1.upto(9) do |num|
  puts "7 x #{num} = #{7 * num}"
end
```

▼ 実行結果

```
7の段は以下のとおりです
7 x 1 = 7
7 x 2 = 14
7 x 3 = 21
7 x 4 = 28
7 x 5 = 35
7 x 6 = 42
7 x 7 = 49
7 x 8 = 56
7 x 9 = 63
```

uptoとは逆に、整数を1つずつ減らしながら数えていくには**Integer#downto**を使います。次のサンプルコードでは、10秒前から1秒ずつカウントダウンを表示します。

■ samples/chapter-03/063.rb

```ruby
10.downto(1) do |num|
  puts num
  sleep(1)
end
puts '終了'
```

▼ 実行結果

```
10
9
8
7
6
5
4
3
2
1
終了
```

064 特定の条件のとき繰り返しを中断したい

> **Syntax**

● **breakによる繰り返しの中断**

```
break if 条件
```

※ 繰り返しのブロックの中で使用する

　繰り返しの処理の中で繰り返しを中断したいときは、**break**を使います。**if**と組み合わせることによって、特定の条件のときに繰り返しを中断できます。

　次のサンプルコードでは、さいころを振って偶数が出るかぎり、初期状態では10000円の所持金が倍になっていき、奇数が出た時点で終了します。

■ samples/chapter-03/064.rb

```ruby
money = 10000
loop do
  number = [1, 2, 3, 4, 5, 6].sample
  puts "さいころの目は#{number}です"
  break if number.odd?
  money *= 2
  puts "所持金が#{money}円になりました"
end
puts "最終的な所持金は#{money}円です"
```

▼ 実行結果

```
さいころの目は4です
所持金が20000円になりました
さいころの目は6です
所持金が40000円になりました
さいころの目は3です
最終的な所持金は40000円です
```

※ 結果は、実行するたびにランダムで変わる

065 特定の条件のとき繰り返しの処理をスキップしたい

Chap 3 分岐と繰り返しで処理を制御する

Syntax

● **nextによる繰り返しのスキップ**

```
next if 条件
```

※ 繰り返しのブロックの中で使用する

　繰り返しのブロックの中で**next**を使うと、その次の行からブロックの終了までの処理をスキップして次の繰り返しに進みます。**if**と組み合わせることで、特定の条件のときだけ処理をスキップできます。
　次のサンプルコードでは、10回さいころを振って、偶数のときは所持金が倍になり、奇数のときは**next**を使って次の繰り返しへ進みます。

■ **samples/chapter-03/065.rb**

```ruby
# 10回さいころを振ってが偶数が出るたびに
所持金が倍になっていくプログラム。
money = 10000
10.times do
  number = [1, 2, 3, 4, 5,
6].sample
  puts "さいころの目は#{number}です"
  next if number.odd?
  money *= 2
  puts "所持金が#{money}円になりました"
end
puts "最終的な所持金は#{money}円です"
```

▼ **実行結果**

```
さいころの目は2です
所持金が20000円になりました
さいころの目は2です
所持金が40000円になりました
さいころの目は4です
所持金が80000円になりました
さいころの目は3です
さいころの目は4です
所持金が160000円になりました
さいころの目は1です
さいころの目は1です
さいころの目は4です
所持金が320000円になりました
さいころの目は1です
さいころの目は3です
最終的な所持金は320000円です
```

※結果は、実行するたびにランダムに変わる

153

066 ブロックの実行を中断したい

Syntax

● **nextによるブロックの中断**

```
メソッド呼び出し do
  next 戻り値
end
```

ブロックの実行を中断したいときは**next**を使います。

ブロックを受け取るメソッドにブロックを渡すとき、そのブロックの途中で処理を中断したいことがあります。**next**を使うと、ブロックの処理を中断し、そのブロックの呼び出し元に制御を戻すことができます。**next**の後ろに式を渡すと、その式の結果がブロックの返り値となります。

次のサンプルコードでは、**next**で中断するブロックをメソッド**logging**に渡しています。結果を見ると、ブロックの返り値が**'ブロック中断'**であることが確認できます。

■ samples/chapter-03/066.rb

```ruby
def logging(&block)
  puts 'ブロック呼び出し開始'
  puts block.call
  puts 'ブロック呼び出し終了'
end

logging do
  puts 'ブロック開始'
  next 'ブロック中断'
  puts 'ブロック終了' # この行は実行されない
end
```

▼ 実行結果

```
ブロック呼び出し開始
ブロック開始
ブロック中断
ブロック呼び出し終了
```

Column ブロックの中でのreturn

ブロック中の**return**は、そのブロックを囲むメソッドから戻る**return**とみなされます。**next**と混同すると、プログラムが意図しない動きになるので注意が必要です。

■ samples/chapter-03/066.rb

```ruby
class BlockCaller
  def initialize(&block)
    @block = block
  end

  def execute
    @block.call
  end
end

def execute_block_caller
  puts 'メソッド開始'
  block_caller = BlockCaller.new do
    puts 'ブロック開始'
    return # execute_block_callerから戻るためのreturnとみなされる
    puts 'ブロック終了' # この行は実行されない
  end
  block_caller.execute # execute_block_callerを終了して呼び出し元に戻る
  puts 'メソッド終了' # この行は実行されない
end

execute_block_caller
```

▼ 実行結果

```
メソッド開始
ブロック開始
```

066

ブロックの実行を中断したい

また、**return**を実行するブロックを、そのブロックを作ったメソッドとは別の場所で実行すると、LocalJumpErrorが発生します。これは、**return**で脱出しようとするメソッドがブロック実行時にすでに終了しているのが原因です。

■ **samples/chapter-03/066.rb**

```ruby
# BlockCallerは上で定義したものと同じ
def create_block_caller
  BlockCaller.new do
    puts 'ブロック開始'
    return # create_block_callerから戻るためのreturnとみなされる
    puts 'ブロック終了'
  end
end

begin
  block_caller = create_block_caller
  # create_block_callerがすでに終了しているのに、
  # ブロックの中でcreate_block_callerから戻るためのreturnを実行しよう
としてエラーになる
  block_caller.execute
rescue => e
  p e
end
```

▼ 実行結果

```
ブロック開始
#<LocalJumpError: unexpected return>
```

156

配列やハッシュとして
データを扱う

Chapter

4

067 配列から値を取得したい

Syntax

● **配列の特定位置の要素を取得**

配列[インデックス]

● **配列の末尾から要素を取得**

配列.pop(取得する長さ)

● **配列の先頭から要素を取得**

配列.shift(取得する長さ)

　配列から値を取得するにはいくつかの方法がありますが、配列中の要素の位置を0始まりのインデックス（ ▶▶008 ）で指定する方法が一般的です。

　次のサンプルコードでは、配列の2番目の要素をインデックスを指定して取得しています。

■ **samples/chapter-04/067.rb**

```ruby
fruits = ['りんご', 'ぶどう', 'バナナ']
oyatsu = fruits[1]
p oyatsu
p fruits
```

▼ **実行結果**

```
"ぶどう"
["りんご", "ぶどう", "バナナ"]
```

■ popとshiftで値を取り出す

Array#popは配列の末尾の要素を、Array#shiftは配列の先頭の要素を取得できます。引数には取得する長さを指定し、1のときは取得した要素の値が、1以外のときは配列が返ります。引数なしで実行した場合、取得する長さはデフォルトの1になります。

なお、popやshiftで取得した要素はもとの配列から取り除かれます。このようにオブジェクト自体を書き換えるメソッドを「破壊的メソッド」と呼びます。

■ samples/chapter-04/067.rb

```ruby
fruits = ['りんご', 'ぶどう', 'バナナ', '桃']
oyatsu = fruits.pop
p oyatsu
p fruits

oyatsu = fruits.shift(2)
p oyatsu
p fruits
```

▼ 実行結果

```
"桃"
["りんご", "ぶどう", "バナナ"]
["りんご", "ぶどう"]
["バナナ"]
```

⊂ 関連項目 ⊃

▸▸008 配列を使いたい

159

068 配列の長さを調べたい

Syntax

● **配列の長さを取得**

```
配列.length
配列.size
配列.count
```

　配列の要素数を確認するときはArray#length、Array#size、Array#countが使えます。lengthとsizeは同じメソッドの別名（エイリアス）です。

　countに引数を渡すと、配列中の特定の要素の個数を数えられます。引数は値かブロックで渡し、値の場合は一致する要素数を、ブロックの場合は式が真になる要素数を返します。なお、countを引数なしで呼び出すと配列の全要素数を返します。

　次のサンプルコードでは、length、size、countを使って配列の要素を調べています。countにはブロックを渡して、配列内の奇数の要素数を数えています。

■ samples/chapter-04/068.rb

```ruby
array = [1, 2, 3, 4, 5]

p array.length
p array.size
p array.count
# countに引数を渡すと、その引数と一致するものの数を返す
p array.count(2)
# countに引数としてブロックを渡すと、条件に合う要素の数を返す
p array.count{|num| num.odd? }
```

▼ 実行結果

```
5
5
5
1
3
```

069 配列に値を挿入

Syntax

● **配列に値を挿入**

```
配列[インデックス] = 挿入する値
```

● **位置を指定して値を挿入**

```
配列.insert(挿入する位置, 挿入する値, 挿入する値...)
```

● **配列の末尾に値を挿入**

```
配列.push(挿入する値)
```

● **配列の先頭に値を挿入**

```
配列.unshift(挿入する値)
```

　配列から値を取得するときと同様に、配列の要素を挿入したり書き換えたりするにはいくつかの方法がありますが、配列中の要素の位置を0始まりのインデックス(▶▶008)で指定して、その位置の要素を書き換える方法が一般的です。

　次のサンプルコードでは、インデックスで指定した位置の要素を新しい要素で書き換えています。

■ **samples/chapter-04/069.rb**

```ruby
array = [2, 8, 7]
array[1] = 6 # インデックスによる書き換え
p array
```

▼ **実行結果**

```
[2, 6, 7]
```

161

069

配列に値を挿入したい

■ insert、push、unshiftを使った値の挿入

Array#insertを使うと配列の任意の位置に値をいくつでも挿入できます。Array#pushは配列の末尾に、Array#unshiftは配列の先頭に新しい値を追加します。

■ samples/chapter-04/069.rb

```ruby
array = [2, 8, 7]
array.insert(1, 3, 4, 5) # 1番目の位置から連続して3，4，5を挿入する
p array
array.push(8) # 末尾に8を挿入する
p array
array.unshift(1) # 先頭に1を挿入する
p array
```

▼ 実行結果

```
[2, 3, 4, 5, 8, 7]
[2, 3, 4, 5, 8, 7, 8]
[1, 2, 3, 4, 5, 8, 7, 8]
```

(関連項目)

▶▶008 配列を使いたい

070 配列から値を削除したい

Chap.4 配列やハッシュとしてデータを扱う

Syntax

● **配列の要素を削除**

　配列.delete(削除する値)

● **位置を指定して要素を削除**

　配列.delete_at(削除する位置)

● **配列の末尾の要素を削除**

　配列.pop(削除する長さ)

● **配列の先頭の要素を削除**

　配列.shift(削除する長さ)

　配列から値を削除するときはArray#deleteやArray#delete_atを使います。delete
は引数に与えた値と同じ要素をすべて削除します。delete_atは引数に0から始まるインデックスを渡
し、その位置にある要素を削除します。なお、deleteもdelete_atも、返り値として削除した要素
の値を返します。

　次のサンプルコードでは、deleteで複数の要素を、delete_atで指定した位置の要素を削除し
ています。

■ **samples/chapter-04/070.rb**

```ruby
array = [1, 2, 3, 4, 5, 4, 3]
array.delete(3) # arrayから3の要素を削除
p array
deleted_value = array.delete_at(1) # array[1] の要素を削除し、値を変
数に代入
p deleted_value
p array
```

▼ **実行結果**

```
[1, 2, 4, 5, 4]
2
[1, 4, 5, 4]
```

163

070

配列から値を削除したい

■ 配列の先頭や末尾から要素を削除する

配列の先頭や末尾から指定した長さ分の要素を削除するときはArray#popやArray#shiftが使えます（ ▶▶067 ）。popは末尾から、shiftは先頭から要素を削除します。引数には削除する長さを指定し、1のときは取得した要素の値が、1以外のときは配列が返ります。引数なしで実行した場合はデフォルト値の1になります。

次のサンプルコードでは、popとshiftを使って末尾から1つ、先頭から3つの要素を削除しています。

■ samples/chapter-04/070.rb

```ruby
array = [1, 2, 3, 4, 5, 6, 7, 8, 9, 10]
deleted_value = array.pop
p deleted_value
p array
deleted_value = array.shift(3)
p deleted_value
p array
```

▼ 実行結果

```
10
[1, 2, 3, 4, 5, 6, 7, 8, 9]
[1, 2, 3]
[4, 5, 6, 7, 8, 9]
```

（ 関連項目 ）

▶▶067 配列から値を取得したい

071

配列から重複する要素を取り除きたい

Chap **4** 配列やハッシュとしてデータを扱う

Syntax

● **配列の重複要素を削除**

```
配列.uniq
配列.uniq!
```

● **ブロックの返り値が重複する要素を削除**

```
配列.uniq{|要素| 式}
```

　配列から要素の重複を取り除くときはArray#uniqやArray#uniq!を使います。

　これらのメソッドは、引数がないときは、それぞれの要素の値を評価して重複を取り除きます。引数としてブロックを与えると、ブロックの返り値が重複する要素を取り除きます。なお、uniqは新しい配列を作って返しますが、末尾に!を付けたuniq!では、もとの配列そのものを書き換えます。

　次のサンプルコードでは、uniqで単純に重複要素を取り除く例と、ブロックを渡して文字数が同じ要素を取り除く例を示しています。

■ **samples/chapter-04/071.rb**

```
array = ['ゾウ', 'アリ', 'キツネ', 'アリ', 'キツネ', 'キツツキ']
p array.uniq # 配列から重複要素を取り除く
p array.uniq{|elem| elem.length } # 文字数が同じものを取り除く
```

▼ **実行結果**

```
["ゾウ", "アリ", "キツネ", "キツツキ"]
["ゾウ", "キツネ", "キツツキ"]
```

165

072 配列からnilを取り除きたい

┌─ Syntax ─┐

● **compactメソッドによるnilの削除**

```
配列.compact
配列.compact!
```

配列からnilをすべて取り除くときはArray#compactやArray#compact!を使います。compactはもとの配列からすべてのnilを取り除き、新しい配列を作って返します。一方、末尾に!を付けたcompact!では、もとの配列そのものを書き換えます。

次のサンプルコードでは、compactとcompact!の違いを確認できます。

■ samples/chapter-04/072.rb

```ruby
array = [nil, 1, nil, nil, 2, 3, nil, 4, nil, 5, nil, nil]
p array.compact
p array
array.compact!
p array
```

▼ 実行結果

```
[1, 2, 3, 4, 5]
[nil, 1, nil, nil, 2, 3, nil, 4, nil, 5, nil, nil]
[1, 2, 3, 4, 5]
```

compactやcompact!は、配列をArray#map（ ▶▶075 ）した結果nil混じりの配列ができて
しまうケースなどでよく使用されます。
　次のサンプルコードでは、年齢が不明のユーザーを除いた全ユーザーの年齢を抽出しています。

■ samples/chapter-04/072.rb

```ruby
class User
  attr_reader :age
  def initialize(age: nil)
    @age = age
  end
end

# 年齢不明のデータが含まれる配列
users = [User.new(age: 63), User.new(age: 32), User.new,
         User.new(age: 47), User.new]
p users.map(&:age)

user_ages = users.map(&:age).compact
p user_ages
```

▼ 実行結果

```
[63, 32, nil, 47, nil]
[63, 32, 47]
```

（ 関連項目 ）

▶▶075　配列の各要素を変換して新しい配列を作りたい

073 配列を整列したい

Syntax

- **配列の整列（昇順）**

  ```
  配列.sort
  ```

- **配列の整列（降順）**

  ```
  配列.sort{|a, b| b <=> a}
  ```

- **配列を逆順に整列**

  ```
  配列.reverse
  ```

- **sort_byによる整列（昇順）**

  ```
  配列.sort_by{|要素の変数名| sortに使用する式}
  ```

　配列を昇順に整列するときはArray#sortを使います。sortはもとの配列から新しく整列された配列を作成して返します。末尾に!を付けたArray#sort!では、もとの配列そのものを整列された配列に書き換えます。

　次のサンプルコードでは、sortとsort!を使って整列を行い、その挙動の違いを確認しています。最初のsortの時点ではもとのarrayは書き換わっていないことがわかります。

■ samples/chapter-04/073.rb

```ruby
array = [1, 4, 3, 8, 7, 6, 7]
p array.sort
p array

array.sort!
p array
```

▼ 実行結果

```
[1, 3, 4, 6, 7, 7, 8]
[1, 4, 3, 8, 7, 6, 7]
[1, 3, 4, 6, 7, 7, 8]
```

■ 特殊な演算子<=>

sort(sort!)は引数としてブロックを受け取ります。ブロックがないときは{|a, b| a <=> b}がデフォルトの引数となります。つまり、sort(sort!)にブロックでa <=> bという式を与えると、配列を昇順に整列できるということです。

<=>は比較演算子という特殊な演算子で、いくつかの組み込みクラスに定義されています。Integerの<=>は、左と右の数を比較して、左が右より小さければ-1、左が右より大きければ1、左と右が等しければ0を返す演算子です。Array#sortは、配列の先頭から順に隣同士の要素に対してこのブロックを実行したときに、すべて結果が-1か0になるような配列を返すメソッドです。ですから、降順に並べ替えたいときは{|a, b| b <=> a}のようにブロックを渡します。

次のサンプルコードでは、この方法で配列を降順に整列しています。

■ samples/chapter-04/073.rb

```
array = [1, 4, 3, 8, 7, 6, 7]
p array.sort{|a, b| b <=> a}
```

▼ 実行結果

```
[8, 7, 7, 6, 4, 3, 1]
```

■ 整列のルールを指定する

配列を並べ替える際に何を基準にするかはブロックを渡すときに指定できます。たとえば、インコとゾウを比較したとき、五十音順に並べるなら['インコ', 'ゾウ']となります。一方で、文字の少ない順に並べると['ゾウ', 'インコ']となります。

次のサンプルコードでは、このようなさまざまな整列のルールをどのように指定するのか確認できます。

■ samples/chapter-04/073.rb

```
array = ['インコ', 'ゾウ', 'アシナガバチ']
# String#<=>  文字列を文字コード順で比較するので、
# 文字列だけの配列に対してsortを引数なしで実行すると、自動的に文字コード順に整列される
p array.sort
# 文字数の少ない順に並べ替える
p array.sort{|a, b| a.length <=> b.length}
# 文字数の多い順に並べ替える
p array.sort{|a, b| b.length <=> a.length}
```

073

配列を整列したい

▼ 実行結果

```
["アシナガバチ", "インコ", "ゾウ"]
["ゾウ", "インコ", "アシナガバチ"]
["アシナガバチ", "インコ", "ゾウ"]
```

■ 与えられた式の結果の昇順になるように要素を整列するsort_by

文字数の少ない順での並べ替えは、sort_byを使って実現することもできます。sort_byも引数にブロックを受け取りますが、sortとは違いブロックパラメータは1つだけになり、ブロックで渡した式の結果の昇順に並ぶように配列を整列します。

次のサンプルコードでは、文字列の長さ（elem.length）の昇順に並ぶように配列を整列しています。

■ samples/chapter-04/073.rb

```ruby
array = ['インコ', 'ゾウ', 'アシナガバチ']
# 以下は、array.sort{|a, b| a.length <=> b.length} と同じ
p array.sort_by{|elem| elem.length}
```

▼ 実行結果

```
["ゾウ", "インコ", "アシナガバチ"]
```

ブロックで渡した式の結果の降順に整列する場合は、sort_byで整列したあとにArray#reverseを使います。

■ samples/chapter04/073.rb

```ruby
array = ['インコ', 'ゾウ', 'アシナガバチ']
p array.sort_by{|elem| elem.length}.reverse
```

▼ 実行結果

```
['アシナガバチ', 'インコ', 'ゾウ']
```

074 任意の値から配列を生成したい

Syntax

● **Arrayメソッドによる配列の生成**

```
Array(配列のもととなる値)
```

Arrayを使うとあらゆる値から配列を生成できます。
次のサンプルコードでは、Integer、Hash、Rangeから配列を生成しています。

■ samples/chapter-04/074.rb

```ruby
p Array(1)
p Array({name: '太郎', age: '18'})
p Array(1..10)
```

▼ 実行結果

```
[1]
[[:name, "太郎"], [:age, "18"]]
[1, 2, 3, 4, 5, 6, 7, 8, 9, 10]
```

これは、何らかの値を必ず配列として扱いたい場合に便利です。たとえば、メソッドの引数がRangeオブジェクトや配列、数値などさまざまな形式で渡される可能性がある場合、最初にArrayを使うことでどんな値でも配列として処理できます。

次のサンプルコードでは、sum_integersという整数の合計を計算する関数を定義しています。引数にはInteger、Array、Rangeを渡すことができます。

■ samples/chapter-04/074.rb

```ruby
def sum_integers(integers)
  Array(integers).sum
end

p sum_integers(1) # 引数にIntegerを渡している
p sum_integers([1, 2, 3, 4, 5]) # 引数にArrayを渡している
p sum_integers(1..100) # 引数にRangeを渡している
```

▼ 実行結果

```
1
15
5050
```

075 配列の各要素を変換して 新しい配列を作りたい

Syntax

● **各要素を変換して新しい配列を作成**

```
新しい配列 = 配列.map {|要素| 式}
```

● **各要素を変換した新しい配列に書き換え**

```
配列.map! {|要素| 式}
```

配列に対して**Array#map**や**Array#map!**を使うと、配列の各要素に対してブロックを実行してブロックの返り値に変換した新しい配列を作れます。ブロックパラメータは配列の各要素になります。**map**はもとの配列を書き換えずに新しい配列を作成して返しますが、**map!**はもとの配列を新しい配列に書き換えます。ブロックパラメータが持つメソッドを使うだけであれば、**map(&:メソッド名)**と省略して記述できます。

次のサンプルコードでは、人名の配列から、それぞれの文字数の配列を作っています。ブロックとして**{|name| name.length}**を渡すことで、配列の各要素である**name**を**name.length**に変換しています。また、**map**と**map!**の挙動の違いも確認できます。

■ **samples/chapter-04/075.rb**

```ruby
names = ['Alice', 'Bob', 'Carol', 'Eve']
new_array = names.map{|name| name.length} # names.map(&:length)も可
p new_array # 名前を文字数に変換した新しい配列
p names # もとの配列に変化はない

names.map!{|name| name.length} # names.map!(&:length)も可
p names # もとの配列が書き換わっている
```

▼ **実行結果**

```
[5, 3, 5, 3]
["Alice", "Bob", "Carol", "Eve"]
[5, 3, 5, 3]
```

076

文字列やシンボルの配列を簡潔に記述したい

Syntax

● パーセント記法（文字列の配列）

```
%w(文字列 文字列 文字列...)
```

● パーセント記法（シンボルの配列）

```
%i(シンボル シンボル シンボル...)
```

　配列のリテラル表現は、["mon", "tue", "wed"]のように、[]で囲み、（カンマ）で値を区切る方法が基本ですが、文字列やシンボルからなる配列ではパーセント記法が使用できます。

　文字列のときは%w、シンボルのときは%iのあとにスペースを区切った要素を()で囲むと配列の表現になります。()以外の括弧[]，{}，<>も囲みとして利用できます。その他、任意の非英数字も囲み文字に使用できますが、可読性の問題から||が使われることが多いです。

　次のサンプルコードでは、それぞれのパーセント記法を確認しています。

■ samples/chapter-04/076.rb

```
p %w(mon tue wed thu fri)
p %i(mon tue wed thu fri)
```

▼ 実行結果

```
["mon", "tue", "wed", "thu", "fri"]
[:mon, :tue, :wed, :thu, :fri]
```

　実行結果はリテラル表現で出力されます。比較すると、パーセント記法では、"（ダブルクォーテーション）や:（コロン）、,（カンマ）が省略できるため、少ない文字数で配列を表現できることがわかります。

077 配列の要素を連結して文字列にしたい

> **Syntax**

● **joinメソッドによる配列要素の連結**

```
配列.join
配列.join(間に入れる文字)
```

　配列に対してArray#joinを使うと、要素を連結して1つの文字列を作ることができます。文字列以外の要素はto_sによって文字列変換された上で連結されます。引数に文字を渡すと、要素と要素の間にその文字を挟んで文字列を連結します。引数を渡さない場合は、何も入りません。

　次のサンプルコードでは、joinを使って人名の配列を1つの文字列に変換しています。また、引数を渡す場合と渡さない場合の挙動の違いについても確認しています。

■ **samples/chapter-04/077.rb**

```
names = ['Alice', 'Bob', 'Carol', 'Eve']
p names.join
p names.join('&')
```

▼ **実行結果**

```
"AliceBobCarolEve"
"Alice&Bob&Carol&Eve"
```

174

078 配列から条件に合う要素だけを取り出したい

Syntax

● select／filterメソッドによる配列の要素の取り出し

```
配列.select{|要素| 式}
配列.select!{|要素| 式}
配列.filter{|要素| 式}
配列.filter!{|要素| 式}
```

　配列に対してArray#selectやArray#filterを使うと、その配列に対し条件を与えて絞り込んだ配列を作成できます。filterとselectは同じメソッドの別名（エイリアス）です。select（filter）の引数にはブロックを渡します。これによって、ブロックの返り値が真となる要素のみからなる新しい配列が返されます。なお、末尾に!を付けてArray#select!（Array#filter!）とすると、もとの配列を新しい配列に書き換えます。

　次のサンプルコードでは、整数の配列から、奇数の要素のみを抽出した新しい配列を作っています。加えて、末尾に!を付けたときの挙動の違いについても確認しています。

■ samples/chapter-04/078.rb

```ruby
numbers = [1, 2, 3, 4, 5, 6, 7, 8, 9, 10]
odds = numbers.filter{|num| num.odd? } # numbers.filter(&:odd?)も可
p numbers # もとの配列に変更はない
p odds # 条件で絞り込んだ新しい配列

numbers.select!{|num| num.even?} # numbers.select!(&:even?)も可
p numbers # もとの配列が書き換わっている
```

▼ 実行結果

```
[1, 2, 3, 4, 5, 6, 7, 8, 9, 10]
[1, 3, 5, 7, 9]
[2, 4, 6, 8, 10]
```

079 配列から条件に合う要素を取り除きたい

Syntax

● rejectメソッドによる要素の削除

```
配列.reject{|要素| 式}
配列.reject!{|要素| 式}
```

　配列に対して**Array#reject**を使うと、条件に一致する要素を取り除いた配列を作成できます。**reject**は引数としてブロックをとり、ブロックの返り値が偽となる要素のみからなる（真となる要素をすべて取り除いた）新しい配列を作って返します。また、末尾に**!**を付けて**Array#reject!**とすると、もとの配列を新しい配列に書き換えます。ブロックパラメータが持つメソッドを使うだけであれば、**reject(&:メソッド名)**と省略して記述できます。

　次のサンプルコードでは、整数の配列から、奇数の要素のみを取り除いた新しい配列を作っています。さらに、末尾に**!**を付けたときの挙動の違いも確認しています。

■ samples/chapter-04/079.rb

```ruby
numbers = [1, 2, 3, 4, 5, 6, 7, 8, 9, 10]
evens = numbers.reject{|num| num.odd?} # numbers.reject(&:odd?)も可
p numbers # もとの配列に変更はない
p evens # 条件で絞り込んだ新しい配列

numbers.reject!{|num| num.even?} # numbers.reject!(&:even?)も可
p numbers # もとの配列が書き換わっている
```

▼ 実行結果

```
[1, 2, 3, 4, 5, 6, 7, 8, 9, 10]
[2, 4, 6, 8, 10]
[1, 3, 5, 7, 9]
```

080 配列のすべての要素について 条件が成立するか確認したい

Syntax

● all?メソッドによる要素の確認

配列.all?{|要素| 式}

配列に対してArray#all?を使うと、すべての要素について条件が成立するかどうかを確認できます。all?は引数としてブロックをとり、配列のすべての要素についてブロックの返り値が真となるときのみtrueを返し、1つでも偽のときはfalseを返します。ブロックが渡されないときは、配列のすべての要素が真かどうかを判定します（▶▶028）。なお、レシーバが空配列の場合は常にtrueが返ります。ブロックパラメータが持つメソッドを使うだけであれば、all?(&:メソッド名)と省略して記述できます。

次のサンプルコードでは、1から10の整数からなる配列について、「すべての要素が奇数かどうか」「すべての要素が10以下かどうか」を判定しています。

■ samples/chapter-04/080.rb

```
numbers = [1, 2, 3, 4, 5, 6, 7, 8, 9, 10]

p numbers.all?{|num| num.odd?} # numbers.all?(&:odd?)も可
p numbers.all?{|num| num <= 10 }
p [].all?
```

▼ 実行結果

```
false
true
true
```

（ 関連項目 ）

▶▶028 値を真偽値に変換したい

177

081 配列の少なくとも1つの要素について条件が成立するか確認したい

Syntax

● any?メソッドによる要素の確認

```
配列.any?{|要素| 式}
```

　配列に対してArray#any?を使うと、配列内に条件に合う要素が1つでも含まれるかどうか確認できます。any?は引数としてブロックをとり、ブロックの返り値が1つでも真となるときはtrueを、それ以外はfalseを返します。ブロックを渡さないときは、配列の要素そのものについて、真の要素が1つでもあればtrueを、それ以外はfalseを返します（ ▶▶028 ）。なお、レシーバが空配列の場合は、常にfalseが返ります。ブロックパラメータが持つメソッドを使うだけであれば、any?(&:メソッド名)と省略して記述できます。

　次のサンプルコードでは、1から10の整数からなる配列について、「1つでも11以上の数があるかどうか」「1つでも10以上の数があるかどうか」を判定しています。

■ samples/chapter-04/081.rb

```
numbers = [1, 2, 3, 4, 5, 6, 7, 8, 9, 10]

p numbers.any?{|num| num >= 11 }
p numbers.any?{|num| num >= 10 }
p [].any?
```

▼ 実行結果

```
false
true
false
```

（ 関連項目 ）

▶▶028 値を真偽値に変換したい

178

082 特定の条件が成り立つ要素を変換して新しい配列を作りたい

Chap 4 配列やハッシュとしてデータを扱う

Syntax

● **filter_map メソッドによる配列の生成**

```
配列.filter_map do |要素|
  if 条件
    新しい要素を作る処理
  end
end
```

配列に対して Array#filter_map を使うと、filter（▶078）と map（▶075）を組み合わせたような形で新しい配列が作れます。filter_map の引数にはブロックを渡し、ブロックの返り値からできた新しい配列を作って返します。その際、ブロックの返り値が真ではないもの（nil と false）は新しい配列に含まれません。

次のサンプルコードでは、整数の配列をもとに、その配列内の奇数の要素を二乗した値からできた新しい配列を作っています。

■ **samples/chapter-04/082.rb**

```ruby
numbers = [1, 2, 3, 4, 5, 6, 7, 8, 9, 10]
odds_squares = numbers.filter_map{|num|
  if num.odd?
    num ** 2
  end
}
p odds_squares
```

▼ 実行結果

```
[1, 9, 25, 49, 81]
```

〇 関連項目 〕

▶075 配列の各要素を変換して新しい配列を作りたい

▶078 配列から条件に合う要素だけを取り出したい

083 配列の全要素を集計して1つの値を得たい

Syntax

● inject／reduceメソッドによる畳み込み処理

```
配列.inject(初期値){|集計, 要素| 式}
配列.inject(初期値, :メソッド)
配列.reduce(初期値){|集計, 要素| 式}
配列.reduce(初期値, :メソッド)
```

　配列の全要素を集計して計算するときはArray#injectを使います。injectを使うと畳み込みと呼ばれる処理が行われ、集計した結果が返されます。Array#reduceとinjectは同じメソッドの別名（エイリアス）です。

　集計の処理はブロックとして渡します。ブロックを渡すときは、1つ目のブロックパラメータに集計結果を溜め込む変数（一般にaccumulatorと呼ばれる）を指定します。この変数には、ブロックが実行されるたびにブロックの返り値が代入されるため、次のループではこれまでの集計結果として使用できます。配列の先頭の値がaccumulatorの初期値になります。

　次のサンプルコードでは、整数の配列を左から順に文字列にして連結しています。

■ samples/chapter-04/083.rb

```
numbers = [1, 2, 3, 4, 5, 6, 7, 8, 9, 10]
puts numbers.inject{|acc, num| acc.to_s + num.to_s}
```

▼ 実行結果

```
12345678910
```

■ メソッド名のシンボルをinjectに渡す

inject（reduce）には、ブロックのほか引数としてメソッド名のシンボルを渡すこともできます。array.inject(:method)はarray.inject{|acc, elem| acc.method(elem)}と同じ挙動になります。

次のサンプルコードでは、整数の配列に対してメソッド名のシンボルを渡す方法で、乗算による畳み込みと加算による畳み込みを実行しています。また、初期値を引数で渡した場合の挙動も確認しています。

■ samples/chapter-04/083.rb

```ruby
numbers = [1, 2, 3, 4, 5, 6, 7, 8, 9, 10]
p numbers.inject(:pow)
p numbers.inject(:+)
p numbers.inject(10, :-)
```

▼ 実行結果

```
1
55
-45
```

084 配列をもとにした新しいハッシュを作りたい

> **Syntax**

● 配列からハッシュを作成

```
配列.each_with_object({}){|値, ハッシュ| ハッシュ[キー] = 値}
```

　配列をもとに新しいハッシュをつくるときは、`Array#each_with_object`を使うと便利です。`each_with_object`は、引数に指定された任意のオブジェクトとともに、配列を走査しながらブロックを評価するメソッドです。オブジェクトとして空のハッシュを渡すことで、配列の値をキーとともにハッシュへ挿入できます。

　次のサンプルコードでは、動物名の配列をもとに、キーを「アルファベット1文字」、値を「そのアルファベットを頭文字として持つ動物名の配列」としたハッシュを作成しています。

■ samples/chapter-04/084.rb

```ruby
animals = ['Ant', 'Bird', 'Cat', 'Dog', 'Fox', 'Bear']
indexed_animals = animals.each_with_object({}){|animal, hash|
  hash[animal[0]] ||= [] # なにも入っていなかったら空配列を挿入する
  hash[animal[0]].push(animal)
}
p indexed_animals
```

▼ 実行結果

```
{"A"=>["Ant"], "B"=>["Bird", "Bear"], "C"=>["Cat"], "D"=>["Dog"],
"F"=>["Fox"]}
```

182

085

配列をバイナリ文字列に変換したい／バイナリ文字列をデータに変換したい

Syntax

● packメソッドによるバイナリ文字列への変換

　配列.pack(テンプレート文字列)

● unpackメソッドによるバイナリ文字列のアンパック

　文字列.unpack(テンプレート文字列)

　配列をバイナリ文字列に変換するにはArray#packを使います。低レイヤーでの通信やバイナリファイルの読み書きなどで使用されます。引数には、配列の値をどのように変換するかを文字列で指定します。この文字列をテンプレート文字列と呼びます。packでは、char型やshort型などC言語における各基本型のほか、Base64などへの変換やエンディアンの指定もできます。テンプレート文字列の詳細は次のドキュメントを参照してください。

https://docs.ruby-lang.org/ja/latest/method/Array/i/pack.html

　次のサンプルコードでは、整数の配列をchar型、short型、long型のバイナリ文字列へと変換しています。2022についてはchar型ではバイト数が足りないため、下位バイトが切り捨てられています。

■ samples/chapter-04/085.rb

```
numbers = [2022, 2, 28]
p numbers.pack("c*") # 各整数をchar型としてバイナリ文字列に変換
p numbers.pack("s*") # short(16bit)型として変換
p numbers.pack("l>*") # ビッグエンディアンのlong(32bit)型として変換
```

▼ 実行結果

```
"\xE6\x02\x1C"
"\xE6\a\x02\x00\x1C\x00"
"\x00\x00\a\xE6\x00\x00\x00\x02\x00\x00\x00\x1C"
```

085 配列をバイナリ文字列に変換したい／バイナリ文字列をデータに変換したい

また、`String#unpack`を使うと、バイナリ文字列をテンプレート文字列で指定した型で解釈し変換（キャスト）できます。

次のサンプルコードでは、2022をshort型でpackした文字列`"\xE6\a"`を、unpackで数値に変換しています。char型として解釈した場合は整数2つとなり、long型とした場合はバイト数が足りず解釈できないことが確認できます。

■ samples/chapter-04/085.rb

```ruby
byte = "\xE6\a"
p byte.unpack("c*")  # char型に変換
p byte.unpack("s*")  # short型に変換
p byte.unpack("l*")  # long型に変換
p byte.unpack("H*")  # 16進文字列に変換
```

▼ 実行結果

```
[-26, 7]
[2022]
[]
["e607"]
```

086 ハッシュから複数の値を取得したい

Chap 4 配列やハッシュとしてデータを扱う

Syntax

● values_atメソッドによる値の取得

```
ハッシュ.values_at(キー1, キー2, キー3, ...)
```

ハッシュから値を複数取得するにはHash#values_atを使います。引数には任意の数のキーを渡します。結果は、渡したキーの順番に並べられた値の配列として返ります。キーが存在しない場合、該当箇所はnilになります。

次のサンプルコードでは、辞書から複数の項目を同時に取得しています。キーが存在しないときはnilになることも確認しています。

■ samples/chapter-04/086.rb

```ruby
animals = {'犬' => 'Dog', '猫' => 'Cat', '鳥' => 'Bird'}
p animals.values_at('猫', '鳥')
p animals.values_at('犬', 'アザラシ', '猫')
```

▼ 実行結果

```
["Cat", "Bird"]
["Dog", nil, "Cat"]
```

185

087 ハッシュにキーと値を挿入したい

Syntax

● ハッシュにキーと値を挿入／値を書き換え

```
ハッシュ[キー] = 値
```

ハッシュには任意のキーと値の組み合わせを挿入できます。キーがすでに存在している場合は、古い値が新しい値に書き換わります。

次のサンプルコードでは、空のハッシュにキーと値を次々に挿入し、単純な辞書を作っています。また、すでに存在するキーを指定して値を代入すると、値が書き換えられることも確認しています。

■ samples/chapter-04/087.rb

```ruby
english_japanese_dictionary = {}
english_japanese_dictionary[:dog] = '犬'
p english_japanese_dictionary

english_japanese_dictionary[:bird] = '鳥'
english_japanese_dictionary[:ruby] = 'ルビー'
english_japanese_dictionary[:music] = '音楽'
p english_japanese_dictionary

english_japanese_dictionary[:dog] = 'いぬ'
p english_japanese_dictionary
```

▼ 実行結果

```
{:dog=>"犬"}
{:dog=>"犬", :bird=>"鳥", :ruby=>"ルビー", :music=>"音楽"}
{:dog=>"いぬ", :bird=>"鳥", :ruby=>"ルビー", :music=>"音楽"}
```

088 ハッシュからキーと値を削除したい

Chap 4 配列やハッシュとしてデータを扱う

Syntax

● 指定したキーと値を削除

```
ハッシュ.delete(キー)
```

● 値が存在しない場合の処理を指定して、キーと値を削除

```
ハッシュ.delete(キー) {|key| キーが存在しないときの処理}
```

ハッシュからキーと値を削除するときはHash#deleteを使います。キーを渡すと、対応するキーと値の組み合わせを削除し、返り値としてその値を返します。キーが見つからなければnilを返します。deleteにはブロックを渡すことも可能で、その場合、キーが見つからなかったときにブロックが実行され、そのブロックの返り値が返されます。

次のサンプルコードでは、ハッシュからいくつかのキーと値を削除して、返り値を表示しています。さらに、ブロックを渡したときの挙動も確認しています。

■ samples/chapter-04/088.rb

```ruby
animals = {'犬' => 'Dog', '猫' => 'Cat', '鳥' => 'Bird'}
result = animals.delete('猫')
p animals
p result

result = animals.delete('クジラ')
p animals
p result

result = animals.delete('人間'){|key| "#{key}は登録されていません" }
p animals
p result
```

088

ハッシュからキーと値を削除したい

▼ 実行結果

```
{"犬"=>"Dog", "鳥"=>"Bird"}
"Cat"
{"犬"=>"Dog", "鳥"=>"Bird"}
nil
{"犬"=>"Dog", "鳥"=>"Bird"}
"人間は登録されていません"
```

089 ハッシュを簡潔に記述したい (Shorthand Syntax)

Chap **4** 配列やハッシュとしてデータを扱う

Syntax

● **Shorthand Syntaxによるハッシュの生成**

ハッシュの変数名 ＝ {変数1:, 変数2:, …}

ハッシュを作成するとき、ハッシュのキーに対してキーと同じ名前の変数を代入して初期化することがあります。Rubyのバージョンが3.1以上であれば、ハッシュのキー名と値に渡す変数名が一致するときは、値に渡す変数名を省略できます。この書き方を「Shorthand Syntax」と呼びます。

次のサンプルコードでは、Shorthand Syntaxを使ってハッシュを初期化しています。

■ **samples/chapter-04/089.rb**

```ruby
name = 'ブドウ'
color = '紫'
# Ruby 3.0までは以下の書き方
my_favorite = {name: name, color: color}
p my_favorite
# Ruby 3.1以降は以下の書き方もできる
my_favorite_shorthand = {name:, color:}
p my_favorite_shorthand
```

▼ **実行結果**

```
{:name=>"ブドウ", :color=>"紫"}
{:name=>"ブドウ", :color=>"紫"}
```

189

090 ハッシュのキーの数を調べたい

Syntax

● キーの数を調べる

```
ハッシュ.size
ハッシュ.length
```

ハッシュにキーと値の組み合わせがいくつあるのか調べるときはHash#sizeやHash#length を使います。lengthとsizeは同じメソッドの別名（エイリアス）です。

次のサンプルコードでは、sizeとlengthが同じ結果（ハッシュのキーの数）を返すことを確認しています。

■ samples/chapter-04/090.rb

```ruby
animals = {'犬' => 'Dog', '猫' => 'Cat', '鳥' => 'Bird'}
p animals.size
p animals.length
```

▼ 実行結果

```
3
3
```

091

ハッシュがどのような
キーを持つか調べたい

Syntax

● キーの一覧を取得

```
ハッシュ.keys
```

● キーの存在を確認

```
ハッシュ.has_key?(キー名)
```

　ハッシュに含まれるキーの一覧を取得したいときはHash#keysを使います。keysはハッシュに含まれるすべてのキーからなる配列を返します。

　次のサンプルコードでは、keysによってすべてのキーが返されることを確認しています。

■ samples/chapter-04/091.rb

```
animals = {'犬' => 'Dog', '猫' => 'Cat', '鳥' => 'Bird'}
p animals.keys
```

▼ 実行結果

```
["犬", "猫", "鳥"]
```

　また、ハッシュが特定のキーを持つかどうか調べるときはHash#has_key?を使います。has_key?の引数にキー名を渡すことで、ハッシュがそのキーを持っていればtrueを、そうでなければfalseを返します。

　次のサンプルコードでは、has_key?でキーが存在するかどうかを確認しています。

■ samples/chapter-04/091.rb

```
animals = {'犬' => 'Dog', '猫' => 'Cat', '鳥' => 'Bird'}
p animals.has_key?('犬')
p animals.has_key?('猿')
```

▼ 実行結果

```
true
false
```

Chap 4　配列やハッシュとしてデータを扱う

191

092 ハッシュのキーと値に対して繰り返し処理したい

Syntax

● ハッシュのキーと値に対する繰り返し処理

ハッシュ.each{|キー，値| 処理}

　ハッシュのすべての値をキーとともに処理するときは、Hash#eachを使うとハッシュのキーと値のペアを1つずつ取り出せます。ブロックパラメータの1つ目がキー、2つ目が値になります。

　次のサンプルコードでは、eachを使ってハッシュのすべてのキーと値のペアを文字列に埋め込んで出力しています。

■ samples/chapter-04/092.rb

```ruby
animals = {'犬' => 'Dog', '猫' => 'Cat', '鳥' => 'Bird'}
animals.each{|key, value|
  puts "#{key}は英語で#{value}です。"
}
```

▼ 実行結果

```
犬は英語でDogです。
猫は英語でCatです。
鳥は英語でBirdです。
```

093 ハッシュのデフォルト値を設定したい

Syntax

● ハッシュの生成時にデフォルト値を設定

```
ハッシュの変数名 = Hash.new{|hash, key| 式}
```

ハッシュを初期化するときに、**Hash.new**にブロックを渡すとハッシュのデフォルト値を設定できます。通常、ハッシュでは存在しないキーにアクセスすると**nil**が返りますが、**Hash.new**にブロックを渡すと、存在しないキーへのアクセスが発生した場合、ブロックを評価してその結果を返します。1つ目のブロックパラメータにはハッシュオブジェクトが渡されるため、そのままキーに値を設定することもできます。

次のサンプルコードでは、デフォルト値の設定の有無によるハッシュの挙動の違いを確認しています。

■ samples/chapter-04/093.rb

```ruby
english_japanese = Hash.new

p english_japanese['dog']
p english_japanese

english_japanese_with_default_message = Hash.new{|hash, key|
"#{key}の日本語訳はまだ登録されていません" }
p english_japanese_with_default_message['dog']
p english_japanese_with_default_message

english_japanese_remembering_absence = Hash.new{|hash, key|
hash[key] = "#{key}の日本語訳はまだ登録されていませんでした" }
p english_japanese_remembering_absence['dog']
p english_japanese_remembering_absence
```

093

ハッシュのデフォルト値を設定したい

▼ 実行結果

```
nil
{}
"dogの日本語訳はまだ登録されていません"
{}
"dogの日本語訳はまだ登録されていませんでした"
{"dog"=>"dogの日本語訳はまだ登録されていませんでした"}
```

094 集合を扱いたい

Chap 4 配列やハッシュとしてデータを扱う

> **Syntax**

● 集合の作成

```
Set[要素1, 要素2, ...]
Set.new(配列)
```

● 集合の要素に対する繰り返し処理

```
s.each do |要素|
  ...
end
```

※Rubyのバージョンが3.2未満の場合はrequire 'set'が必要
※sはSetクラスのオブジェクト

　Rubyにおいて、集合 (set) とは重複のない値の集まりです。配列と比較すると、配列では同じ値を複数持つことができますが、集合では同じ値を複数持つことができません。また、配列にはそれぞれの要素に順番がありますが、集合の要素には順番がありません[注1]。

　集合を使うと、重複を取り除いた値の集まりを簡単に作成できます。また、演算によって2つの集合の和集合や共通部分を取得できます。

▬ 集合を作成する

　Rubyで集合を扱うときは、デフォルトで利用できるライブラリsetを使います。

　集合を作成するにはいくつか方法があります。Setオブジェクトを直接作るときはSet.[]を利用します。[]に引数として集合の要素を渡すことで、集合のオブジェクトを作成できます。また、Set.newに配列を渡すか、その配列に対してto_setを呼び出すことで、配列の値を要素とする集合のオブジェクトを作成できます。

　次のサンプルコードでは、重複がある複数の値から集合を作成し、要素の重複がなくなることを確認しています。

注1　Ruby 2.7までは要素が常に整列しているSortedSetがデフォルトのライブラリから利用できましたが、本項目では割愛します。

195

094

集合を扱いたい

■ samples/chapter-04/094.rb

```ruby
p Set[0, 0, 2, 2, 4, 4]
p Set.new([1, 1, 3, 3, 5, 5])
p [1, 1, 2, 2, 3, 3].to_set
```

▼ 実行結果

```
#<Set: {0, 2, 4}>
#<Set: {1, 3, 5}>
#<Set: {1, 2, 3}>
```

■ 集合の要素に対して繰り返す

SetクラスのオブジェクトはEnumerableなので、**each**をはじめとする各要素に対する繰り返し処理のメソッドが利用できます。ただし、集合の要素には順番がないので、必ずしも集合を作るときに渡した順番で要素が得られるとは限りません。

次のサンプルコードでは、整数の集合のそれぞれの要素に対して偶奇を判定して文字列を出力しています。

■ samples/chapter-04/094.rb

```ruby
numbers = Set[1, 2, 3, 4, 5, 6]
numbers.each do |e|
  puts "#{e}: #{e.even? ? 'even' : 'odd'}"
end
```

▼ 実行結果

```
1: odd
2: even
3: odd
4: even
5: odd
6: even
```

095 集合に特定の要素が含まれているか確認したい

Chap 4 配列やハッシュとしてデータを扱う

Syntax

● **include?による集合のチェック**

```
s.include?(値)
```

※Rubyのバージョンが3.2未満の場合はrequire 'set'が必要
※sはSetクラスのオブジェクト

　集合にある値が要素として含まれているかどうか確認するには`Set#include?`を使います。`include?`は引数の値がその集合に含まれていれば`true`を、そうでなければ`false`を返します。また、別名（エイリアス）である`Set#member?`や`Set#===`も、同様の結果を返します。

　次のサンプルコードでは、シンボルからなる集合を作成して、特定のシンボルが集合に含まれるかどうかを`include?`で確認しています。

■ samples/chapter-04/095.rb

```ruby
kanto = Set[:ibaraki, :tochigi, :gunma, :saitama, :chiba,
            :tokyo, :kanagawa]
puts kanto.include?(:tokyo)
puts kanto.include?(:osaka)
```

▼ 実行結果

```
true
false
```

096 集合の要素を追加・削除したい

Syntax

- **add**による要素の追加

  ```
  s.add(値)
  ```

- **merge**による要素の追加

  ```
  s.merge(集合)
  ```

- **delete**による要素の削除

  ```
  s.delete(値)
  ```

- **delete_if**による要素の削除

  ```
  s.delete_if { ブロック }
  ```

※Rubyのバージョンが3.2未満の場合はrequire 'set'が必要
※sはSetクラスのオブジェクト

■ 集合に要素を追加する

　集合に要素を追加するにはSet#addを使います。addの引数として集合に追加したい値を渡すと、その値が集合に追加されます。ただし、集合では要素が重複しないので、すでに集合の要素として存在する値を追加しようとしても何も起きません。

　また、ある集合の要素すべてを別の集合に追加するにはSet#mergeを使います。mergeの引数として集合のオブジェクトを渡すと、その集合に含まれる要素すべてがレシーバの集合に追加されます。

　次のサンプルコードでは、6までの偶数の集合に8以降を追加しています。

■ samples/chapter-04/096.rb

```ruby
even_numbers = Set[0, 2, 4, 6]

# 8を追加する
even_numbers.add(8)
puts even_numbers

# 集合に重複する要素は追加できない
even_numbers.add(8)
puts even_numbers

# 別の集合の要素をすべて追加する
even_numbers.merge(Set[10, 12])
puts even_numbers
```

▼ 実行結果

```
#<Set: {0, 2, 4, 6, 8}>
#<Set: {0, 2, 4, 6, 8}>
#<Set: {0, 2, 4, 6, 8, 10, 12}>
```

集合の要素を削除する

集合の要素を削除するにはSet#deleteを使います。deleteの引数として渡された値が集合から削除されます。

また、ある条件に当てはまる集合の要素すべてを削除するにはSet#delete_ifを使います。条件式に基づいてtrueかfalseを返すブロックをdelete_ifに渡すと、その条件式がtrueになる要素を集合から削除します。

次のサンプルコードでは、12までの偶数の集合から要素を削除しています。

096

集合の要素を追加・削除したい

■ samples/chapter-04/096.rb

```ruby
even_numbers = Set[0, 2, 4, 6, 8, 10, 12]

# 0を削除する
even_numbers.delete(0)
puts even_numbers

# 4の倍数を削除する
even_numbers.delete_if { |n| n % 4 == 0}
puts even_numbers
```

▼ 実行結果

```
#<Set: {2, 4, 6, 8, 10, 12}>
#<Set: {2, 6, 10}>
```

097 集合演算を実行したい

Syntax

● 集合演算を行う演算子／メソッド

記法	意味
s | t	和集合を求める
s & t	共通部分を求める
s - t	差集合を求める
s ^ t	対称差（片方の集合だけに含まれている要素の集合）を求める
s.divide { |要素| 分割の条件 }	商集合を求める

※Rubyのバージョンが3.2未満の場合はrequire 'set'が必要
※sとtはSetクラスのオブジェクト

　Setクラスには、集合に関する演算を行うメソッドが備わっています。和集合、共通部分、差集合、対称差の演算で得られるメソッドは、次のベン図のように表せます。

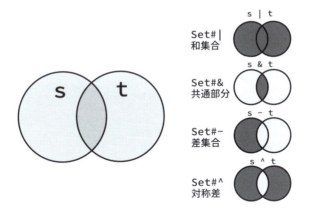

　また、集合を条件式に基づいて分割するときはSet#divideを使います。結果として返されるのは、分割された複数の集合を要素とする集合（商集合）です。
　次のサンプルコードでは、9までの整数の集合sと18までの偶数の集合tをもとに、各種の演算を実行しています。また、sの要素が偶数かどうかで集合を分割するためにdivideを使っています。

097

集合演算を実行したい

■ samples/chapter-04/097.rb

```ruby
s = Set[0, 1, 2, 3, 4, 5, 6, 7, 8, 9]
t = Set[0, 2, 4, 6, 8, 10, 12, 14, 16, 18]

puts s | t
puts s & t
puts s - t
puts s ^ t
puts s.divide(&:even?)
```

▼ 実行結果

```
#<Set: {0, 1, 2, 3, 4, 5, 6, 7, 8, 9, 10, 12, 14, 16, 18}>
#<Set: {0, 2, 4, 6, 8}>
#<Set: {1, 3, 5, 7, 9}>
#<Set: {10, 12, 14, 16, 18, 1, 3, 5, 7, 9}>
#<Set: {#<Set: {0, 2, 4, 6, 8}>, #<Set: {1, 3, 5, 7, 9}>}>
```

文字列を操作する

Chapter

5

098 文字列を連結したい

Syntax

● 文字列を連結して新しい文字列を作成

```
新しい文字列 = 文字列 + 文字列
```

● 文字列に別の文字列を連結

```
文字列 << 文字列
文字列.concat(文字列, 文字列, ...)
```

　文字列を連結して新しい文字列を作るにはString#+、String#<<、String#concatなどを使います。+以外の2つはレシーバの文字列自体を更新する破壊的なメソッドです。

　+は引数の文字列を末尾に連結した新しい文字列を返します。<<とconcatは自身の文字列の末尾に引数の文字列を連結します。<<は引数を1つしか受け取れないため、複数の文字列を連結する場合はメソッドを連続して呼び出す必要があります。一方、concatは引数に複数の文字列を渡すことが可能で、第1引数から順にもとの文字列の末尾へ連結されます。

■ samples/chapter-05/098.rb

```ruby
dog = 'Dog'
cat = 'Cat'
dogcat = dog + cat
p dogcat
p dog
p cat

dog << cat << 'Turtle'
p dog # dog自体を更新

cat.concat('猫', dog)
p cat # cat自体を更新
```

▼ 実行結果

```
"DogCat"
"Dog"
"Cat"
"DogCatTurtle"
"Cat猫DogCatTurtle"
```

204

099 文字列に含まれる文字数を知りたい

Chap **5** 文字列を操作する

Syntax

● **文字列の長さを取得する**

```
文字列.length
文字列.size
```

文字列に含まれる文字数を調べるときはString#lengthかString#sizeを使います。lengthとsizeは同じメソッドの別名（エイリアス）です。

■ samples/chapter-05/099.rb

```ruby
dog = 'Dog'
cat = 'ネコ'
p dog.length
p cat.size
```

▼ 実行結果

```
3
2
```

100 文字列に式の返り値を埋め込みたい

Syntax

● 文字列内の式展開

```
"#{式}"
```

　文字列に式の返り値を埋め込むには、文字列をダブルクォーテーション""で囲んで、埋め込みたい変数や式を#{}に入れます。シングルクォーテーションで囲むと埋め込みが無効になるので注意が必要です。式の返り値は**to_s**で文字列に変換されてから埋め込まれます。このような文字列リテラルの記述方法を「文字列の式展開」（string interpolation）と呼びます。

　次のサンプルコードでは、文字列に変数の値や式の返り値を埋め込んでいます。シングルクォーテーションでは埋め込みが無効になること、式の返り値が**to_s**で文字列に変換されることが確認できます。

■ samples/chapter-05/100.rb

```ruby
animal = "Dog"
p "好きな動物は#{animal}です"
animal = "Cat"
p "好きな動物は#{animal}です"
p '好きな動物は#{animal}です' # 埋め込みは無効
p "1/2(二分の一) x 3/4(四分の三) = #{Rational(1, 2) * Rational(3, 4)}"
```

▼ 実行結果

```
"好きな動物はDogです"
"好きな動物はCatです"
"好きな動物は\#{animal}です"
"1/2(二分の一) x 3/4(四分の三) = 3/8"
```

206

101 フォーマットを指定して数値を文字列にしたい

Syntax

● フォーマット指定文字列による数値の整形

```
sprintf("%フォーマット指定文字列", 数値)
"フォーマット指定文字列" % 数値
```

数値を指定したフォーマットで文字列にするにはsprintfまたはString#%を使います。sprintfでは、第1引数にC言語のsprintfと同じフォーマット指定文字列、第2引数に文字列にする値を渡します。%では、フォーマット指定文字列をレシーバとし、引数に値を渡します。

次に、フォーマット内で使用可能な主なフォーマット指示子を示します。

● 主なフォーマット指示子

フォーマット指示子	意味	利用例	出力
c	引数の数値を文字コードとみなす	sprintf("%c", 65)	"A"
d	整数	sprintf("%d", 100)	"100"
f	浮動小数点数	sprintf("%f", Math::PI)	"3.141593"
e	指数表現	sprintf("%e", 100)	"1.000000e+02"
b	2進表現	sprintf("%b", 100)	"1100100"
x	16進表現	sprintf("%x", 100)	"64"

sprintfでは、変換後の文字列の幅と精度（有効桁数）を指定できます。幅はフォーマット指示子の左に整数で指定し、左詰めにする場合は整数の前に-を入れます。精度は幅の右側に「.整数」で指定します。sprintfに使用するフォーマット文字列の詳しい情報は次のドキュメントを参照してください。

https://docs.ruby-lang.org/ja/latest/doc/print_format.html

101

フォーマットを指定して数値を文字列にしたい

次のサンプルコードでは、さまざまなフォーマットと幅、精度を指定してsprintfと%を実行し、結果を確認しています。

■ samples/chapter-05/101.rb

```
p sprintf("%c", 65)
p "%e" % 100
p sprintf("%b", 100)
p "%x" % 100
p sprintf("%10d", 100)
p "%-10.4f" % Math::PI
```

▼ 実行結果

```
"A"
"1.000000e+02"
"1100100"
"64"
"       100"
"3.1416    "
```

208

102 文字列を置換したい

Chap 5 文字列を操作する

Syntax

● **文字の置換**

文字列.tr("置換する文字のセット", "新しい文字のセット")

● **文字列の置換（マッチした最初の文字列を置換）**

文字列.sub("置換する文字列", "新しい文字列")

● **文字列の置換（マッチしたすべての文字列を置換）**

文字列.gsub("置換する文字列", "新しい文字列")

文字列の一部を置換するにはString#tr、String#sub、String#gsubを使います。

trでは、UnixやLinuxの同名コマンドと同様のパターンが使えます。subはレシーバの文字列内の第1引数で渡した文字列にマッチした最初の部分を、第2引数で渡した新しい文字列に置換します。gsubはsubと引数は同じですが、複数の箇所が第1引数の文字列にマッチした場合に、すべての部分を置換します。

subとgsubの第1引数には文字列だけではなく正規表現も使えます（Chapter 6参照）。また、tr、sub、gsubそれぞれに、末尾に!がついたtr!、sub!、gsub!があります。これらはレシーバの文字列自体を更新する破壊的メソッドです。

次のサンプルコードではtr、sub、gsubそれぞれの動作を確認しています。

■ **samples/chapter-05/102.rb**

```ruby
p 'Dog'.tr('g', 't')
rock = 'Rock and Roll'
p rock.sub('Ro', 'Ni')
p rock.gsub('Ro', 'Ni')

p rock
rock.gsub!('Ro', 'Do')
p rock
```

▼ **実行結果**

```
"Dot"
"Nick and Roll"
"Nick and Nill"
"Rock and Roll"
"Dock and Doll"
```

103 文字列内に特定の文字列が含まれるか判定したい

Syntax

● include?メソッドによる特定の文字列が含まれているかどうかの判定

文字列.include?(文字列)

文字列に特定の文字列が含まれているかどうか判定するときはString#include?を使います。結果は真偽値(trueまたはfalse)で返ります。

次のサンプルコードでは、include?の動作を確認しています。

■ samples/chapter-05/103.rb

```ruby
hotdog = "Hotdog"
p hotdog.include?("dog")
p hotdog.include?("cat")
```

▼ 実行結果

```
true
false
```

104 文字列の一部を取り出したい

Syntax

● **sliceメソッドによる文字列の抽出**

文字列.slice(取り出す最初の文字の位置，長さ)

● **インデックスによる文字列の抽出**

文字列[取り出す最初の文字の位置，長さ]

　文字列の一部を取り出すときはString#sliceを使います。第1引数には取り出す文字列の最初の位置（0から始まるインデックスで指定）、第2引数には取り出す長さを渡します。インデックスには負の整数も渡せます（ ▶▶008 ）。

　sliceと[ ]は同じメソッドの別名（エイリアス）です。また、!がついたslice!メソッドもあり、こちらはレシーバの文字列を更新し、取り出した部分を削除します。

　次のサンプルコードでは、slice、[ ]、slice!の動作を確認しています。

■ **samples/chapter-05/104.rb**

```ruby
hotdog = 'Hotdog'
p hotdog.slice(0, 3)
p hotdog[3, 3]
p hotdog[-2, 2]
p hotdog.slice!(2, 2)
p hotdog # 最後のslice!によって更新される
```

▼ **実行結果**

```
"Hot"
"dog"
"og"
"td"
"Hoog"
```

関連項目

▶▶008　配列を使いたい

211

105 文字列の前後の不要な空白文字を削除したい

Syntax

● **前後の空白文字を削除**

```
文字列.strip
```

● **末尾の空白文字を削除**

```
文字列.rstrip
```

● **先頭の空白文字を削除**

```
文字列.lstrip
```

　文字列から前後の不要な空白文字を削除するときはString#strip、String#lstrip、String#rstripを使います。それぞれ末尾に!を付けてstrip!、lstrip!、rstrip!とすると、レシーバの文字列を更新する破壊的メソッドになります。

　stripは文字列の先頭（左）と末尾（右）にある空白文字を、lstripは先頭（左）の空白文字を、rstripは末尾（右）の空白文字を削除します。空白文字には半角スペースやタブ文字、改行などが当てはまります。全角スペースは空白文字として扱われないので、全角スペースを消すには、gsubやtrなどによる文字列置換が必要になります（▶▶102）。

　次のサンプルコードでは、strip、lstrip、rstripとそれぞれの末尾に!を付けたメソッドの動作を確認しています。

■ samples/chapter-05/105.rb

```
hotdog = "    Hotdog    "
p hotdog.strip
p hotdog.lstrip
p hotdog.rstrip
p hotdog
hotdog.strip!
p hotdog # 最後のstrip!によって更新される
```

▼ 実行結果

```
"Hotdog"
"Hotdog    "
"    Hotdog"
"    Hotdog    "
"Hotdog"
```

(**関連項目**)

▶▶102 文字列を置換したい

106 文字列の大文字／小文字を変換したい

Syntax

● すべての大文字を小文字に変換する

```
文字列.downcase
```

● すべての小文字を大文字に変換する

```
文字列.upcase
```

● 先頭の文字を大文字に、残りの文字を小文字に変換する

```
文字列.capitalize
```

　文字列に含まれるアルファベットをすべて大文字／小文字に変換するには`String#downcase`、`String#upcase`を使います。また、先頭の文字を大文字に、残りの文字を小文字に変換するには`String#capitalize`を使います。それぞれ、末尾に`!`を付けるとレシーバの文字列を更新する破壊的メソッドになります。

　次のサンプルコードでは、それぞれのメソッドと末尾に`!`を付けたメソッドの動作を確認しています。

■ samples/chapter-05/106.rb

```ruby
hotdog = "HotDog"
p hotdog.downcase
p hotdog.upcase
p hotdog.capitalize

p hotdog # もとの文字列は変化なし
hotdog.downcase!
p hotdog # もとの文字列が変更される

p 'Äpfel'.downcase # 特殊なアルファ
ベット（アクセント付きなど）にも対応
```

▼ 実行結果

```
"hotdog"
"HOTDOG"
"Hotdog"
"HotDog"
"hotdog"
"äpfel"
```

213

107 文字列を左詰め／右詰め／中央揃えにしたい

> **Syntax**

● **文字列を左詰めにする**

文字列.ljust(最小の長さ, 埋める文字)

● **文字列を右詰めにする**

文字列.rjust(最小の長さ, 埋める文字)

● **文字列を中央揃えにする**

文字列.center(最小の長さ, 埋める文字)

文字列を左詰め、右詰め、中央揃えにするには、String#ljust, String#rjust, String#centerを使います。埋める文字は省略可能で、省略した場合は半角スペースが使用されます。

次のサンプルコードでは、それぞれのメソッドの動作を確認しています。

■ **samples/chapter-05/107.rb**

```ruby
p 'dog'.ljust(10)
p 'dog'.rjust(10)
p 'dog'.center(10)
p 'dog'.ljust(10, '=')
p 'dog'.rjust(10, '=')
p 'dog'.center(10, '=')
p '1'.rjust(5, '0')
```

▼ **実行結果**

```
"dog       "
"       dog"
"   dog    "
"dog======="
"=======dog"
"===dog===="
"00001"
```

108 文字列を数値に変換したい

Syntax

● **to_iメソッドによる文字列の数値変換**

数値の文字列.to_i(基数)

文字列を数値に変換するには String#to_i を使います。引数には基数として2〜36の整数を指定します。

基数とは、数字の1つの桁を何種類の数で表すかを示すもので、16進数なら16、10進数なら10になります。to_i は、文字列を指定した基数に基づいて整数に変換します。基数を指定しない場合は、10進数として変換されます。

文字列が数値とみなせない場合は、先頭から数値と解釈できるところまでが整数に変換され、数値と解釈できなければ0に変換されます。

次のサンプルコードでは、'10' を10を基数に変換した値（10）と、'0xff' を16を基数に変換した値（255）を加算しています。また、8進数や2進数、数値以外の文字列での挙動について確認しています。

■ samples/chapter-05/108.rb

```ruby
p '10'.to_i + '0xff'.to_i(16)
p '77'.to_i(8)
p '1111'.to_i(2)
p 'ruby3.2'.to_i
p '3.2Ruby'.to_i
```

▼ 実行結果

```
265
63
15
0
3
```

109 改行を含む文字列を1行ずつ処理したい

Syntax

● **linesメソッドで文字列から配列を作成**

改行を含む文字列.lines(chomp: 真偽値)

● **each_lineメソッドで1行ずつ処理**

改行を含む文字列.each_line{|line| 式}

改行を含む文字列を1行ずつ処理するには、`String#lines`や`String#each_line`を使います。

■ String#lines

`lines`は文字列を改行で分割した結果を配列で返します。`chomp`というオプションに`true`を渡すと、改行文字が削除されます。オプションを指定しない場合は`false`になります。

次のサンプルコードでは、`lines`を使って改行を含む文章を配列に変換しています。また、`chomp`を付けたときの動作も確認しています。

■ samples/chapter-05/109.rb

```
text = "前略\nお元気ですか?\n私は元気です。\n中略\nお体にお気をつけて。\n後略。"
p text.lines
p text.lines(chomp: true)
```

▼ 実行結果

```
["前略\n", "お元気ですか?\n", "私は元気です。\n", "中略\n", "お体にお気を
つけて。\n", "後略。"]
["前略", "お元気ですか?", "私は元気です。", "中略", "お体にお気をつけて。",
"後略。"]
```

■ String#each_line

each_lineでは、文字列の各行に対してブロックの内容が実行されます。linesと同じく
chompオプションにtrueを渡すと、改行文字が削除されます。オプションを指定しない場合は
falseになります。

次のサンプルコードでは、改行を含む文章を1行ずつ、文字数を数えながら出力しています。

■ samples/chapter-05/109.rb

```ruby
text = "前略\nお元気ですか?\n私は元気です。\n中略\nお体にお気をつけて。\n後略。"
text.each_line(chomp: true) {|line|
  p "#{line}: #{line.length}文字"
}
```

▼ 実行結果

```
"前略: 2文字"
"お元気ですか?: 7文字"
"私は元気です。: 7文字"
"中略: 2文字"
"お体にお気をつけて。: 10文字"
"後略。: 3文字"
```

110 文字列から空白行だけを削除したい

> **Syntax**

● **空白行の削除**

空白行を含む文字列.lines(chomp: true).reject(&:empty?).join("\n")

文字列から空白行を削除するには、以下の方法が使用できます。

1. `String#lines`で1行ずつの配列に変換する
2. `Array#reject`（▶079）を用いて、空白行を除去する
3. その配列を`Array#join`で連結し、文字列に戻す

こうすることで、空白行のみを削除した新しい文字列を作れます。

■ samples/chapter-05/110.rb

```ruby
text = <<TEXT
あのイーハトーヴォのすきとおった風。

またそのなかでいっしょになったたくさんのひとたち。



しずかにあの年のイーハトーヴォの五月から十月までを書きつけましょう。
TEXT

puts text
puts '----以下、空白行を削除した文字列----'
puts text.lines(chomp: true).reject(&:empty?).join("\n")
```

▼ 実行結果

あのイーハトーヴォのすきとおった風。

またそのなかでいっしょになったたくさんのひとたち。

しずかにあの年のイーハトーヴォの五月から十月までを書きつけましょう。
----以下、空白行を削除した文字列----
あのイーハトーヴォのすきとおった風。
またそのなかでいっしょになったたくさんのひとたち。
しずかにあの年のイーハトーヴォの五月から十月までを書きつけましょう。

関連項目

079 配列から条件に合う要素を取り除きたい

全角文字と半角文字を相互に変換したい

Syntax

● 全角文字と半角文字の変換

```
NKF.nkf('-w -Z1 -Z4 -x', 文字列)  # 全角を半角に変換
NKF.nkf('-w', 文字列.tr('a-zA-Z0-9', 'ａ-ｚＡ-Ｚ０-９'))  # 半角を全角に変換
```

※require 'nkf'が必要

文字列中の半角文字と全角文字を相互に変換するには、nkfライブラリと`String#tr`（▶102）を使います。

■ 全角 → 半角変換

全角文字から半角文字への変換には、nkfライブラリの`NKF.nkf`メソッドを使用します。nkfライブラリを利用する場合、事前にライブラリを`require`する必要があります。nkfはUnixやLinuxなどで利用される文字コード変換ソフトウェアです。

`nkf`メソッドは、デフォルトでは半角カタカナを全角カタカナに変換します。`nkf`にはさまざまなオプションがありますが、全角 → 半角変換を行う際には主に次のものが使用されます。

● nkfで全角 → 半角変換で使用するオプション

オプション	意味
-w	出力をutf8に指定
-Z1	全角英数字と一部の記号を半角に変換（全角スペースは半角スペース1つに変換）
-Z4	全角カタカナを半角カタカナに変換
-x	半角カタカナを全角カタカナに変換するデフォルトの挙動を抑止

その他のオプションについては、次の方法などで調べることができます。

▶ Rubyのnkfライブラリのドキュメント (https://docs.ruby-lang.org/ja/latest/class/NKF.html)
▶ nkfが利用できる環境で`man nkf`を実行

次のサンプルコードでは、全角文字を半角文字に変換しています。

■ samples/chapter-05/111.rb

```
require 'nkf'
string = "イーハトーヴォ Lorem Ipsum"
p string
p NKF.nkf('-w -Z1 -Z4 -x', string)
```

▼ 実行結果

```
"イーハトーヴォ Lorem Ipsum"
"イーハトーヴォ Lorem Ipsum"
```

■ 半角 → 全角変換

nkfでは半角英数字を全角に変換することができないので、String#trを使います。

次のサンプルコードでは、trで半角英数字を全角英数字に変換した文字列に対して、さらにnkfを使って半角カタカナを全角カタカナに変換しています。

■ samples/chapter-05/111.rb

```
require 'nkf'
string = "イーハトーヴォ Lorem Ipsum"
p string
p NKF.nkf('-w', string.tr('a-zA-Z0-9', 'ａ-ｚＡ-Ｚ０-９'))
```

▼ 実行結果

```
"イーハトーヴォ Lorem Ipsum"
"イーハトーヴォ Ｌｏｒｅｍ Ｉｐｓｕｍ"
```

（ 関連項目 ）

▶▶102 文字列を置換したい

112 文字コードを判定したい

> **Syntax**

● **encodingメソッドでエンコーディング情報を取得**

```
文字列.encoding
```

Rubyの文字列オブジェクトは、エンコーディングに関する情報を持っています。文字列からエンコーディング情報を取得するには`String#encoding`を使います。また、文字列のエンコーディングを変換するには`String#encode`を使います。利用できるエンコーディングは`Encoding.name_list`で調べられます。

次のサンプルコードでは、上記のメソッドについてそれぞれ動作を確認しています。

■ **samples/chapter-05/112.rb**

```ruby
p Encoding.name_list

euc_jp = 'あのイーハトーヴォのすきとおった風'.encode('EUC-JP')
shift_jis = '夏でも底に冷たさをもつ青いそら'.encode('SJIS')
utf_8 = 'うつくしい森で飾られたモリーオ市'.encode('UTF-8')

p euc_jp.encoding
p shift_jis.encoding
p utf_8.encoding
```

▼ **実行結果**

```
["ASCII-8BIT", "UTF-8", ...略..., "internal"]
#<Encoding:EUC-JP>
#<Encoding:Windows-31J>
#<Encoding:UTF-8>
```

113 文字列とBase64文字列を相互に変換したい

Syntax

● 文字列とBase64文字列の変換

```
Base64.strict_encode64(文字列)
Base64.strict_decode64(Base64文字列)
```

● 文字列とBase64文字列の変換 (URLセーフな変換)

```
Base64.urlsafe_encode64(文字列)
Base64.urlsafe_decode64(Base64文字列)
```

※ require 'base64'が必要

　Base64とは、任意のデータをASCIIの64種類の文字（英字、数字、+、/、=）で表現するための変換方式です。

　Base64は電子メールの分野で利用されています。電子メールではもともとASCII文字しか利用できず、MIME（Multipurpose Internet Mail Extensions）という規格によって、英語以外で記述された本文や画像などの添付ファイルを電子メールで送れる形式に変換しています。この変換の形式の1つとして、Base64が利用されています。

　Base64の活用例としてはその他に、HTMLにデータを埋め込むための仕組みであるデータURLや、Webアプリケーションの認証などに利用されるJSON Web Token（JWT）のエンコードがあります。

■ 文字列をBase64文字列にエンコードする

　Rubyでは、標準ライブラリ（組み込みライブラリではないので、`require`が必要）のbase64を利用して、任意のデータをBase64文字列に変換（エンコード）できます。Base64に関するメソッドは`Base64`のモジュール関数として利用できます。Base64文字列へのエンコードで使えるメソッドは主に次の2つです。

- **Base64文字列へのエンコードメソッド**

メソッド名	説明
`Base64.strict_encode64`	引数で受け取ったデータをBase64文字列にエンコードする
`Base64.urlsafe_encode64`	引数で受け取ったデータをURLセーフなBase64文字列にエンコードする

`urlsafe_encode64`における「URLセーフ」とは、URLにおいて特別な意味を持つ/と+を意味を持たない_と-にそれぞれ置き換えることを表しています。このメソッドを使って作成したBase64文字列は、安全にURLに埋め込むことができます。

また、`urlsafe_encode64`はキーワード引数`padding`を受け取ります。`padding`とはBase64文字列の末尾を埋めるための文字（パディング）である=を付与するかどうかを決める引数です。デフォルト値はパディングを付与する**true**です。

次のサンプルコードでは、JSON形式の文字列を普通のBase64文字列、URLセーフなBase64文字列、URLセーフでパディングを取り除いたBase64文字列にそれぞれ変換しています。URLセーフなBase64文字列では、+の代わりに-が使われています。

- **samples/chapter-05/113.rb**

```ruby
require 'base64'

json = <<~JSON
{
  "name": "Foo",
  "comment": "こんにちは😊"
}
JSON

puts Base64.strict_encode64(json)
puts Base64.urlsafe_encode64(json)
puts Base64.urlsafe_encode64(json, padding: false)
```

113

文字列とBase64文字列を相互に変換したい

▼ 実行結果

```
ewogICJuYW1lIjogIkZvbyIsCiAgImNvbW1lbnQiOiAi44GT44KT44Gr44Gh44Gv
8J+YgCIKfQo=
ewogICJuYW1lIjogIkZvbyIsCiAgImNvbW1lbnQiOiAi44GT44KT44Gr44Gh44Gv
8J-YgCIKfQo=
ewogICJuYW1lIjogIkZvbyIsCiAgImNvbW1lbnQiOiAi44GT44KT44Gr44Gh44Gv
8J-YgCIKfQo
```

■ Base64文字列から文字列にデコードする

Base64文字列をもとの文字列に戻す（デコードする）ときも、**Base64**のメソッドが利用できます。

● Base64文字列からのデコードメソッド

メソッド名	説明
`Base64.strict_decode64`	Base64文字列のデコード
`Base64.urlsafe_decode64`	URLセーフなBase64文字列のデコード

次のサンプルコードでは、先述したBase64文字列をもとのJSON文字列にデコードしています。

■ samples/chapter-05/113.rb

```ruby
require 'base64'

strict_encoded = 'ewogICJuYW1lIjogIkZvbyIsCiAgImNvbW1lbnQiOiAi44
GT44KT44Gr44Gh44Gv8J+YgCIKfQo='
urlsafe_encoded = 'ewogICJuYW1lIjogIkZvbyIsCiAgImNvbW1lbnQiOiAi4
4GT44KT44Gr44Gh44Gv8J-YgCIKfQo='
urlsafe_without_padding_encoded = 'ewogICJuYW1lIjogIkZvbyIsCiAgI
mNvbW1lbnQiOiAi44GT44KT44Gr44Gh44Gv8J-YgCIKfQo'

puts Base64.strict_decode64(strict_encoded)
puts Base64.urlsafe_decode64(urlsafe_encoded)
puts Base64.urlsafe_decode64(urlsafe_without_padding_encoded)
```

113 文字列とBase64文字列を相互に変換したい

▼ 実行結果

```
{
  "name": "Foo",
  "comment": "こんにちは😊"
}
{
  "name": "Foo",
  "comment": "こんにちは😊"
}
{
  "name": "Foo",
  "comment": "こんにちは😊"
}
```

Base64.encode64メソッド

　本項で紹介したBase64エンコードのメソッドのほかに、`Base64.encode64`というメソッドが存在します。このメソッドもデータをBase64文字列に変換しますが、ほかのメソッドと異なり、60文字ごとに自動で改行を挿入します。これは、「電子メールで送信するBase64文字列の1行は76文字以下でなければならない」とするMIMEに関する規格（RFC 2045）に従ったものとなっています。

114 ハッシュ値を計算したい

Syntax

● SHA-256による文字列のハッシュ値

```
Digest::SHA256.digest(文字列)
```

● SHA-256による文字列のハッシュ値の16進表現

```
Digest::SHA256.hexdigest(文字列)
```

※ require 'digest'が必要

　ハッシュ値とは、ハッシュ関数という特別な関数にデータを入力して得られる出力のビット列のことです。広く利用されるハッシュ関数として、SHA-256やSHA-512、RIPEMD-160などがあります。

　ハッシュ関数が出力するハッシュ値は「出力の長さが一定になる」という特徴を持ちます。また、現在、広く利用されている安全とみなされているハッシュ関数は、「あるハッシュ値を出力する別の入力を見つけるのが困難（弱衝突耐性）」「出力が同じハッシュ値になる2つの入力を見つけるのが困難（強衝突耐性）」「出力のハッシュ値から入力を逆算するのが困難」などの特徴を持ちます。このようなハッシュ関数では、入力データが少しでも変わると出力するハッシュ値も変わるので、データが改竄されていないかどうかの確認や、デジタル署名の作成に使用されます。

■ ハッシュ値を計算する

　Rubyでは、標準ライブラリ（組み込みライブラリではないので、**require**が必要）のdigestを利用して、文字列からハッシュ値を計算できます。ハッシュ関数は**Digest**モジュール配下のクラスとして表現されています。**Digest**（ダイジェスト）という名前は、ハッシュ値を指す「メッセージダイジェスト」という用語に由来します。

　主なハッシュ関数のクラスを次に示します。

● 主なハッシュ関数のクラス

クラス	説明
Digest::SHA256	SHA-256で256ビットのハッシュ値を計算する
Digest::SHA512	SHA-512で512ビットのハッシュ値を計算する
Digest::RMD160	RIPEMD-160で160ビットのハッシュ値を計算する

227

これらのクラスに対して次のクラスメソッドを呼び出すことでハッシュ値を計算できます。

● ハッシュ値を取得するメソッド

メソッド	説明
digest	ハッシュ値をバイナリデータで返す
hexdigest	ハッシュ値を16進数表現で返す

次のサンプルコードでは、例として文字列に対するSHA-256のハッシュ値のバイナリデータと、それを16進数で表現した値を計算しています。

■ samples/chapter-05/114.rb

```
require 'digest'

p Digest::SHA256.digest('Rubyコードレシピ集')
puts Digest::SHA256.hexdigest('Rubyコードレシピ集')
```

▼ 実行結果

```
"\xDFA?\x9Fy\x96\xB7\a\x18dm\xA6\xEC\x1Fb\xF0\x90\xA0GpT\xCFl k\
xD6\xE5\xA0\x98]:\xCB"
df413f9f7996b70718646da6ec1f62f090a0477054cf6c206bd6e5a0985d3acb
```

ハッシュ値を計算したい

Column MD5とSHA-1

本項で紹介したハッシュ関数のほかに、MD5とSHA-1というハッシュ関数も存在します。

```
Digest::MD5.hexdigest('test')  #=> "098f6bcd4621d373cade4e832
627b4f6"
Digest::SHA1.hexdigest('test') #=> "a94a8fe5ccb19ba61c4c0873
d391e987982fbbd3"
```

これらのハッシュ関数を今後新たに使うべきではありません。本項の最初に述べたように、安全とみなされるハッシュ関数は衝突耐性を持ち、ハッシュ値からの逆算も困難という特徴があります。しかし、MD5やSHA-1に対しては、同じハッシュ値を出力する2つの入力を作成する攻撃がすでに可能になっており、改竄の検知やデジタル署名に利用するには安全ではないからです。

正規表現で文字列を扱う

Chapter

6

115 正規表現を使いたい

Syntax

- **正規表現リテラルによるパターンの作成**

```
/正規表現/
```

- **正規表現にマッチするかどうかの確認**

```
"文字列".match?(/正規表現/)
/正規表現/.match?("文字列")
```

- **正規表現にマッチする箇所の情報を取得**

```
"文字列".match(/正規表現/)
/正規表現/.match("文字列")
```

　正規表現とは、文字列のパターンを記述する手法です。正規表現を使うと、パターンに従う文字列の集合を1つの文字列で表せます。

　Rubyの正規表現では、普通の文字に加えてメタ文字、アンカー、文字クラスなどの記号を使って文字列のパターンを記述します。また、正規表現を用いることで、文字列に含まれるパターンを検出できます。

　Rubyで正規表現を使用するときは正規表現リテラルを使います。たとえば、「R.*」という正規表現は「文字列中に大文字のRから始まる文字列が存在する」パターンを表します。また、「^@.」という正規表現は「@から始まり任意の1文字が続く」パターンを表します。正規表現のパターンを/R.*/や/^@./のようにスラッシュで挟むことで正規表現リテラルとなり、プログラム内で正規表現を扱うことができます。

　正規表現リテラルで得られるオブジェクトはRegexpクラスのインスタンスです。

■ 文字列が正規表現にマッチするかどうか確認する

　String#match?メソッドに正規表現を渡すか、Regexp#match?メソッドに文字列を渡すことで、ある文字列にそのパターンが含まれているかどうかを確認できます。

　次のサンプルコードでは、/R.*/と/^@./というパターンが文字列にマッチするかどうかを確認しています。

■ samples/chapter-06/115.rb

```ruby
pattern1 = /R.*/
p "Ruby".match?(pattern1)
p "ruby".match?(pattern1)

pattern2 = /^@./
p pattern2.match?("@example-user")
p pattern2.match?("@")
```

▼ 実行結果

```
true
false
true
false
```

■ 正規表現にマッチした箇所について調べる

String#matchメソッドに正規表現を渡すか、Regexp#matchメソッドに文字列を渡すと、文字列にパターンがマッチした場合に、マッチした箇所についての情報を持つMatchDataのオブジェクトを取得できます。

MatchDataのオブジェクトmに対しては、m[0]の形式でマッチ箇所を取得できます。

次のサンプルコードでは、/R.*/と/^@./のパターンが文字列にマッチするかどうか試し、マッチした箇所の情報を取得しています。

■ samples/chapter-06/115.rb

```ruby
pattern1 = /R.*/
p m1 = "Ruby".match(pattern1)
p m1[0]

pattern2 = /^@./
p m2 = pattern2.match("@example-user")
p m2[0]
```

▼ 実行結果

```
#<MatchData "Ruby">
"Ruby"
#<MatchData "@e">
"@e"
```

MatchDataのその他のメソッドについては、▶▶129 、▶▶130 を参照してください。

■ 主なメタ文字とアンカー

主なメタ文字とアンカーの一覧を次に示します。アンカーは幅0の文字にマッチする記号です。

233

115

正規表現を使いたい

● メタ文字

記号	意味
.	任意の1文字
?	直前のパターンを0回もしくは1回繰り返し
*	直前のパターンを0回以上繰り返し
+	直前のパターンを1回以上繰り返し
{n}	直前のパターンをn回繰り返し
{n,}	直前のパターンをn回以上繰り返し
{,n}	直前のパターンをn回以下繰り返し
{n,m}	直前のパターンをn回以上m回以下繰り返し
|	直前、直後のパターンのどちらかにマッチ
(パターン)	グループの作成
[文字や文字範囲]	文字クラスの作成。括弧内の文字にマッチ
[^文字や文字範囲]	文字クラスの作成。括弧内の文字以外にマッチ

● アンカー

記号	意味
^	行頭。文字列の先頭もしくは改行文字の直後
$	行末。改行文字の直前もしくは文字列の末尾
\A	文字列の先頭
\z	文字列の末尾
\Z	文字列の末尾。文字列の最後の文字が改行のときもマッチ

（ 関連項目 ）

▶▶129 正規表現にマッチした文字列の一部を参照したい

▶▶130 正規表現にマッチした箇所の前後を調べたい

234

116 正規表現で文字クラスを使いたい

● **例: 数字1文字にマッチする正規表現**

```
/\d/
```

　正規表現の文字クラスを使うと、特定の種類の文字にマッチするパターンを記述できます。たとえば、[abc]という文字クラスは'a'、'b'、'c'のいずれか1文字にマッチします。

　また、文字クラスでは-（ハイフン）を使って文字を範囲で指定できます。たとえば、[1-5]は'1'、'2'、'3'、'4'、'5'いずれか1文字にマッチする文字クラスであり、[A-N]はアルファベットの'A'から'N'までのいずれか1文字にマッチする文字クラスです。

　さらに、よく使う文字クラスには専用の略記法が存在します。たとえば、\dは半角数字の文字クラス[0-9]と同じ意味であり、これらは半角数字1文字にマッチします。

　他にも、\wは単語を構成する文字の文字クラス[0-9A-Za-z_]を表します。また、\sは空白文字の文字クラス[\t\r\n\f\v]を表します（\rは復帰、\fは書式送り、\vは垂直タブを示します）。

　次のサンプルコードでは、携帯電話番号のパターンを文字クラス\dと\sを使って作成し、指定した文字列にマッチするか確認しています。

■ **samples/chapter-06/116.rb**

```ruby
mobile_phone_number_pattern = /\A\d{3}\s+\d{4}\s+\d{4}\z/
p '090 0000 0000'.match?(mobile_phone_number_pattern)
p '090 000 000'.match?(mobile_phone_number_pattern)
```

▼ **実行結果**

```
true
false
```

　次のサンプルコードでは、\wからなるパターンとString#scan（▶125）を使って、半角英数字からなる文字列を抜き出しています。

235

116

正規表現で文字クラスを使いたい

■ samples/chapter-06/116.rb

```ruby
ruby_description = <<~DESC
  Rubyは絶妙にバランスのとれた言語です。
  Rubyの作者である、Matzことまつもと ゆきひろ氏は、好みの言語(Perl、Smalltalk、
Eiffel、Ada、Lisp)の一部をブレンドし、
  関数型プログラミングと命令型プログラミングが絶妙に調和された新しい言語を作りました。
DESC
p ruby_description.scan(/\w+/)
```

▼ 実行結果

```
["Ruby", "Ruby", "Matz", "Perl", "Smalltalk", "Eiffel", "Ada",
"Lisp"]
```

● 主な文字クラス

記号	意味
\w	単語構成文字。大文字小文字のアルファベット、0〜9の数字、アンダースコア (_)
\W	単語構成文字以外
\s	空白文字。半角空白、タブ文字、改行文字
\S	空白文字以外
\d	10進数。0〜9
\D	10進数以外
\h	16進数。0〜9、A〜F、a〜f
\H	16進数以外

(関連項目)

▶▶125 正規表現にマッチする箇所をすべて取得したい

117 正規表現で特別な意味を持つ文字をパターンとして使いたい

　正規表現では、メタ文字のピリオド`.`や疑問符`?`、正規表現リテラルの作成に使うスラッシュ`/`のように、特別な意味を持つ文字があります。それらの文字自体を正規表現のパターンで使いたいときは、文字の直前にバックスラッシュ`\`を付けます。これをエスケープといいます。

　たとえば、`https://`から始まる文字列を表す正規表現リテラルを書きたいとき、パターン自体にスラッシュ`/`が含まれているので、そのまま`/^https:///`とするとシンタックスエラーになります。このような場合は、スラッシュ`/`の直前にバックスラッシュ`\`を付けると、正規表現リテラルとして使用できます。

　エスケープが必要になるメタ文字は`()[]{}.?+*|\/^$`です。

■ samples/chapter-06/117.rb

```ruby
p https_pattern = /^https:\/\//
p "https://example.com".match?(https_pattern)
p "http://example.com".match?(https_pattern)

p newline_pattern = /改行は\n/
p '改行は\n'.match?(newline_pattern)
p 'タブは\t'.match?(newline_pattern)
```

▼ 実行結果

```
/^https:\/\//
true
false
/改行は\\n/
true
false
```

118 正規表現で文字列に意図しない文字が含まれていないことを確認したい

Syntax

- あるパターンだけを含む文字列にマッチする正規表現

  /\A正規表現\z/

ある文字列が正規表現のパターンにマッチする部分だけで構成されていることを確実にしたいときは\Aと\zを使います。

\Aと\zは幅0の文字にマッチするメタ文字（アンカー）で、\Aは文字列の先頭に、\zは文字列の末尾に一致します（▶115）。\Aと\zを先頭と末尾に置いたパターンを使うと、文字列にパターン以外の文字列が含まれていないことを確認できます。

\Aと\zに類似するメタ文字に、行頭に一致する^と行末に一致する$がありますが、文字列には複数行が含まれる可能性があるため、^と$によるパターンでマッチした文字列では別の行に文字列が存在する可能性があります。よって、文字列全体にそのパターンだけが含まれるとは言い切れません。

次のサンプルコードでは、特定のメールアドレスにマッチするパターンの先頭と末尾に\Aと\zを置いた正規表現を使って、このメールアドレスだけを含む文字列にマッチさせています。メールアドレス以外の行に不正な文字列が入っている場合はマッチしないことも確認できます。

■ samples/chapter-06/118.rb

```
# メールアドレスのパターンだけを含む文字列にマッチする
email = 'test@example.com'
matched = email.match(/\A.+@example.com\z/)
puts matched[0]

# メールアドレスのパターン以外も含む、複数行からなる文字列にはマッチしない
# ^, $を使うと意図せずマッチしてしまう
email = <<~EMAIL
  test@example.com
  怪しい文字列
EMAIL
not_matched = email.match(/\A.+@example.com\z/)
p not_matched
unintentionally_matched = email.match(/^.+@example.com$/)
puts unintentionally_matched[0]
```

▼ 実行結果

```
test@example.com
nil
test@example.com
```

（ **関連項目** ）

▸▸115 正規表現を使いたい

119 繰り返しの正規表現で 最小の範囲にマッチさせたい

Syntax

● 繰り返しのメタ文字のマッチ範囲を最小にする

/メタ文字?/

　*や+による繰り返しのメタ文字は、デフォルトでは、できるだけ大きな範囲でマッチしようとします。たとえば、\dというメタ文字は、できるだけ長い数字列にマッチしようとします。つまり、次のサンプルコードでは、パターン\d+は'12345'にマッチします。

■ samples/chapter-06/119.rb

```
puts '12345abc'.match(/\d+/)[0]
```

▼ 実行結果

```
# 12345abc
# ^^^^^   : /+d/にマッチする部分
12345
```

　このような繰り返しのパターンをできる限り小さな範囲でマッチさせるには、メタ文字の直後に?を付けます。この?を最小量指定子と呼びます。先ほどのパターンに最小量指定子?を付与した\d+?は、次のように'1'にマッチします。

■ samples/chapter-06/119.rb

```
puts '12345abc'.match(/\d+?/)[0]
```

▼ 実行結果

```
# 12345abc
# ^       : /\d+?/にマッチする部分
1
```

240

また、次のサンプルコードでは、波括弧で挟まれた文字列のパターン`{.*}`に最小量指定子`?`を付与して、波括弧で囲まれた英数字が2つ並んでいる文字列に対するマッチ箇所が変わることを確認しています。

■ samples/chapter-06/119.rb

```ruby
# 通常は文字列全体にマッチ
puts '{abc}{123}'.match(/{.*}/)[0]

# 最小量指定子を付けると、前半の波括弧で囲まれた文字列だけにマッチ
puts '{abc}{123}'.match(/{.*?}/)[0]
```

▼ 実行結果

```
{abc}{123}
{abc}
```

120 正規表現で前後に特定の パターンが存在する場合のみ マッチさせたい

```
Syntax
```

● **先読み: 直後に特定のパターンP1が存在する場合**

/正規表現(?=P1)/

● **後読み: 直前に特定のパターンP2が存在する場合**

/(?<=P2)正規表現/

パターンの前後に特定のパターンがあることを示す正規表現を書きたいが、その前後のパターンはマッチ対象としたくないときは、正規表現の先読みと後読みを使います。

パターンの後ろに特定のパターンがあることを表現したいときは(?=...)を使います(先読み)。また、あるパターンの前に特定のパターンがあることを表現したいときは(?<=...)を使います(後読み)。これらの記法を使うと、先読みおよび後読み部分を考慮してマッチが実行されますが、マッチ箇所はそれらを除いた部分になります。

次のサンプルコードでは、先読みと後読みを使って、直前に'Ruby '、直後に' Rails'が存在する'on'だけにマッチするパターンを作り、マッチ結果には'on'だけが含まれることを確認しています。'on'の直後が' Rails'以外の文字列の場合はマッチしていません。

■ samples/chapter-06/120.rb

```
p 'Ruby on Rails'.match(/(?<=Ruby )on(?= Rails)/)[0]
p 'Ruby on a Train'.match(/(?<=Ruby )on(?= Rails)/)
```

▼ 実行結果

```
"on"
nil
```

● **先読み／後読みの記法**

記法	意味
(?=パターン)	先読みで一致すればマッチ
(?!パターン)	先読みで一致しなければマッチ
(?<=パターン)	後読みで一致すればマッチ
(?<!パターン)	後読みで一致しなければマッチ

121 正規表現で複数行にまたがってマッチさせたい

Syntax

● 複数行にまたがってマッチする正規表現

/正規表現/m

　複数行にまたがって正規表現のパターンをマッチさせるには、正規表現リテラルの末尾にオプションmを付与します。オプションmを使うと、任意の1文字を表すメタ文字.に改行文字\nがマッチするようになります。これにより、複数行の文字列に対してパターンマッチを実行できるようになります。

　次のサンプルコードでは、文字列の中に「森」から始まり「草」で終わる部分があるかどうかを、オプションmを使った正規表現で調べています。また、オプションmを使わない正規表現では「森」から始まり「草」で終わる部分を見つけられないことも確認しています。

■ samples/chapter-06/121.rb

```
text = <<~TEXT
    あのイーハトーヴォのすきとおった風、
    夏でも底に冷たさをもつ青いそら、
    うつくしい森で飾られたモリーオ市、
    郊外のぎらぎらひかる草の波。
TEXT

p text.match(/森.+草/m)[0]
p text.match(/森.+草/)
```

▼ 実行結果

```
"森で飾られたモリーオ市、\n郊外のぎらぎらひかる草"
nil
```

243

122 正規表現でひらがなと カタカナにマッチさせたい

Syntax

● **1文字以上のひらがなにマッチする正規表現**

```
/[ぁ-ん]+/
```

● **1文字以上のカタカナと長音記号にマッチする正規表現**

```
/[ァ-ヾー]+/
```

日本語の文字列を扱うとき、ひらがなやカタカナにマッチする正規表現を使いたいことがあります。たとえば、振り仮名がひらがなもしくはカタカナだけで構成されているかどうかをチェックしたい場合などです。

ひらがなやカタカナはUnicodeにおいて連続して配置されているので、文字クラスと範囲を表すーで表現できます。ひらがなは「ぁ」から始まって「ん」で終わり、カタカナは「ァ」から始まって「ヾ」で終わります。

次のサンプルコードでは、文字列がひらがなかカタカナだけから構成されるかどうかをString#match?で確認しています。

■ samples/chapter-06/122.rb

```ruby
hiragana = /\A[ぁ-ん]+\z/
katakana = /\A[ァ-ヾー]+\z/

p 'トーキョー'.match?(katakana)
p 'しんじゅく'.match?(hiragana)
p 'いちがやサナイチョウ'.match?(hiragana)
```

▼ 実行結果

```
true
true
false
```

244

Unicodeプロパティに基づく文字クラス

　Unicodeではプロパティという文字の範囲が定義されています。Rubyの正規表現からはこのプロパティを利用できるので、自分で文字クラスを定義するより簡単に文字の集合をパターンとして利用できることがあります。

　たとえば、Unicodeではひらがなとカタカナについて、それぞれHiraganaとKatakanaというプロパティが定義されています。これをRubyの正規表現から`\p{Hiragana}`や`\p{Katanaka}`のように使うと、それぞれひらがな、カタカナ1文字にマッチします。

■ samples/chapter-06/122.rb

```
hiragana = /\p{Hiragana}+/
p hiragana.match('あいうえおカキクケコ')[0]

katakana = /\p{Katakana}+/
p katakana.match('あいうえおカキクケコ')[0]
```

▼ 実行結果

```
"あいうえお"
"カキクケコ"
```

　Unicodeのプロパティの詳細は次のページを参照してください。

▶ Unicodeのひらがな
  https://unicode.org/charts/nameslist/n_3040.html
▶ Unicodeのカタカナ
  https://unicode.org/charts/nameslist/n_30A0.html

123 正規表現でパーセント記法／式展開／パターンの連結を利用したい

Syntax

● **パーセント記法による正規表現リテラル**

```
%r(正規表現)
```

● **式展開を含む正規表現リテラル**

```
/#{式}/
```

● **複数の正規表現を|で接続した正規表現を取得**

```
Regexp.union(正規表現1, 正規表現2, ...)
Regexp.union(正規表現の配列)
```

■ パーセント記法で正規表現を作成する

文字列と同様に正規表現でもパーセント記法（ ▶▶024 ）を使用できます。正規表現リテラルのパーセント記法では、正規表現の英名「regular expression」の先頭文字をとった%rを使います。

パーセント記法を使うと、スラッシュ/をパターンとして扱いたいときにエスケープが不要になるので、/を多数含むパターンの可読性を向上できます。

次のサンプルコードでは、正規表現の中で/をエスケープせずに利用し、マッチングを実行しています。

■ samples/chapter-06/123.rb

```ruby
gihyo_url = %r(https://gihyo.jp)
p 'https://gihyo.jp/dev'.match?(gihyo_url)
```

▼ 実行結果

```
true
```

■ 正規表現の中で式展開する

正規表現の中で式展開（ ▶▶100 ）を利用すると、プログラムの実行時に正規表現を作成できます。式展開を行うには、文字列と同様に#{}で式を囲みます。

次のサンプルコードでは、正規表現に電話番号の一部を式展開で埋め込み、マッチングを実行しています。

■ samples/chapter-06/123.rb

```ruby
phone_number = '09000123456'
hyphenated_phone_number = /#{phone_number[0..2]}-#{phone_number
[3..6]}-#{phone_number[7..10]}/
p '090-0012-3456'.match?(hyphenated_phone_number)
p '09000123456'.match?(hyphenated_phone_number)
```

▼ 実行結果

```
true
false
```

■ 複数の正規表現を論理和として結合した正規表現を作成する

複数の正規表現のいずれかにマッチする正規表現は、論理式における「または（OR）」である論理和で表せます。正規表現で論理和を作るには | （バーティカルバー）を利用します。正規表現リテラルに | を直接書くことで正規表現の論理和を作ることもできますが、Regexp.unionに複数の正規表現を渡すことで同様のことが実現できます。

次のサンプルコードでは、複数のIPアドレスの論理和である正規表現を作成し、IPアドレス文字列とのマッチングを実行しています。

■ samples/chapter-06/123.rb

```ruby
ip_addresses = %w(192.0.2.0 192.0.2.1 198.51.100.2 198.51.100.3)
p '192.0.2.0'.match?(Regexp.union(ip_addresses))
p '198.51.100.0'.match?(Regexp.union(ip_addresses))
```

▼ 実行結果

```
true
false
```

（ 関連項目 ）

▶▶024 文字列を使いたい

▶▶100 文字列に式の返り値を埋め込みたい

124 正規表現にマッチする箇所のインデックスを取得したい

Syntax

● 文字列の先頭から正規表現にマッチする
  箇所を検索し、先頭のインデックスを取得

```
"文字列".index(/正規表現/)
```

● 文字列の末尾から正規表現にマッチする
  箇所を検索し、先頭のインデックスを取得

```
"文字列".rindex(/正規表現/)
```

　文字列に対して、正規表現のパターンが最初にマッチする箇所を検索し、その先頭の位置をインデックスで取得するにはString#indexを使います。

　次のサンプルコードでは、文字列に対してパターン/.m/が最初にマッチする箇所を探し、その先頭のインデックスを取得しています。ここではLoremのemにマッチしています。

■ samples/chapter-06/124.rb

```
p "Lorem ipsum dolor".index(/.m/)
```

▼ 実行結果

```
# "Lorem ipsum dolor"
#    ^^                 : /.m/にマッチする部分
3
```

　また、indexとは逆に、文字列に対して、正規表現のパターンが最後にマッチする箇所を探し、その先頭の位置をインデックスで取得するにはString#rindexを使います。

　次のサンプルコードでは、文字列に対してパターン/m /が最後にマッチする箇所の先頭のインデックスを取得しています。ここではipsumのmと続く空白にマッチしています。

■ samples/chapter-06/124.rb

```
p "Lorem ipsum dolor".rindex(/m /)
```

▼ 実行結果

```
# "Lorem ipsum dolor"
#           ^^         : /m /にマッチする部分
10
```

125 正規表現にマッチする箇所をすべて取得したい

Syntax

● **正規表現にマッチする箇所を配列で取得**

```
"文字列".scan(/正規表現/)
```

　文字列から正規表現のパターンにマッチする箇所すべてを検出し、それらを配列として取得するには`String#scan`を使います。また、`scan`にブロックを渡すと、ブロック引数としてパターンにマッチした文字列が順番に渡され、ブロックが繰り返し実行されます。

　次のサンプルコードでは、文字列に対してパターン`/.m/`がマッチしたすべての箇所を要素として持つ配列を取得しています。2つ目の例では、引数の文字列を`String#upcase`で大文字に変換するブロックを渡し、パターンにマッチする文字列を大文字に変換してから出力しています。

■ samples/chapter-06/125.rb

```
p "Lorem ipsum dolor sit amet".scan(/.m/)

"Lorem ipsum dolor sit amet".scan(/.m/) { |s| p s.upcase }
```

▼ 実行結果

```
# "Lorem ipsum dolor sit amet"
#      ^^     ^^              ^^   : /.m/ にマッチする部分
["em", "um", "am"]
"EM"
"UM"
"AM"
```

正規表現にマッチする箇所をすべて取得したい

■ パターンにマッチする箇所すべてを複数の文字列に分割しながら取得する

scanで使うパターンを括弧( )で囲むと、マッチ結果のうち、括弧で囲んだ部分にマッチする箇所を要素として持つ配列を取得できます。パターンにマッチする箇所それぞれについて配列が得られるので、結果としてscanは配列の配列を返します。また、ブロックを渡すと、括弧で囲んだ部分にマッチする箇所それぞれが引数としてブロックに渡り、ブロックの内容が繰り返し実行されます。

次のサンプルコードでは、文字列に対してパターン/..m/の一部を括弧で囲んだ/.(.)(m)/がマッチする箇所すべてについて、括弧で囲んだ部分にマッチする文字列を、配列の配列として取得しています。2つ目の例では、括弧で囲んだ部分にマッチする文字列がブロック引数として渡され、マッチした回数、ブロックが実行されることがわかります。

■ samples/chapter-06/125.rb

```ruby
p "Lorem ipsum dolor sit amet".scan(/.(.)(m)/)

"Lorem ipsum dolor sit amet".scan(/.(.)(m)/) do |s1, s2|
  puts "matched: #{s1} #{s2}"
end
```

▼ 実行結果

```
# "Lorem ipsum dolor sit amet"
#    ^^^   ^^^         ^^^    : /.(.)(m)/ にマッチする部分
#     ^^    ^^          ^^    : 配列として取得される部分
[["e", "m"], ["u", "m"], ["a", "m"]]
matched: e m
matched: u m
matched: a m
```

250

126 正規表現にマッチする最初の箇所を置換したい

Chap 6 正規表現で文字列を扱う

Syntax

● **正規表現にマッチする最初の箇所を置換し、文字列を作成**

```
"文字列".sub(/正規表現/, "置換後の文字列")
```

● **正規表現にマッチする最初の箇所を置換し、文字列を更新**

```
"文字列".sub!(/正規表現/, "置換後の文字列")
```

　正規表現のパターンにマッチする最初の箇所を、指定した文字列で置き換えた文字列を取得するにはString#sub（subはsubstituteの略）を使います。subを使うと、もとの文字列は変更されず、新たに置換済みの文字列が生成されます。

　次のサンプルコードでは、文字列に対してパターン/ .{5} /がマッチする箇所を' ***** 'という文字列に置き換えています。このとき、もとの文字列は変化していません。

■ **samples/chapter-06/126.rb**

```
s = 'Lorem ipsum dolor sit amet'
puts s.sub(/ .{5} /, ' ***** ')
puts s
```

▼ **実行結果**

```
Lorem ***** dolor sit amet
Lorem ipsum dolor sit amet
```

　subと同じような機能を持ちつつ、メソッドを呼び出した文字列自体を更新する破壊的メソッドとしてString#sub!があります。

　次のサンプルコードではsubと同じ例をsub!で実行しています。sub!を呼び出したあとは、文字列s自体の内容も更新されています。

■ **samples/chapter-06/126.rb**

```
s = 'Lorem ipsum dolor sit amet'
puts s.sub!(/ .{5} /, ' ***** ')
puts s
```

▼ **実行結果**

```
Lorem ***** dolor sit amet
Lorem ***** dolor sit amet
```

251

127 正規表現にマッチする箇所を すべて置換したい

Syntax

● **正規表現にマッチする箇所すべてを置換した文字列を新たに作成**

```
"文字列".gsub(/正規表現/, "置換後の文字列")
```

● **正規表現に一致する箇所すべてを置換した文字列に更新**

```
"文字列".gsub!(/正規表現/, "置換後の文字列")
```

　正規表現のパターンにマッチするすべての箇所を、指定した文字列で置き換えた文字列を取得するにはString#gsub（gsubはglobal substituteの略）を使います。String#subと同様に、もとの文字列は変更されず、新たに置換済みの文字列が生成されて返されます。

　次のサンプルコードでは、文字列に対してパターン/ /がマッチする箇所すべてを''という文字列に置き換えて、半角スペースを削除しています。このとき、もとの文字列は変化していません。

■ samples/chapter-06/127.rb

```ruby
s = 'Lorem ipsum dolor sit amet'
puts s.gsub(/ /, '')
puts s
```

▼ 実行結果

```
Loremipsumdolorsitamet
Lorem ipsum dolor sit amet
```

　gsubと同じような機能を持ちつつ、さらにメソッドを呼び出した文字列自体を更新する破壊的メソッドとしてString#gsub!があります。

　次のサンプルコードではgsubと同じ例をgsub!で実行しています。gsub!を呼び出したあとは、文字列s自体の内容も更新されています。

■ samples/chapter-06/127.rb

```ruby
s = 'Lorem ipsum dolor sit amet'
puts s.gsub!(/ /, '')
puts s
```

▼ 実行結果

```
Loremipsumdolorsitamet
Loremipsumdolorsitamet
```

128 正規表現で文字列を分割したい

Syntax

● 正規表現にマッチする箇所を境界として文字列を分割

```
"文字列".split(/正規表現/)
```

String#splitを使うと、正規表現のパターンにマッチする文字列を境界として、文字列を分割できます。分割した結果は配列として取得できます。なお、引数を渡さない場合、半角スペース、タブ、改行などの空白文字を境界として文字列が分割されます（空白文字が複数連続している場合は、まとめて1つとみなされます）。

次のサンプルコードでは、splitに正規表現のパターンを渡す場合と引数を渡さない場合それぞれで文字列を分割しています。

■ samples/chapter-06/128.rb

```
s = 'Lorem ipsum dolor sit amet'
p s.split(/or/)
p s.split
```

▼ 実行結果

```
["L", "em ipsum dol", " sit amet"]
["Lorem", "ipsum", "dolor", "sit", "amet"]
```

129 正規表現にマッチした文字列の一部を参照したい

Syntax

- **マッチした箇所を1始まりのインデックスで参照**

```
m = "文字列".match(/(正規表現)/)
m[1]
```

- **置換する箇所を1始まりの表記で参照**

```
"文字列".gsub(/(正規表現)/, '\1')
```

- **マッチした箇所を名前で参照**

```
m = "文字列".match(/(?<名前>正規表現)/)
m[:名前]
```

- **置換する箇所を名前付き表記で参照**

```
"文字列".gsub(/(?<名前>正規表現)/, '\k<名前>')
```

※ mはMatchDataのオブジェクト

　正規表現のパターンを括弧()で囲み、String#matchまたはRegexp#matchに渡すと、括弧で囲んだ部分にマッチした文字列をあとから取得できます。これをキャプチャといいます。複数の箇所を囲んだ場合は、それぞれの箇所をインデックスで参照できます。

　キャプチャした文字列は、matchの返り値であるMatchDataオブジェクトに[ ]でインデックスを渡すことで取得できます（▶115）。インデックス0で取得できるのは正規表現にマッチした文字列全体です。そのため、キャプチャした文字列を取得するためのインデックスは1から始まります。

　次のサンプルコードでは、文字列中の数値と英文字列をキャプチャして、それぞれのマッチ箇所を取り出しています。

■ samples/chapter-06/129.rb

```ruby
s = '1 one eins'
m = s.match(/(\d+)\s(\w+)\s(\w+)/)
puts m[0]
puts m[1]
puts m[2]
puts m[3]
```

▼ 実行結果

```
1 one eins
1
one
eins
```

また、`String#gsub`（ ▶▶ 127 ）などの文字列中で正規表現にマッチした箇所を置換するメソッドでも、キャプチャした文字列を置換後の新しい文字列から参照できます。キャプチャした文字列は、`\1`，`\2`のようにバックスラッシュと1から始まる整数で順番に表します。

次のサンプルコードでは、`String#gsub`を使い、文字列中に計3回現れる「数値1つと英文字列2つ」の組をキャプチャして、それぞれ逆順に並べ替えています。

■ samples/chapter-06/129.rb

```ruby
s = '1 one eins, 2 two zwei, 3 three drei'
puts s.gsub(/(\d+)\s(\w+)\s(\w+)/, '\3 \2 \1')
```

▼ 実行結果

```
eins one 1, zwei two 2, drei three 3
```

■ キャプチャに名前を付ける

キャプチャには名前を付けることができます。キャプチャするパターンの括弧内の先頭に**?<名前>**という形式で名前を記述することで、名前のシンボルを利用してマッチした箇所を取得できます。

次のサンプルコードでは、文字列中の数値と英文字列を名前付きでキャプチャして、その名前を利用してそれぞれのマッチ箇所を取り出しています。

129

正規表現にマッチした文字列の一部を参照したい

■ samples/chapter-06/129.rb

```ruby
s = '1 one eins'
m = s.match(/(?<numeral>\d+)\s(?<english>\w+)\s(?<german>\w+)/)
puts m[:numeral]
puts m[:english]
puts m[:german]
```

▼ 実行結果

```
1
one
eins
```

　また、通常のキャプチャと同様に、**String#gsub**などのメソッドでも、キャプチャした文字列に名前を付けて置換後の新しい文字列から参照できます。名前付きでキャプチャした文字列は**\k<名前>**の形式で参照します。

　次のサンプルコードでは、**String#gsub**を使い、文字列中に計3回現れる「数値1つと英文字列2つ」の組を名前付きでキャプチャして、それぞれ逆順に並べ替えています。

■ samples/chapter-06/129.rb

```ruby
s = '1 one eins, 2 two zwei, 3 three drei'
puts s.gsub(/(?<numeral>\d+)\s(?<english>\w+)\s(?<german>\w+)/,
            '\k<german> \k<english> \k<numeral>')
```

▼ 実行結果

```
eins one 1, zwei two 2, drei three 3
```

（　**関連項目**　）

▶▶115　正規表現を使いたい

▶▶127　正規表現にマッチする箇所をすべて置換したい

130 正規表現にマッチした箇所の前後を調べたい

Syntax

● **正規表現にマッチした箇所より前の文字列を取得**

```
m.pre_match
```

● **正規表現にマッチした箇所より後ろの文字列を取得**

```
m.post_match
```

※ mはMatchDataのオブジェクト

　正規表現のパターンにマッチした箇所の前後の文字列を取得するには**MatchData#pre_match**と**MatchData#post_match**を使います。

　次のサンプルコードでは、ハイフンに挟まれた半角数字列のパターンにマッチする箇所を探し、その前後の文字列を取得しています。

■ **samples/chapter-06/130.rb**

```
gihyo_phone_number = '03-3513-6150'
m = gihyo_phone_number.match(/-\d+-/)
puts m.pre_match
puts m.post_match
```

▼ **実行結果**

```
# 03-3513-6150
#      ^^^^^^   : /-\d+-/にマッチする部分
03
6150
```

クラスとモジュールの
機能を利用する

Chapter

7

131 クラスを定義したい

> **Syntax**

● **クラスを定義**

```
class クラス名
  # コンストラクタ
  def initialize(引数)
    インスタンスの初期化処理
  end
end
```

Rubyでクラスを定義するには**class**キーワードに続いてクラス名を記述します。クラス名はアルファベットの大文字から始まる必要があります。先頭が大文字であればその後は小文字や数字を含められます。**initialize**メソッドは特別なメソッド（コンストラクタ）であり、インスタンスを生成する際に自動的に実行されます。また、**initialize**メソッドは自動的にprivateメソッドになります。

インスタンスを生成するには**クラス名.new**メソッドを実行します。**initialize**メソッドに定義した引数は、そのまま**new**メソッドに渡す引数となります。

■ samples/chapter-07/131.rb

```
class Payment
  def initialize(amount:)
    puts amount
  end
end

Payment.new(amount: 500)
```

▼ 実行結果

```
500
```

132 インスタンス変数を定義したい

Syntax

● インスタンス変数を定義

```
class クラス名
  def メソッド名
    @インスタンス変数名 = 式
  end
end
```

　インスタンスメソッド内で@から始まる変数を宣言するとインスタンス変数となります。インスタンス変数は特定のオブジェクト内で値を保存しておくための変数で、そのオブジェクトのメソッドから参照、変更が行えます。インスタンス変数はオブジェクトごとに固有のものであり、異なるインスタンスであればインスタンス変数には別々の値を保存できます。

　サンプルコードではinitializeメソッドで受け取った引数をインスタンス変数@amountに保存し、インスタンスメソッドtotal_amountから参照しています。newメソッドに渡す引数を変えて複数のインスタンスを作成すると、それぞれ異なる値のインスタンス変数を保持していることがわかります。

■ samples/chapter-07/132.rb

```ruby
class Payment
  def initialize(amount:)
    @amount = amount
  end

  def total_amount
    @amount + 500
  end
end

payment1 = Payment.new(amount: 500)
payment2 = Payment.new(amount: 1000)
p payment1.total_amount
p payment2.total_amount
```

▼ 実行結果

```
1000
1500
```

261

132 インスタンス変数を定義したい

Column 自己代入を利用したインスタンス変数の初期化

初期化されていないインスタンス変数を参照したときは、エラーにはならずnilが返ります。この性質とOR演算の自己代入||=（ ）を利用すると、「インスタンス変数が初期化されていない場合は右辺の値を代入し、初期化されていればその値を返す」という処理が書けます。たとえば、「時間のかかる処理を複数回行わないようインスタンス変数に入れてキャッシュする（メモ化）」などの用途に利用できます。

サンプルコードでは時間のかかる処理を再現するためにsleepメソッドを利用しています。sleepメソッドは実際に停止していた秒数を整数で返すため、今回の場合は3を返します。heavy_operationメソッドの初回の実行には3秒かかりますが、2回目以降はインスタンス変数に保持された値が返されるためすぐに処理が終わります。

■ samples/chapter-07/132.rb

```ruby
class Calc
  def heavy_operation
    @result ||= sleep(3)
  end
end

calc = Calc.new
p calc.heavy_operation
p calc.heavy_operation
```

▼ 実行結果

```
# 1行目の結果が表示されるまでには3秒かかるが、2行目はすぐに表示される
3
3
```

(関連項目)

▶034 変数に演算結果を入れ直したい

133 クラス変数を定義したい

Syntax

● **クラス変数を定義**

```
class クラス名
  @@クラス変数名 = 式
end
```

　クラス定義式内で@@から始まる変数を宣言するとクラス変数になります。定義したクラス変数は、そのクラスのインスタンスメソッドやクラスメソッドから参照、変更できます。インスタンス変数はオブジェクトごとに固有であり、異なるインスタンスのインスタンス変数には別々の値が保存されますが、クラス変数は異なるインスタンス間で共有されます。

　次のサンプルコードでは、セッターメソッド(▶140)を用いてクラス変数を変更できるようにしています。`Payment.fee=`メソッドでクラス変数`@@fee`を変更すると、2つのインスタンスの両方に変更が反映されることがわかります。

■ samples/chapter-07/133.rb

```ruby
class Payment
  @@fee = 0

  def initialize(amount:)
    @amount = amount
  end

  def self.fee=(fee)
    @@fee = fee
  end

  def total_amount
    @amount + @@fee
  end
end

payment1 = Payment.new(amount: 500)
```

▼ 実行結果

```
500
1000
1500
2000
```

```
                        ⟩⟩
payment2 = Payment.new(amount: 1000)
p payment1.total_amount
p payment2.total_amount

Payment.fee = 1000
p payment1.total_amount
p payment2.total_amount
```

　クラスを継承した場合、継承元のクラス（スーパークラス）のクラス変数の定義は継承先のクラス（サブクラス）に引き継がれます。そして、スーパークラスとサブクラス間でもクラス変数は共有され、同じ値が参照されます。次のサンプルコードでは、スーパークラスであるPaymentクラスから@@feeクラス変数を変更した結果、サブクラスであるCreditCardクラスにも変更が反映されることがわかります。この挙動が落とし穴になることもあるので注意しましょう。

■ samples/chapter-07/133.rb

```ruby
class Payment
  @@fee = 0

  def initialize(amount:)
    @amount = amount
  end

  def self.fee=(fee)
    @@fee = fee
  end

  def total_amount
    @amount + @@fee
  end
end

class CreditCard < Payment
end
```

                        ⟩⟩

133

クラス変数を定義したい

```
payment = Payment.new(amount: 500)
credit_card = CreditCard.new(amount: 1000)
p payment.total_amount
p credit_card.total_amount

Payment.fee = 1000
p payment.total_amount
p credit_card.total_amount
```

▼ 実行結果

```
500
1000
1500
2000
```

　クラス変数は「そのクラスとインスタンスから参照できる値」という意味では定数と似ていますが、次のような違いがあります。

▶ **クラス変数は再代入が可能だが、定数は再代入できない**
▶ **クラス変数はクラスの外部から::演算子を使って直接参照することはできない**
▶ **クラス変数はメソッドの中でも定義できるが、定数はできない**

　正確には、定数に再代入を行おうとすると警告が出るだけで変更できてしまいますが、基本的に定数は再代入できないものとして考えます（ ▶▶031 ）。再代入して値を変更したいときや、メソッドの中で定義したい場合はクラス変数を、一度代入したあとは値を変更しないときは定数を使うとよいでしょう。また、クラスインスタンス変数の使用も検討してください（ ▶▶134 ）。

（　**関連項目**　）

▶▶031　定数を使いたい
▶▶134　クラスインスタンス変数を定義したい
▶▶140　インスタンス変数へのゲッター／セッターメソッドを簡単に定義したい

265

134 クラスインスタンス変数を定義したい

Syntax

● クラスインスタンス変数を定義

```
class クラス名
  @クラスインスタンス変数名 = 式
end
```

　クラス変数（ ▶▶133 ）と似た機能に、「クラスインスタンス変数」があります。クラスインスタンス変数はクラスのスコープにおいて「@変数名」で定義する変数です。クラスインスタンス変数は、そのクラスのスコープ内であればどこからでもアクセスできる変数として扱えます。

　クラス変数と比較したときのクラスインスタンス変数の利点として、どこから読み取られたり書き込まれたりするか予想しやすい点があります。クラス変数のように子クラスやインスタンスからはアクセスできないので、アクセス元は必ず同じクラスのどこかになるからです。

　次のサンプルコードでは、クラスの直下とクラスメソッドの内部でクラスインスタンス変数を設定し、メソッドを通じて取得できることを確認しています。また、子クラスから取得しようとすると結果が**nil**になってアクセスできないこともわかります。

■ samples/chapter-07/134.rb

```ruby
class Foo
  # クラス読み込み時にクラスインスタンス変数を設定する
  @foo = 'デフォルトのクラスインスタンス変数'

  def self.settings
    { foo: @foo }
  end

  # メソッド呼び出し時にクラスインスタンス変数を更新する
  def self.update_settings
    @foo = '更新されたクラスインスタンス変数'
  end
end

class Bar < Foo
end
```

```
# Fooの中で@fooを取得、更新できる
puts Foo.settings
Foo.update_settings
puts Foo.settings

# Barからは@fooにアクセスできない
puts Bar.settings
```

▼ 実行結果

```
{:foo=>"デフォルトのクラスインスタンス変数"}
{:foo=>"更新されたクラスインスタンス変数"}
{:foo=>nil}
```

（　関連項目　）

▶▶133　クラス変数を定義したい

135 インスタンスメソッドを定義したい

Syntax

● **インスタンスメソッドを定義**

```
class クラス名
  def メソッド名
    処理内容
  end
end
```

　インスタンスメソッドは、そのメソッドを定義したクラスのインスタンスに対して呼び出すメソッドであり、インスタンスが持つデータを利用する処理を記述します。

　インスタンスメソッドを定義するには、クラス定義式内で`def`キーワードに続いてメソッド名を記述します。インスタンスメソッドを呼び出すときは、インスタンスに対して`.`に続けてメソッド名を記述します（ただし、`initialize`メソッドだけは、自動的にprivateメソッドになる特殊なメソッドであるため、インスタンスをレシーバとして呼び出すことができません（▶▶131））。

■ samples/chapter-07/135.rb

```ruby
class Payment
  def initialize(amount:)
    @amount = amount
  end

  def total_amount
    @amount + 500
  end
end

payment = Payment.new(amount: 1000)
p payment.total_amount
```

▼ 実行結果

```
1500
```

〔 **関連項目** 〕

▶▶131 クラスを定義したい

136 クラスメソッドを定義したい

Syntax

● **特異メソッド方式でクラスメソッドを定義**

```
class クラス名
  def self.メソッド名
    処理内容
  end
end
```

● **特異クラス方式でクラスメソッドを定義**

```
class クラス名
  class << self
    def メソッド名
      処理内容
    end
  end
end
```

　クラスメソッドは、そのメソッドを定義したクラスに対して呼び出すメソッドです。クラスに関連する処理のうち、インスタンスを必要としないものはクラスメソッドとして記述します。

　クラスメソッドを定義するには、クラス定義式内で**def**キーワードに続けて「**self.メソッド名**」と記述します。定義したクラスメソッドは「**クラス名.メソッド名**」で呼び出せます。**.**（ピリオド）の代わりに**::**（コロン2つ）も利用できますが、**.**のほうが一般的です。

■ **samples/chapter-07/136.rb**

```
class Payment
  def self.total_amount(amount)
    amount + 500
  end
end

p Payment.total_amount(500)
p Payment::total_amount(1000)
```

▼ **実行結果**

```
1000
1500
```

　クラスメソッドには、クラス定義式内で**class << self**を用いて特異クラス（詳しくは後述）のスコープに入り、その中で定義する方式もあります。

269

■ samples/chapter-07/136.rb

```ruby
class Payment
  class << self
    def total_amount(amount)
      amount + 500
    end
  end
end

p Payment.total_amount(500)
```

▼ 実行結果

```
1000
```

■ 特異メソッドと特異クラス

　このように定義方法が複数あるのは、Rubyにおけるクラスメソッドが「クラスオブジェクトに定義された特異メソッド」を指すからです。特異メソッドとは、ある特定のオブジェクトのみに定義された、オブジェクト固有のメソッドです。Rubyではクラスそのものもオブジェクトであり、普通のオブジェクトと同様に特異メソッドを定義できます。クラスオブジェクトにいずれかの方法で特異メソッドを定義すると、それがクラスメソッドのように振る舞うわけです。

　クラスオブジェクトに特異メソッドを定義するには、主に2つの方法があります。特異メソッドは**def**キーワードに続けて「**オブジェクト.メソッド名**」で定義できるので、これを「**クラス名.メソッド名**」とすることで、クラスオブジェクトに特異メソッドを定義できます。この方法を本書では特異メソッド方式と呼びます。「**self.メソッド名**」は、クラス定義式内で**self**を参照すると自身のクラスオブジェクトが返ることを利用した省略表記です。先ほどのクラスメソッド定義を**def self.total_amount**から**def Payment.total_amount**に変更しても動作が変わらないことを確認してみましょう。

136

クラスメソッドを定義したい

■ samples/chapter-07/136.rb

```ruby
class Payment
  def Payment.total_amount(amount)
    amount + 500
  end
end

p Payment.total_amount(500)
```

▼ 実行結果

```
1000
```

　特異クラスとは、特定のオブジェクトに対して有効なメソッドやインスタンス変数を定義するための機能であり、「class << オブジェクト」という構文で記述します。特異クラス定義内で定義したメソッドは特異メソッドとなります。したがって、「class << クラス名」による特異クラスの定義内でもクラスオブジェクトに特異メソッドを定義できます。この方法を本書では特異クラス方式と呼びます。こちらもselfによる省略表記が可能で、class << selfとなります。

　どちらの方法を使っても構いませんが、特異メソッド方式ではメソッド定義の先頭に常にself（またはクラス名）がつくため、クラスメソッドであることがわかりやすくなる利点があります。一方、特異クラス方式は特異クラス定義内にクラスメソッドがまとまるため、複数のクラスメソッドを一度に定義するときに向いています。

137 privateなクラスメソッドを定義したい

Syntax

● **特異メソッド方式でprivateなクラスメソッドを定義**

```
class クラス名
  def self.メソッド名
    処理内容
  end
  private_class_method :メソッド名
end
```

● **特異クラス方式でprivateなクラスメソッドを定義**

```
class クラス名
  class << self
    private

    def メソッド名
      処理内容
    end
  end
end
```

privateなクラスメソッドを定義するには、クラスメソッドの2種類の定義方法（ ▶▶136 ）に合わせて2つの方法があります。

■ private_class_methodを利用する

1つ目は`private_class_method`を使う方法です。`private_class_method`の引数にクラスメソッド名をシンボルで渡すと、そのクラスメソッドはクラスをレシーバとして呼び出せなくなるため、結果として、クラスの外部から呼び出せなくなります。

次のサンプルコードでは、`Foo.foo`をprivateなクラスメソッドとして、また`Foo.bar`をpublicなクラスメソッドとして定義しています。`Foo`の外部からは`Foo.foo`を呼び出せず、一方で`Foo.bar`は呼び出せることが確認できます。

272

■ samples/chapter-07/137.rb

```ruby
class Foo
  def self.foo
    puts 'fooの呼び出し'
  end
  private_class_method :foo

  def self.bar
    foo
  end
end

Foo.bar

begin
  Foo.foo
rescue => e
  p e
end
```

▼ 実行結果

```
fooの呼び出し
#<NoMethodError: private method `foo' called for class Foo>
```

■ 特異クラス定義内でprivateを利用する

2つ目は特異クラスの中でprivateメソッドとして定義する方法です。特異クラスの定義内でprivateなインスタンスメソッドを定義すると、そのメソッドはもとのクラスのprivateなクラスメソッドになります。

次のサンプルコードでは、**Foo.foo**を特異クラス内でprivateなメソッドとして、また**Foo.bar**をpublicなクラスメソッドとして定義しています。**Foo**の外部からは**Foo.foo**を呼び出せず、一方で**Foo.bar**は呼び出せることが確認できます。

137

privateなクラスメソッドを定義したい

■ samples/chapter-07/137.rb

```ruby
class Foo
  class << self
    def bar
      foo
    end

    private

    def foo
      puts 'fooの呼び出し'
    end
  end
end

Foo.bar

begin
  Foo.foo
rescue => e
  p e
end
```

▼ 実行結果

```
fooの呼び出し
#<NoMethodError: private method `foo' called for class Foo>
```

関連項目

▶▶136 クラスメソッドを定義したい

274

138 特定のオブジェクトのみに メソッドを定義したい

Syntax

● 特異メソッドを定義

```
def オブジェクト.メソッド名
  処理内容
end
```

● 特異クラスを開いて特異メソッドを定義

```
class << オブジェクト
  def メソッド名
    処理内容
  end
end
```

ある特定のオブジェクトのみに定義されたオブジェクト固有のメソッドを「特異メソッド」と呼びます。クラスに定義したインスタンスメソッドは生成したすべてのインスタンスで利用できますが、特異メソッドとして定義したメソッドはそのオブジェクトでしか利用できません。

特異メソッドは、**def**キーワードに続けて「**オブジェクト.メソッド名**」の形式で定義します。

次のサンプルコードでは、インスタンスメソッドが定義されていない**Payment**クラスのインスタンスに対し、特異メソッドを定義しています。別のインスタンスからは**total_amount**メソッドは呼び出せず、**NoMethodError**が発生することがわかります。

■ samples/chapter-07/138.rb

```
class Payment
  def initialize(amount:)
    @amount = amount
  end
end

payment1 = Payment.new(amount: 500)
payment2 = Payment.new(amount: 1000)
```

```
def payment1.total_amount
  @amount + 500
end

p payment1.total_amount

begin
  p payment2.total_amount
rescue => e
  p e
end
```

▼ 実行結果

```
1000
#<NoMethodError: undefined method `total_amount' for an instance
of Payment>
```

■ 特異クラスを用いた特異メソッドの定義

　また、オブジェクトの特異クラスに対してメソッドを定義することもできます。class << オブジェクトとendで囲まれたブロックの中は、そのオブジェクトの特異クラスのスコープになります。そのスコープで特異メソッドやインスタンス変数を定義できます。

　次のサンプルコードでは、特異クラスを用いて特異メソッドを定義しています。

138

特定のオブジェクトのみにメソッドを定義したい

■ samples/chapter-07/138.rb

```ruby
class Payment
  def initialize(amount:)
    @amount = amount
  end

  def total_amount
    @amount + 500
  end
end

payment1 = Payment.new(amount: 500)
payment2 = Payment.new(amount: 500)

class << payment1
  def total_amount
    @amount + 300
  end
end

p payment1.total_amount
p payment2.total_amount
```

▼ 実行結果

```
800
1000
```

（ 関連項目 ）

▶▶136 クラスメソッドを定義したい

139 メソッドの公開範囲を設定したい

> Syntax
> - メソッドの公開範囲の設定

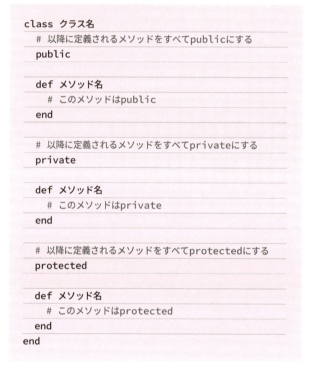

　Rubyのメソッドの可視性（公開範囲）にはpublic、private、protectedの3種類があり、メソッドごとに設定できます。publicは、クラスの外部から制限なく呼び出せます。クラス定義式内でインスタンスメソッドを定義した場合、とくに指定しなければデフォルトはpublicになります。

▪ private

　メソッドをprivateにすると、オブジェクトをレシーバとして呼び出せなくなるため、結果としてクラスの外部から呼び出せなくなります。

　可視性は、クラス定義内で指定できます。クラス定義内で`private`と書くと、それより下に定義するメソッドはprivateメソッドとなります。`public`は一般的には省略されます。

次のサンプルコードでは、publicメソッドの**total_amount**内でprivateメソッドの**total_amount_private**を呼び出しています。インスタンスメソッド内から**total_amount_private**メソッドを呼び出すことはできますが、**payment.total_amount_private**では呼び出せず、**NoMethodError**が発生することがわかります。クラスの外部に公開する必要のない内部だけで利用するメソッドは、privateメソッドにしておくとよいでしょう。

■ samples/chapter-07/139.rb

```ruby
class Payment
  def initialize(amount:)
    @amount = amount
  end

  def total_amount
    total_amount_private
  end

  private

  def total_amount_private
    @amount + 500
  end
end

payment = Payment.new(amount: 500)
p payment.total_amount

begin
  p payment.total_amount_private
rescue => e
  p e
end
```

279

▼ 実行結果

```
1000
#<NoMethodError: private method `total_amount_private' called for
an instance of Payment>
```

■ protected

protectedメソッドも、クラスの外部に公開する必要のない、内部だけで使うメソッドに利用します。クラスの外部から呼び出せなくなるという点においてはprivateと同様で、先ほどのサンプルコードのprivateをprotectedにしても挙動は変わらず、インスタンスメソッド内からtotal_amount_protectedメソッドは呼び出せますが、payment.total_amount_protectedは呼び出せず、NoMethodErrorが発生します。

■ samples/chapter-07/139.rb

```ruby
class Payment
  def initialize(amount:)
    @amount = amount
  end

  def total_amount
    total_amount_protected
  end

  protected

  def total_amount_protected
    @amount + 500
  end
end

payment = Payment.new(amount: 500)
p payment.total_amount
```

```
begin
  p payment.total_amount_protected
rescue => e
  p e
end
```

▼ 実行結果

```
1000
#<NoMethodError: protected method `total_amount_protected' called ⏎
for an instance of Payment>
```

ではどこがprivateと異なるかというと、protectedメソッドは同じクラスのインスタンスであればほかのオブジェクトのインスタンスメソッドから呼び出せる点です。この性質は同じクラスのほかのインスタンスを引数として受け取るメソッドで利用できます。

次のサンプルコードでは、`Kansuuji`クラスを定義して、漢数字を数値に変換してインスタンス同士を加減算できるようにしています。+メソッド内では引数として受け取ったオブジェクトの`int_value`メソッドを呼び出して、自分自身（`self`）の`int_value`を足した値を返します。これをprivateメソッドにした場合、`self.int_value`は呼び出せますが、`other.int_value`は呼び出せません。このような場合にprotectedメソッドを利用すると、インスタンス同士の比較や演算を可能にしつつ、使用するメソッドを非公開にできます。以上のようにprotectedメソッドは少し挙動が複雑であるため、メソッドをクラスの外部から呼び出せなくする目的では、ほとんどの場合privateが利用されます。

■ samples/chapter-07/139.rb

```
class Kansuuji
  def initialize(value)
    @value = value
    @int_value = @value.tr('〇一二三四五六七八九', '0123456789').to_i
  end

```

139

メソッドの公開範囲を設定したい

```ruby
  def +(other)
    self.int_value + other.int_value
  end

  def -(other)
    self.int_value - other.int_value
  end

  protected

  def int_value
    @int_value
  end
end

p Kansuuji.new('一二三四') + Kansuuji.new('五六七八')
p Kansuuji.new('二〇二三') - Kansuuji.new('一九九三')
```

▼ 実行結果

```
6912
30
```

140 インスタンス変数へのゲッター／セッターメソッドを簡単に定義したい

Syntax

● **ゲッター／セッターメソッドを定義**

```
class クラス名
    # ゲッターメソッドを定義する
    attr_reader インスタンス変数名のシンボル
    # セッターメソッドを定義する
    attr_writer インスタンス変数名のシンボル
    # ゲッターメソッド／セッターメソッドを両方定義する
    attr_accessor インスタンス変数名のシンボル
end
```

インスタンス変数は基本的にオブジェクトの内部からのみ参照可能で、オブジェクトの外から読み取りや書き込みを行うことはできません。外部から読み書きを行いたい場合は、「インスタンス変数の値を返すメソッド」や「与えられた引数をインスタンス変数に書き込むメソッド」を別途定義する必要があります。そのためのメソッドをゲッター（getter）／セッター（setter）と呼びます。Rubyにはこれらのメソッドを簡単に定義できる構文が用意されています。

■ ゲッターメソッドを定義する

インスタンス変数の値を読み取るためのゲッターメソッドを定義するには**attr_reader**メソッドを利用します。引数にはインスタンス変数名をシンボルで指定します。インスタンス変数の先頭にある@記号は必要ありません。**attr_reader :amount**のように呼び出すと、インスタンス変数**@amount**の値を返すインスタンスメソッド**amount**が自動的に定義されます。カンマ区切りで複数のシンボルを指定することで、複数のインスタンス変数を対象にできます。

■ samples/chapter-07/140.rb

```ruby
class Payment
  attr_reader :amount

  def initialize(amount:)
    @amount = amount
  end
end

payment = Payment.new(amount: 500)
p payment.amount
```

▼ 実行結果

```
500
```

283

■ セッターメソッドを定義する

インスタンス変数に値を書き込むためのセッターメソッドを定義するには、**attr_writer**メソッドを利用します。**attr_writer :amount**のように呼び出すと、インスタンス変数**@amount**に引数の値を代入するインスタンスメソッド**amount=**が自動的に定義されます。一見すると変な見た目のメソッドですが、このように**=**が末尾についたメソッドを定義することで、代入のような構文でメソッドを呼び出せます。次のサンプルコードを見ると、代入のような形でインスタンス変数に値を書き込めることがわかります。

■ samples/chapter-07/140.rb

```ruby
class Payment
  attr_writer :amount

  def initialize(amount:)
    @amount = amount
  end

  def total_amount
    @amount + 500
  end
end

payment = Payment.new(amount: 500)
p payment.total_amount
payment.amount = 1000
p payment.total_amount
```

▼ 実行結果

```
1000
1500
```

■ ゲッターメソッド／セッターメソッドを両方定義する

attr_accessorメソッドでは、ゲッターメソッド／セッターメソッドの両方が定義されます。

■ samples/chapter-07/140.rb

```ruby
class Payment
  attr_accessor :amount
```

▼ 実行結果

```
500
1000
```

284

140

インスタンス変数へのゲッター／セッターメソッドを簡単に定義したい

```ruby
  def initialize(amount:)
    @amount = amount
  end
end

payment = Payment.new(amount: 500)
p payment.amount
payment.amount = 1000
p payment.amount
```

　attr_reader、attr_writer、attr_accessorの3つのメソッドをまとめて「アクセサメソッド」または「アクセスメソッド」と呼ぶことがあります。先ほどのコードをアクセサメソッドを使わずに書くと次のようになります。

■ samples/chapter-07/140.rb

```ruby
class Payment
  def initialize(amount:)
    @amount = amount
  end

  # ゲッターメソッドを定義する
  def amount
    @amount
  end

  # セッターメソッドを定義する
  def amount=(amount)
    @amount = amount
  end
end

payment = Payment.new(amount: 500)
p payment.amount
payment.amount = 1000
p payment.amount
```

▼ 実行結果

```
500
1000
```

285

141　別のクラスを継承したい

Syntax

● クラスを継承して新しいクラスを作成

```
class クラス名 < スーパークラス名
    クラス定義
end
```

　Rubyではクラス定義時に<（小なり記号）キーワードを用いることで指定したクラスを継承できます。
<の右側の継承元となるクラスを「スーパークラス」、<の左側の継承先となるクラスを「サブクラス」と呼びます（クラスが親子関係になることから「親クラス／子クラス」と呼ばれることもあります）。サブクラスではスーパークラスに定義したメソッドを利用できるため、継承を利用すると、共通する処理をまとめて、効率よくコードを書くことができます。そのほかにも、サブクラスに新しいメソッドを追加したり、スーパークラスのメソッドを上書きして振る舞いを変更したりできます。

　ここでは`total_amount`、`fee`メソッドを持つ`Payment`クラスを作成し、それを継承した`CreditCard`クラスと`CashOnDelivery`クラスを作成する例を考えます。

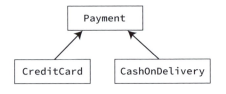

　サブクラスではスーパークラスと同名の`fee`メソッドを定義し、これによりスーパークラスのメソッドを上書きして振る舞いを変更できます（オーバーライド）。

　また、オーバーライドしたメソッドの中で`super`メソッドを呼ぶと、スーパークラスの同名のメソッドを実行できます。

　次のサンプルコードでは、`CashOnDelivery`クラスで`fee`メソッドをオーバーライドし、500を返すようにしています。`CreditCard`クラスでは`super`を呼んで、スーパークラスである`Payment`クラスの`fee`が実行されるようにしています。実際に`total_amount`メソッドを呼ぶと、`CashOnDelivery`クラスでは手数料500円が足され、`CreditCard`クラスではそのまま1000円を返すことがわかります。

　なお、今回は説明のために`fee`メソッド内で`super`を明示的に呼び出していますが、通常はスーパークラスとまったく同じ内容であればメソッド定義を省略します（実際に、`initialize`と`total_amount`メソッドの定義は省略しています）。

■ samples/chapter-07/141.rb

```ruby
class Payment  # 決済方法
  def initialize(amount:)
    @amount = amount
  end

  def total_amount
    @amount + fee
  end

  def fee
    0
  end
end

class CreditCard < Payment  # クレジットカード
  def fee
    super
  end
end

class CashOnDelivery < Payment # 代金引換
  def fee
    500
  end
end

p CreditCard.new(amount: 1000).total_amount
p CashOnDelivery.new(amount: 1000).total_amount
```

▼ 実行結果

```
1000
1500
```

　スーパークラスを省略した場合は、独立したクラスが作成されるわけではなく、**Object**クラスが継承されます。**Object**クラスにはRubyのオブジェクトとして振る舞うためのメソッド群が定義されており、**to_s**や**nil?**といった基本的なメソッドが利用できるようになっています。**Object**クラスを直接利用することはほとんどありませんが、覚えておくとよいでしょう。

142 モジュールを定義したい

Syntax

● モジュールを定義

```
module モジュール名
    モジュール定義
end
```

Rubyにはクラスのほかに、関連する処理をまとめて再利用するための仕組みとして「モジュール」が用意されています。

モジュールを定義するには**module**キーワードに続いてモジュール名を記述します。モジュール名はクラス名と同様に、アルファベットの大文字から始まる必要があります。先頭が大文字であればその後は小文字や数字を使用できます。次のサンプルコードでは**Payment**モジュールを定義しています。

```
module Payment
end
```

モジュールは**new**メソッドでインスタンスを生成することができず、継承もできません。また、モジュール定義内にはクラスと同様にインスタンスメソッドを定義できますが、インスタンスを生成できないので単に定義しただけでは呼び出せません。

モジュールのインスタンスメソッドを使うには、クラスにモジュールをインクルードし、クラスのインスタンスメソッドとして追加する（▶▶135）か、モジュール関数として公開する（▶▶145）必要があります。

それに対して、モジュール内に定義した定数や特異メソッドは外部から参照できます。次のサンプルコードでは定数として**Payment::FEE**を、特異メソッドとして**Payment.total_amount**メソッドを定義し、モジュールの外から利用しています。

288

■ samples/chapter-07/142.rb

```ruby
module Payment
  FEE = 500

  def self.total_amount(amount)
    amount + FEE
  end
end

p Payment::FEE
p Payment.total_amount(500)
```

▼ 実行結果

```
500
1000
```

（ 関連項目 ）

▶▶135 インスタンスメソッドを定義したい

▶▶145 モジュール関数を定義したい

143 モジュールのメソッドをインスタンスメソッドとして追加したい

> **Syntax**

● **モジュールのメソッドをインスタンスメソッドとして追加**

```
class クラス名
  include モジュール名
end
```

　クラス定義式内で`include モジュール名`と記述することで、指定したモジュールをインクルードできます。このとき、そのモジュールのメソッドや定数が以下のようにクラスに追加されます。

▶ **モジュールに定義したメソッドがクラスのインスタンスメソッドとして追加される**
▶ **モジュールに定義した定数がクラスの配下に定数として追加される**

　1つのクラスが継承できるクラスは1つのみですが（単一継承）、この機能を利用すると、複数のモジュールの機能をクラスに追加できます。このように、継承を用いずに機能をクラスに追加していくための仕組みを「Mix-in（ミックスイン）」と呼びます。インクルードもMix-inの一種であり、インクルード自体をMix-inと呼ぶこともあります。

■ クラスにモジュールのメソッドを追加する

　次のサンプルコードでは、`Payable`モジュールを定義して`Payment`クラスにインクルードしています。`Payment`クラスにはメソッドを定義していませんが、`Payment`のインスタンスから`Payable#total_amount`をインスタンスメソッドとして呼び出せています。また、定数の定義も`Payment`クラスに引き継がれています。

■ samples/chapter-07/143.rb

```
module Payable
  FEE = 500

  def initialize(amount:)
    @amount = amount
  end

  def total_amount
```

▼ 実行結果

```
500
1000
```

```
    @amount + FEE
  end
end

class Payment
  include Payable
end

p Payment::FEE
p Payment.new(amount: 500).total_amount
```

Column モジュールをインクルードしたときの継承関係を確認する

インクルードはクラスの継承関係の中にモジュールを差し込むことで実現しています。クラスの継承関係は`ancestors`メソッド（▶148）で確認できます。

`Payment`の継承関係を確認してみると、自分自身と親クラスである`Object`（クラス定義時に親クラスを省略すると`Object`を継承する）の間に`Payable`モジュールが挿入されているのがわかります。そのため、親クラスとモジュールで同名のメソッドが定義されていると、インクルードされたモジュールのメソッドが優先されます。意図通りのメソッドが呼べない場合は継承関係を調べてみるとよいでしょう。

■ samples/chapter-07/143.rb

```
# 前述のサンプルコードのPaymentクラスに対して呼び出す
p Payment.ancestors
```

▼ 実行結果

```
[Payment, Payable, Object, Kernel, BasicObject]
```

(関連項目)

▶148　クラスの継承関係を調べたい

144 モジュールのメソッドを クラスメソッドとして追加したい

Syntax

● モジュールのメソッドをクラスメソッドとして追加

```
class クラス名
  extend モジュール名
end
```

　クラス定義式内でextendを利用することで、特定のモジュールのメソッドをクラスメソッドとして追加できます。

　include（▶143）がモジュールのメソッドをインスタンスメソッドとして追加するのに対して、extendはモジュールのメソッドを特異メソッド（▶138）として追加します。特異メソッドとは、ある特定のオブジェクトのみに定義された、オブジェクト固有のメソッドのことです。Rubyにおけるクラスメソッドとはクラスオブジェクトに定義された特異メソッドのことを指しており、クラスに対して特異メソッドを定義すると、それがクラスメソッドのように振る舞います（▶136）。したがって、extendを利用してモジュールのメソッドを特異メソッドとして取り込むと、そのクラスのクラスメソッドとして使えるようになります。

　includeと同じくextendもMix-inを実現する機能であり、複数のクラスに対して共通の振る舞いを持たせるために利用できます。

　次のサンプルコードでは、Payableモジュールを定義し、Paymentクラスに特異メソッドとして取り込んでいます。Paymentクラスにメソッドの定義はありませんが、Payable.total_amountがクラスメソッドとして利用できることがわかります。また、インスタンスメソッドとしては利用できないため、Payment.new.total_amountのように呼び出そうとするとNoMethodErrorが発生します。

■ samples/chapter-07/144.rb

```
module Payable
  def total_amount(amount)
    amount + 500
  end
end

class Payment
  extend Payable
```

▼ 実行結果

```
1000
```

```
end

p Payment.total_amount(500)
```

特異メソッドのリストを確認する

　オブジェクトに定義されている特異メソッドは`singleton_methods`メソッド（▶▶147）でリスト化できます。次のサンプルコードでは、`Payment`クラスの特異メソッドとして`total_amount`メソッドが追加されていることを確認しています。

■ samples/chapter-07/144.rb

```
# 先ほどのサンプルコードのPaymentクラスに対して呼び出す
p Payment.singleton_methods
```

▼ 実行結果

```
[:total_amount]
```

関連項目

- ▶▶136 クラスメソッドを定義したい
- ▶▶138 特定のオブジェクトのみにメソッドを定義したい
- ▶▶143 モジュールのメソッドをインスタンスメソッドとして追加したい
- ▶▶147 クラスが持つメソッドをリスト化したい

145 モジュール関数を定義したい

Syntax

● 指定したメソッドをモジュール関数にする

```
module モジュール名
  module_function :メソッド名
end
```

● 以降に定義するメソッドをすべてをモ
ジュール関数にする

```
module モジュール名
  module_function

  def メソッド名
  end
end
```

モジュール関数とは、次の2つの条件を満たすメソッドのことです。

▶ モジュール内で定義された可視性がprivateのインスタンスメソッドである
▶ モジュールの特異メソッドとして利用できる

モジュール関数は「**モジュール名.メソッド名**」で呼び出せます。. (ピリオド) の代わりに:: (コロ
ン2つ) も利用できますが、.を使うのが一般的です。

クラスメソッドとの大きな違いとして、インクルード (▶▶143) するとモジュール名を省略して呼び出せる
点があります。モジュールをインクルードすると、そのモジュールのメソッドがクラスのインスタンスメソッドと
して追加されるので、モジュール名が省略できます。一方、モジュール関数はモジュールの特異メソッド
でもあるので、「**モジュール名.メソッド名**」で特異メソッドとして呼び出すこともできます。

たとえばMathモジュールのメソッドはモジュール関数として定義されています。そのため、「Math.
メソッド名」形式で呼び出すだけでなく、includeメソッドを用いてMathモジュールを取り込むこと
で、メソッド名だけで呼び出せるようになります。

■ samples/chapter-07/145.rb

```
puts Math.sqrt(2)

include Math
puts sqrt(3)
```

▼ 実行結果

```
1.4142135623730951
1.7320508075688772
```

294

■ モジュール関数を定義する

モジュール関数を定義するには`module_function`メソッドを利用します。

モジュールの中で`module_function`に引数としてメソッド名のシンボルを渡した場合、そのメソッドはモジュール関数になります。また、`module_function`を引数なしで呼び出した場合、それ以降に定義されるメソッドがすべてモジュール関数になります。定義するモジュール関数の数が多い場合は後者を利用するとよいでしょう。

次のサンプルコードでは、`Payment.total_amount`をモジュール関数として定義しています。「モジュール名.メソッド名」の形式と、インクルードしてメソッド名だけで呼び出す形式のどちらでも実行できることがわかります。

■ samples/chapter-07/145.rb

```ruby
module Payment
  def total_amount(amount)
    amount + 500
  end

  module_function :total_amount
end

p Payment.total_amount(500)
include Payment
p total_amount(1000)
```

▼ 実行結果

```
1000
1500
```

〔 関連項目 〕

▶▶143 モジュールのメソッドをインスタンスメソッドとして追加したい

146 クラス／モジュールに 名前空間を作りたい

Syntax

● **モジュールを名前空間として使用**

```
module 名前空間名
  ...
end
```

　「名前空間」とは、名前の衝突を回避するために領域を区切って管理する仕組みのことです。名前空間を用いると次のような利点があります。

▶ **名前空間を分割して関連するクラスやモジュールをまとめることで、機能を整理して管理しやすくできる**

▶ **名前空間を分割すれば、ほかの場所で使われているクラス名やモジュール名、定数名と同じ名前のクラス、モジュール、定数を作成できる。つまり名前の衝突を回避できる**

　名前空間の仕組みがないと、名前が衝突しないように事前に隅々まで関係するプログラム全体を調べたり、ほかと被らないような長い名前を付けたりする必要があるため、開発者の負担が大きくなってしまいます。

■ 名前空間を作る

　Rubyで名前空間を作成する際はモジュールを利用します。Rubyではモジュールの配下にさらにモジュールやクラスを作成可能で、これが名前空間として機能します。

　たとえばMyモジュールを作成し、その配下にFileクラスを作成します。作成したクラスはMy::Fileのように::（コロン2つ）で区切った記法で参照できます。定数やモジュールも同様に::を利用して参照できます。

■ samples/chapter-07/146.rb

```ruby
module My
  CONST = 'My::CONST定数'

  class File
    def initialize
      puts 'My::Fileクラス'
    end
  end
end

puts My::CONST
My::File.new
```

▼ 実行結果

```
My::CONST定数
My::Fileクラス
```

　Rubyには組み込みクラスとして**File**クラスがありますが、名前空間を分割することでそこにまったく別の**File**クラスを作成できました。このように名前空間を分割すれば、ほかの場所で使われているクラス名やモジュール名、定数名と同じ名前のクラス、モジュール、定数を作成可能で、名前の衝突を気にせず開発を進められます。

　なお、クラスの配下にも別のクラスやモジュールを作成できるため、モジュールだけでなくクラスも名前空間として機能します。しかし、単に名前空間を分割する目的の場合は、クラスの機能は必要ないため、モジュールを用いるほうがよいでしょう。

147 クラスが持つメソッドをリスト化したい

Syntax

- **オブジェクトに対して呼び出せるメソッドをリスト化**

```
オブジェクト.methods
```

- **クラスメソッドをリスト化**

```
クラス名.methods
```

- **クラスのインスタンスメソッドをリスト化**

```
クラス名.instance_methods
```

- **オブジェクトに対して呼び出せるpublicメソッドをリスト化**

```
オブジェクト.public_methods
```

- **オブジェクトに対して呼び出せるprivateメソッドをリスト化**

```
オブジェクト.private_methods
```

- **オブジェクトに対して呼び出せるprotectedメソッドをリスト化**

```
オブジェクト.protected_methods
```

- **オブジェクトに定義されている特異メソッドをリスト化**

```
オブジェクト.singleton_methods
```

　Rubyでは、クラスやオブジェクトが持つメソッドのリストをメソッド名のシンボルからなる配列として取得できます。

　methodsメソッドを利用することで、そのオブジェクトに対して呼び出せるメソッド名のリストを取得できます。Rubyではクラスもオブジェクトなのでクラスに対してmethodsを呼び出すことも可能で、その場合はクラスメソッド（ 136 ）のリストを取得できます。methodsメソッドは可視性がpublicまたは

protectedのメソッド（▶▶139）を返します。publicメソッドのみを返す**public_methods**や、特異
メソッド（▶▶138）のみを返す**singleton_methods**などのバリエーションがあるので、用途に合わ
せて利用しましょう。

　次のサンプルコードでは、**Integer**のオブジェクトである**1**と**Math**モジュールのメソッドのリストをシン
ボルの配列として取得しています。また、**String**と**Array**のインスタンスメソッドのリストも取得してい
ます。なお、それぞれ数が多いので、**Array#first**を使った絞り込み（最初の5件だけ表示）、
Enumerable#grepを使った絞り込み（**each**を名前に含むメソッドだけ表示）も実行しています。

■ samples/chapter-07/147.rb

```
p 1.methods.first(5)
p Math.methods.first(5)
p String.instance_methods.first(5)
p Array.instance_methods.grep(/each/)
```

▼ 実行結果

```
[:abs, :floor, :ceil, :round, :truncate]
[:lgamma, :sqrt, :atan2, :cos, :sin]
[:encoding, :force_encoding, :slice, :valid_encoding?, :ascii_
only?]
[:each_index, :reverse_each, :each, :each_with_index, :each_
entry, :each_slice, :each_cons, :each_with_object]
```

※ Ruby 3.3での実行結果。バージョンによって結果が変わる場合がある

〔　関連項目　〕

▶▶136　クラスメソッドを定義したい

▶▶138　特定のオブジェクトのみにメソッドを定義したい

▶▶139　メソッドの公開範囲を設定したい

148 クラスの継承関係を調べたい

> **Syntax**

● そのクラスのスーパークラスを取得

```
クラス名.superclass
```

● そのクラスのスーパークラスとインクルードしているモジュールを配列で取得

```
クラス名.ancestors
```

あるクラスのスーパークラスを確認するときは`superclass`メソッドを使います。

`superclass`メソッドを実行すると、そのクラスのスーパークラスが返ります。「**クラス名.superclass.superclass**」のように連続して呼び出すと継承関係をたどることが可能で、最終的に`Object`クラスと`BasicObject`クラスにたどり着きます。`Object`クラスには、`to_s`や`nil?`といったRubyのオブジェクトとして振る舞うための基本的なメソッド群が定義されています。`BasicObject`クラスは`Object`クラスのスーパークラスで、特殊な用途のために最低限のメソッドしか定義されていないクラスです。このクラスはスーパークラスを持たないので、`superclass`を呼び出すと`nil`を返します。

次のサンプルコードでは、`String`クラスのスーパークラスをたどると、最終的に`BasicObject`にたどり着くことを確認しています。

■ samples/chapter-07/148.rb

```
p String.superclass
p String.superclass.superclass
p String.superclass.superclass.superclass
```

▼ 実行結果

```
Object
BasicObject
nil
```

■ 祖先のクラスをすべて調べる

クラスの祖先にあたる継承関係全体を把握したいときは`ancestors`メソッドを利用するのが便利です。

`ancestors`メソッドは、そのクラスの祖先にあたるクラスとインクルード済みのモジュールすべてを配列で返します。配列の最初の要素は自身のクラスで、その後は子から親へと順番に並び、最後の要素は`BasicObject`になります。`superclass`メソッドと異なるのは、`ancestors`が返す継承

関係にはモジュールも含まれている点です。クラスとモジュールのどちらなのか判別したい場合は、classメソッド（ ▶▶149 ）で確認できます。

　次のサンプルコードではStringとIntegerの祖先の継承関係を取得し、その中に含まれるクラスとモジュールを判別しています。

■ samples/chapter-07/148.rb

```
p String.ancestors

# Stringクラスの継承関係のうち、クラスのみを抽出する
p String.ancestors.select { |ancestor| ancestor.class == Class }

# 継承関係にあるクラスとモジュールを判別して出力する
Integer.ancestors.each do |ancestor|
  puts "#{ancestor}: #{ancestor.class}"
end
```

▼ 実行結果

```
[String, Comparable, Object, Kernel, BasicObject]
[String, Object, BasicObject]
Integer: Class
Numeric: Class
Comparable: Module
Object: Class
Kernel: Module
BasicObject: Class
```

（ 関連項目 ）

▶▶149 　オブジェクトが属するクラスを調べたい

149 オブジェクトが属するクラスを調べたい

> **Syntax**

● **オブジェクトが属するクラスを取得**

```
オブジェクト.class
```

オブジェクトが属するクラスを調べたいときは**class**メソッドを利用します。

あるオブジェクトに対して**class**メソッドを呼び出すと、そのオブジェクトのクラスを返します。たとえば文字列に対して**class**を呼び出すと**String**クラスを返します。

次のサンプルコードでは、文字列、整数、**Payment**クラスそれぞれに対して**class**を呼び出した結果を確認しています。

■ samples/chapter-07/149.rb

```ruby
p '文字列'.class
p 123.class

class Payment
end
p Payment.new.class
```

▼ 実行結果

```
String
Integer
Payment
```

Rubyではクラスそのものもオブジェクトです。クラスに対して**class**を呼ぶと**Class**クラスを返します。また、モジュールに対して**class**を呼ぶと**Module**クラスを返します。

■ samples/chapter-07/149.rb

```ruby
p Array.class
p Math.class
```

▼ 実行結果

```
Class
Module
```

150

オブジェクトが指定されたクラスのインスタンスかどうか調べたい

Syntax

● **オブジェクトが指定されたクラスのインスタンスかどうか確認**

```
オブジェクト.instance_of?(クラス)
```

● **オブジェクトが指定されたクラス、または、その子孫クラスのインスタンスかどうか確認**

```
オブジェクト.is_a?(クラス)
オブジェクト.kind_of?(クラス)
```

オブジェクトが特定のクラスのインスタンスかどうか調べるには`instance_of?`メソッドを利用します。レシーバのオブジェクトが引数に指定されたクラスのインスタンスであるときだけ、`instance_of?`は`true`を返します。

たとえば、`Integer`クラスは`Numeric`クラスの子クラスなので、`Integer`クラスのインスタンスである整数リテラル`123`に対して`123.instance_of?(Numeric)`を実行すると、返り値は`false`になります。

次のサンプルコードでは、`instance_of?`のレシーバが引数に指定されたクラスのインスタンスであるときだけ`true`を得られることを確認しています。

■ samples/chapter-07/150.rb

```
p 123.instance_of?(Integer)
p 123.instance_of?(String)
p 123.instance_of?(Numeric)
```

▼ 実行結果

```
true
false
false
```

■ 特定のクラス、またはその子孫クラスのインスタンスかどうかを確認する

オブジェクトが特定のクラスのインスタンス、またはその子孫クラスのインスタンスかどうか調べるには`is_a?`メソッドを利用します。レシーバのオブジェクトが引数に指定されたクラスか、そのサブクラスのインスタンスであれば、`is_a?`は`true`を返します。

引数のクラスによって処理を分けたいときや、意図したオブジェクトが渡されているか確認したいときは、`is_a?`メソッドのほうがよく使われます。`kind_of?`メソッドは`is_a?`メソッドの別名（エイリアス）です。

150

オブジェクトが指定されたクラスのインスタンスかどうか調べたい

■ samples/chapter-07/150.rb

```ruby
p 123.is_a?(Integer)
p 123.is_a?(String)
p 123.is_a?(Numeric)
p 123.kind_of?(Numeric)
```

▼ 実行結果

```
true
false
true
true
```

また、is_a?メソッドの引数にモジュールを指定した場合、そのモジュールをインクルード（▶▶143）したクラスか、そのクラスのサブクラスのインスタンスである場合にtrueを返します。たとえば、配列やハッシュにはEnumerableモジュールがインクルードされているので、それらに対してis_a?(Enumerable)を呼び出すとtrueとなります。特定のモジュールのメソッドを持っているかどうかの判定手段として利用できます。

■ samples/chapter-07/150.rb

```ruby
p [].is_a?(Array)
p [].is_a?(Enumerable)
p ({}).is_a?(Hash)
p ({}).is_a?(Enumerable)
```

▼ 実行結果

```
true
true
true
true
```

なお、単に特定のメソッドが呼び出せるかどうか確認したいときはrespond_to?メソッド（▶▶157）を利用するとよいでしょう。respond_to?メソッドは、オブジェクトに指定されたメソッドが定義されている場合にtrueを返します。クラスが何者であるかにかかわらず、特定のメソッドに応答できるオブジェクトであれば取り扱えるようになり、コードの柔軟性が向上します。

(関連項目)

▶▶143　モジュールのメソッドをインスタンスメソッドとして追加したい
▶▶157　存在しないメソッドが動的に呼び出せることを確認したい

動的なプログラミング
言語の機能を利用する

Chapter

8

151 メソッドを上書きしたい

Syntax

● **Refinementsの定義**

```
module モジュール名
    refine メソッドを上書きするクラス名 do
        def 上書きするメソッド名
            ...
        end
    end
end
```

● **Refinementsの利用**

```
using モジュール名
```

Rubyでは、既存のクラスやモジュールが持つメソッドをあとから書き換えることが可能で、そのようなコードのことを「モンキーパッチ」と呼びます。RubyGemsで提供されているライブラリのような第三者が管理しているコードの挙動を少し変更したいときに、モンキーパッチを使うことがあります。

Refinements機能を使うと、比較的安全にモンキーパッチを記述できます。Refinementsでは**refine**と**using**という2つのメソッドを使います。

■ Refinementsを定義する

まず、Refinementsとして使うモジュールを定義し、その中で**refine**を呼び出し、引数として、上書きするメソッドを持つクラスやモジュールの名前を渡します。さらに、上書きしたいメソッドと同名のメソッドを**refine**に渡すブロックの中で定義します。メソッド定義の中で**super**を呼ぶと、上書きされる側のメソッドを呼び出せます。

次のサンプルコードでは、Refinementsモジュール**HeavyJobResultCaching**を定義し、実行に時間がかかる**HeavyJob#perform**の返り値をインスタンス変数に保持して、2回目以降の実行時間を削減するようにメソッドを上書きしています。

■ samples/chapter-08/151/heavy_job.rb

```ruby
class HeavyJob
  def perform
    sleep 5

    :finished
  end
end
```

■ samples/chapter-08/151/main.rb

```ruby
require_relative 'heavy_job'

module HeavyJobResultCaching
  refine HeavyJob do
    def perform
      @result ||= super
    end
  end
end
```

■ Refinementsを有効にする

Refinementsを有効にするには**using**というメソッドを使います。**using**の引数にRefinements
のモジュール名を渡すと、そのスクリプトの終わりまでRefinements対象のメソッドの処理が上書きされ
ます。ただし、ほかのファイルではRefinementsは有効になりません。

次のサンプルコードでは、**HeavyJobResultCaching**を有効にして**HeavyJob#perform**
の処理を書き換えることで、2回目以降の呼び出しが速くなることを確認しています。

151

メソッドを上書きしたい

■ samples/chapter-08/151/main.rb

```ruby
require_relative 'heavy_job'

module HeavyJobResultCaching
  refine HeavyJob do
    def perform
      @result ||= super
    end
  end
end

using HeavyJobResultCaching

job = HeavyJob.new
p job.perform
p job.perform
```

▼ 実行結果

```
:finished  # 初回はメソッド呼び出しの約5秒後に出力される
:finished  # 2回目以降はすぐ出力される
```

152 限られた箇所だけでメソッドを上書きしたい

Syntax

● クラスのスコープでRefinementsを有効化

```
class クラス名
  using モジュール名
end
```

　Refinements（▶▶151）のメリットとして、usingしたときにローカルなスコープだけでモンキーパッチが有効になる点があります。この性質により、モンキーパッチの適用箇所を制御できるので、意図しない箇所にモンキーパッチが適用される不具合を避けられます。

　たとえば、トップレベルでusingしたRefinementsは、そのスクリプトの終わりまで有効になります（ほかのファイルではRefinementsは有効になりません）。一方、クラスやモジュールのスコープでusingを使うと、そのスコープの中だけでRefinementsが有効になり、スコープの外ではRefinementsが解除されます。

　次のサンプルコードでは、「▶▶151 メソッドを上書きしたい」で定義したクラスHeavyJobのためのRefinementsモジュールHeavyJobResultCachingを作成し、CacheableHeavyJobクラス内でusingによって有効化しています。その結果、CacheableHeavyJob中のコードを実行するときだけRefinementsが有効になっています。

■ samples/chapter-08/152/main.rb

```ruby
require_relative 'heavy_job'

# Refinements
module HeavyJobResultCaching
  refine HeavyJob do
    def perform
      @result ||= super
    end
  end
end
```

152

限られた箇所だけでメソッドを上書きしたい

```ruby
class CacheableHeavyJob
  using HeavyJobResultCaching   # このクラスの中だけRefinementsが有効

  def initialize
    @job = HeavyJob.new
  end

  def perform
    @job.perform
  end
end

# CacheableHeavyJobの外なのでRefinementsが無効
puts 'HeavyJob'
job = HeavyJob.new
p job.perform
p job.perform

# CacheableHeavyJobのメソッドではRefinementsが有効
puts 'CacheableHeavyJob'
job = CacheableHeavyJob.new
p job.perform
p job.perform
```

▼ 実行結果

```
HeavyJob
:finished
:finished  # 2回目以降もメソッド呼び出しの約5秒後に出力される
CacheableHeavyJob
:finished
:finished  # 2回目以降はすぐに出力される
```

(関連項目)

▶151 メソッドを上書きしたい

310

153 プログラム全体で上書きしたメソッドを使いたい

Syntax

● **prepend**でメソッドを上書き

```
module モジュール名
  def 上書きするメソッド名
    ...
  end
end

class クラス名
  prepend モジュール名
end
```

　クラスやモジュールで定義されているメソッドをグローバルに上書きする方法として**prepend**があります。「グローバル」とは、一度**prepend**でメソッドを上書きすると、そのプログラムの実行中はどの場所でも上書きされた状態になるという意味です。これは便利な機能である一方、意図しない場所で上書きしたメソッドを呼び出してしまう可能性もあるので注意が必要です。

　次のサンプルコードでは、「 ▶151 　メソッドを上書きしたい」でのクラス**HeavyJob**を例に、メソッド**perform**の2回目以降の実行時間を削減するようにグローバルに上書きしています。**heavy_job_result_caching.rb**での**prepend**によるメソッド上書きが**main.rb**でも有効になっているのが確認できます。

■ **samples/chapter-08/153/heavy_job.rb**

```ruby
class HeavyJob
  def perform
    sleep 5

    :finished
  end
end
```

311

153

プログラム全体で上書きしたメソッドを使いたい

■ samples/chapter-08/153/heavy_job_result_caching.rb

```ruby
module HeavyJobResultCaching
  def perform
    @result ||= super
  end
end

class HeavyJob
  prepend HeavyJobResultCaching
end
```

■ samples/chapter-08/153/main.rb

```ruby
require_relative 'heavy_job'
require_relative 'heavy_job_result_caching'

job = HeavyJob.new
p job.perform
p job.perform
```

▼ 実行結果

```
:finished # 初回はメソッド呼び出しの約5秒後に出力される
:finished # 2回目以降はすぐ出力される
```

(関連項目)

▶▶151 メソッドを上書きしたい

154 既存のクラスに新しいメソッドを追加したい

Syntax

● 既存のクラスに新しいメソッドを追加

```
class 既存のクラス名
  def メソッド名
    ...
  end
end
```

Rubyでは既存のクラスに対して新しいメソッドを自由に追加できます。追加するには、既存のクラスの定義を再度書き、そこに新しいメソッドの定義だけを記述します。

このように既存のクラスを再度開いてメソッド定義を追加することを「オープンクラス」と呼びます。オープンクラスによってクラスにメソッドを追加すると、それ以降のプログラムの実行では、そのクラスにメソッドが追加された状態が維持されます。

オープンクラスで既存のメソッドと同じ名前のメソッドを追加すると、既存のメソッドが上書きされます。これは予期しない不具合につながりやすいので注意が必要です。特別な理由がないのであれば、Refinementsを使って限られた箇所だけでメソッドを上書きすべきです（▶▶152）。

次のサンプルコードでは、`String`クラスに文字のまわりに記号を追加する`decorate`メソッドを新たに追加しています。

■ samples/chapter-08/154.rb

```ruby
class String
  def decorate(decoration = '★')
    "#{decoration * 3} #{self} #{decoration * 3}"
  end
end

puts 'こんにちは'.decorate
puts 'こんにちは'.decorate('●')
```

▼ 実行結果

関連項目

▶▶152 限られた箇所だけでメソッドを上書きしたい

155 メソッドを動的に定義したい

Syntax

● **メソッドを動的に定義**

```
define_method メソッド名 do
  ...
end
```

※メソッド名は文字列またはシンボル

define_methodはメソッドを定義するメソッドです。つまり、define_methodを使うと、コードの実行途中に「メソッドを定義する」というメソッドを実行できます（動的なメソッド定義）。

クラスやモジュールの中でdefine_methodを呼び出すと、そのクラスやモジュールのインスタンスメソッドを定義できます。define_methodには引数としてメソッド名を渡します。メソッド名は文字列とシンボルのどちらでも構いません。定義するメソッドの処理はブロックで渡します。

まったく同じ構造を持つメソッドを機械的に複数定義したいときや、コードの実行中にメソッド名を決める必要があるときに、define_methodを使うことがあります。それ以外の場合は、基本的にdefでメソッドを定義すべきです。

次のサンプルコードのAttributeCapitalizer#attr_capitalizerメソッドは、引数として「文字列を返すメソッド名」を渡すと、返り値として「文字列の先頭を大文字にして返す新たなメソッド」を返します。Bookクラスでは、このメソッドを持つモジュールをextendし、attr_capitalizerをメソッド名とともに呼び出すことで、もとのメソッド名の先頭にcapitalized_というプレフィックスを付与した名前のメソッドを動的に定義しています。動的に定義されたメソッドcapitalized_titleとcapitalized_authorを呼び出すと、もとのメソッドで得られる文字列の先頭が大文字になった文字列を取得できることが確認できます。

■ **samples/chapter-08/155.rb**

```ruby
module AttributeCapitalizer
  def attr_capitalizer(*attributes)
    attributes.each do |attribute|
      # 文字列の先頭を大文字にできない場合は対応しない
      next unless attribute.respond_to?(:capitalize)

      # 文字列の先頭を大文字にして返す新たなメソッドを動的に定義する
      define_method "capitalized_#{attribute.to_s}" do
```

```ruby
      # 元のメソッドの返り値の単語の先頭を大文字にする
      original_result = send(attribute)
      original_result.split(' ').map(&:capitalize).join(' ')
    end
  end
end

class Book
  extend AttributeCapitalizer
  attr_reader :title, :author

  # attr_readerで定義したメソッドtitleとauthorの名前を渡して、新しいメソッド
  # を動的に定義する
  attr_capitalizer :title, :author

  def initialize(title:, author:)
    @title = title
    @author = author
  end
end

book = Book.new(title: 'the ruby programming language',
                author: 'matz')
puts book.capitalized_title
puts book.capitalized_author
```

▼ 実行結果

```
The Ruby Programming Language
Matz
```

156 存在しないメソッドを呼び出して動的に扱いたい

<u>Syntax</u>

● **存在しないメソッドの代わりに呼び出されるメソッドを定義**

```
def method_missing(name, *args)
  ...
end
```

※ name: 呼び出したメソッド名のシンボル、args: 呼び出したメソッドの引数の配列

method_missingというメソッドを定義しておくと、クラスやモジュールに存在しないメソッドが呼び出されたときに代わりにこのメソッドが呼び出されます。

Rubyでは、オブジェクトに存在しないメソッドを呼び出そうとすると、NoMethodErrorという例外が発生します。この仕組みはmethod_missingを利用した次の方法で実現されています。

▶ すべてのクラスの祖先のクラスであるBasicObjectはmethod_missingというメソッドを持ち、このメソッドはNoMethodErrorを発生させる

▶ あるオブジェクトに対して存在しないメソッドを呼び出すと、Rubyはそのオブジェクトに対してmethod_missingを代わりに呼び出す

▶ BasicObjectはすべてのクラスの祖先となるクラスなので、BasicObject#method_missingが呼び出され、NoMethodErrorが発生する

この仕組みを利用し、特定のクラスにmethod_missingを定義することで、存在しないメソッドの呼び出しを動的に扱えます。method_missingの引数には、呼び出したメソッドの名前のシンボルとその引数の配列が渡ります。

GitHubのREST APIへリクエストを送り、レスポンスとしてJSONを受け取る場合を考えます。RubyではJSON.parseを利用してJSONをハッシュへ変換して扱うのが一般的です。しかし、ハッシュに変換すると、JSONの属性の値を[属性名]の形式で取得する必要があり、メソッド呼び出しのように.属性名の形式が使用できません。

次のサンプルコードでは、メソッド呼び出しの形式でJSONの属性の値を取得できるように、Resourceというクラスにmethod_missingを定義しています。

Web APIから得られたJSONをもとにResourceのオブジェクトを作り、JSONの属性名をメソッドとして呼び出すと、そのようなメソッドは定義されていないので、RubyはResource#method_missingを呼び出します。そこで、このmethod_missingで、ハッシュがその属性名のキーを持っている場合、その値を返すようにします。また、ハッシュがその属性名をキーとして持たない場合は、superで祖先クラスのmethod_missingに処理を委譲します。これによって、JSONの属性をメソッドとして定義しているかのように扱うことができます。

■ samples/chapter-08/156.rb

```ruby
require 'net/http'
require 'json'

class Resource
  def initialize(response)
    # キーをシンボルにしてレスポンスJSONをハッシュへ変換
    @response = JSON.parse(response, symbolize_names: true)
  end

  def method_missing(name, *args)
    # 呼び出したメソッドの名前がレスポンスのハッシュに存在すれば、その値を返す
    if @response.has_key?(name)
      @response[name]
    else
      super
    end
  end
end

json = Net::HTTP.get(URI.parse("https://api.github.com/users/
pepabo"))
resource = Resource.new(json)

puts resource.login
puts resource.name
puts resource.type
```

▼ 実行結果

```
pepabo
GMO Pepabo, Inc.
Organization
```

157 存在しないメソッドが動的に呼び出せることを確認したい

Syntax

● method_missingで扱うメソッド名をrespond_to?に対応させる

```
def respond_to_missing?(symbol, include_private)
  ...
end
```

※ symbol：メソッド名のシンボル
※ include_private：プライベートメソッドも含めて確認するかどうか

method_missingで動的に扱えるようにしたメソッドに対して、respond_to?が実行されたときtrueを返すようにするには、respond_to_missing?メソッドを使います。

オブジェクトに対してrespond_to?というメソッドを呼び出すと、特定のメソッドを実行できるかどうか確認できます。たとえば、respond_to?に実行可能なメソッド名をシンボルで渡すとtrueが返ります。

しかし、method_missingによって動的に扱えるようにしたメソッド名をrespond_to?に渡しても、デフォルトではtrueが返りません。trueを返したい場合は、動的に扱うメソッド名を受け取るとtrueを返すようにrespond_to_missing?を定義します。respond_to_missing?の引数には、メソッド名のシンボルとプライベートメソッドも含めて確認するかどうかを真偽値で渡します。

このように、method_missingで扱うメソッド名もrespond_to?に対応させることで、より実情に合った形でメソッドの存在を確認できるようになります。

次のサンプルコードでは、「 ▶▶156 存在しないメソッドを呼び出して動的に扱いたい」で作成したResourceクラスにrespond_to_missing?を定義しており、Web APIから得られたJSONの属性名をメソッドとして呼び出せるかどうかをhas_key?を使って判定しています。また、JSONの属性名をメソッドとして呼び出せない場合は、superで祖先クラスのrespond_to_missing?に委譲しています。

■ samples/chapter-08/157.rb

```
require 'net/http'
require 'json'

class Resource
  def initialize(response)
    # キーをシンボルにしてレスポンスJSONをハッシュへ変換
    @response = JSON.parse(response, symbolize_names: true)
```

```ruby
      end

  def method_missing(name, *args)
    # 呼び出したメソッドの名前がレスポンスのハッシュに存在すれば、その値を返す
    if @response.has_key?(name)
      @response[name]
    else
      super
    end
  end

  def respond_to_missing?(symbol, include_private)
    # 呼び出したメソッドの名前がレスポンスのハッシュに存在すれば、そのメソッドが
存在するとみなす
    @response.has_key?(symbol) ? true : super
  end
end

json = Net::HTTP.get(URI.parse("https://api.github.com/users/
pepabo"))
resource = Resource.new(json)

puts resource.respond_to?(:login)
puts resource.login
puts resource.respond_to?(:not_exist)
```

▼ 実行結果

```
true
pepabo
false
```

(関連項目)

▶▶156 存在しないメソッドを呼び出して動的に扱いたい

158 呼び出すメソッドを動的に決定したい

Syntax

● **オブジェクトの持つメソッドをメソッド名をもとに呼び出す**

```
オブジェクト.send(メソッド名，引数)
```

　オブジェクトに対してsendを呼び出すと、文字列やシンボルを使って任意のメソッドを呼び出すことができます。

　通常、オブジェクトに対してメソッドを呼び出すときは、`'hello world'.length`のように、`.`(ピリオド)に続いてメソッド名を記述します。しかし、この記法では呼び出したいメソッドを動的に決めることができません。呼び出したいメソッド名をシンボルか文字列で作成し、sendの引数として渡すことで、どのメソッドを呼び出すか動的に決めることができます。

■ samples/chapter-08/158.rb

```ruby
a = [1, 2, 3]
method_name = :slice
p a.send(method_name, 0, 2)
```

▼ 実行結果

```
[1, 2]
```

　次のサンプルコードでは、sendを使ってContactクラスの属性値を動的に設定、取得しています。Contactは連絡先の情報を持つクラスです。このクラスではATTRIBUTESという配列で属性名を定義しており、attr_accessorにこの配列を渡すことでアクセサメソッドを定義しています（▶140）。つまり、ATTRIBUTESに新たな属性を追加するだけで、次のことができるようになります。

▶ newに自動で新たな属性を渡せるようになる
▶ to_sによる文字列表現に自動で新たな属性値が現れるようになる

　これらの機能を実現するためにinitializeとto_sを定義します。initializeでは、ATTRIBUTESの属性名から属性名=というメソッド名の文字列を動的に作成し、そのメソッドをsendで呼び出すことで、アクセサ経由で値を設定しています。さらに、文字列表現の作成方法を定義するために、独自にto_sを定義します。to_sでは、ATTRIBUTESの属性名をもとにsendでアクセサメソッドを実行し、属性値を取得することで、文字列表現の作成に利用しています。

320

■ samples/chapter-08/158.rb

```ruby
class Contact
  ATTRIBUTES = %i(name email phone postal_code prefecture
                  address1 address2)
  attr_accessor *ATTRIBUTES

  def initialize(attributes = {})
    ATTRIBUTES.each do |attribute|
      next unless attributes.has_key?(attribute)

      # 属性値を設定する
      self.send("#{attribute}=", attributes[attribute])
    end
  end

  def to_s
    result = "Contact:\n"
    ATTRIBUTES.each do |attribute|
      # 属性値を取得する
      value = self.send(attribute)
      result << "#{attribute}: #{value}\n"
    end
  end
end

puts Contact.new(name: "Foo Bar", email: "foo@example.com",
                 prefecture: "東京都")
```

158 呼び出すメソッドを動的に決定したい

▼ 実行結果

```
Contact:
name: Foo Bar
email: foo@example.com
phone:
postal_code:
prefecture: 東京都
address1:
address2:
```

Column __send__

sendは「送る」という意味の一般的な英単語なので、プログラムを書いているときにメソッド名として使いたい場合があるかもしれません。Rubyでは、sendというメソッドが上書きされてもよいように、sendの別名（エイリアス）としてあらかじめ__send__が用意されています。エイリアスなので、これらのメソッドの機能はまったく同じです。

■ samples/chapter-08/158.rb

```ruby
puts "hello".send(:upcase)
puts "hello".__send__(:upcase)
```

▼ 実行結果

```
HELLO
HELLO
```

関連項目

▶▶140 インスタンス変数へのゲッター／セッターメソッドを簡単に定義したい

時刻と日付のデータを扱う

Chapter

9

159 時刻のデータを扱いたい

Syntax

● **Timeオブジェクトを作成**

```
Time.new(年, 月, 日, 時, 分, 秒, タイムゾーン)
```

Rubyで時刻のデータを扱うには**Time**クラスを利用します。**Time**オブジェクトを作成するには**Time.new**メソッドを使い、引数で時刻を指定します。作成した**Time**オブジェクトに対してメソッドを呼び出すことで、年や秒、曜日の取得など、さまざまな操作が行えます。

■ **samples/chapter-09/159.rb**

```
time = Time.new(1995, 12, 21, 17, 0, 0, '+09:00')
p time
p time.year
p time.month
p time.day
p time.hour
p time.min
p time.sec
```

▼ **実行結果**

```
1995-12-21 17:00:00 +0900
1995
12
21
17
0
0
```

Time.newの引数は省略可能です。月日を省略すると1月1日に、日だけ省略すると指定した月の1日になります。

■ samples/chapter-09/159.rb

```ruby
p Time.new(2020)
p Time.new(2020, 12)
```

▼ 実行結果

```
2020-01-01 00:00:00 +0900
2020-12-01 00:00:00 +0900
```

　最後の引数ではタイムゾーンを指定できます。以下のような文字列を渡すことで、指定したタイムゾーンの時刻が作成されます。

▶ '+09:00'や'-03:00'など、協定世界時との時差を+、-を用いて指定する

▶ 協定世界時を指す'UTC'

■ samples/chapter-09/159.rb

```ruby
p Time.new(2004, 7, 24, 19, 43, 00, 'UTC')
p Time.new(1998, 1, 16, 21, 13, 5, '+09:00')
```

▼ 実行結果

```
2004-07-24 19:43:00 UTC
1998-01-16 21:13:05 +0900
```

　タイムゾーンを省略した場合、システムに設定されているタイムゾーンが使用されます。そのため実行環境によって結果は変わる可能性があります。タイムゾーンを変更したい場合は「▶▶172　時刻のタイムゾーンを変更したい」を参照してください。

（　関連項目　）

▶▶172　時刻のタイムゾーンを変更したい

160 日付のデータを扱いたい

> **Syntax**

● **Dateオブジェクトを作成**

```
Date.new(年, 月, 日)
```

※ require 'date'が必要

　Rubyで日付のデータを扱うには**Date**クラスを利用します。**Date**クラスは**Time**クラスとは異なり組み込みクラスではありません。そのため利用するには**require 'date'**で**date**ライブラリを読み込む必要があります。

　Dateオブジェクトを作成するには**Date.new**メソッドを利用し、引数で年月日を指定します。作成した**Date**オブジェクトに対してメソッドを呼び出すと、年や月を取り出すことができます。

■ **samples/chapter-09/160.rb**

```
require 'date'

date = Date.new(1995, 12, 21)
puts date
puts date.year
puts date.month
puts date.day
```

▼ **実行結果**

```
1995-12-21
1995
12
21
```

　Date.newの引数は省略可能です。月日を省略すると1月1日に、日だけ省略すると指定した月の1日になります。

■ samples/chapter-09/160.rb

```
puts Date.new(2020)
puts Date.new(2020, 12)
```

▼ 実行結果

```
2020-01-01
2020-12-01
```

Column DateTimeクラスについて

`require 'date'`でdateライブラリを読み込むと、**Date**クラスに加えて**DateTime**クラスも利用できるようになります。この**DateTime**クラスは日付と時刻の両方を扱うクラスで、**Time**クラスと似たような機能を持っていますが、現在では非推奨となっています。そのため、日付と時刻の両方を扱う場合は**Time**クラス（▶159）を使用してください。

(関連項目)

▶159 時刻のデータを扱いたい

161 現在の日付や時刻を取得したい

> **Syntax**

- 現在の時刻を取得

```
Time.now
```

- 現在の日付を取得する

```
Date.today
```

※ require 'date'が必要

■ 現在の時刻を取得する

現在の時刻を取得するには**Time.now**メソッドを利用します。

■ samples/chapter-09/161.rb

```
p Time.now
```

▼ 実行結果

```
2022-07-03 22:49:37.483588 +0900
```

※ 実行したタイミングによって表示される時刻は異なる

返されるTimeオブジェクトのタイムゾーンには、システムに設定されているタイムゾーンが使用されます。そのため実行環境によって結果は変わる可能性があります。タイムゾーンを変更したい場合は「 ▶▶172 時刻のタイムゾーンを変更したい」を参照してください。

■ 現在の日付を取得する

現在の日付を取得するには**Date.today**を使います。

■ samples/chapter-09/161.rb

```
require 'date'

puts Date.today
```

▼ 実行結果

```
2022-07-03
```

※ 実行したタイミングによって表示される日付は異なる

〔 **関連項目** 〕

▶▶172 時刻のタイムゾーンを変更したい

162 指定した日付の曜日を取得したい

> **Syntax**

● 指定した日付の曜日を取得

```
Dateオブジェクト = Date.new(年, 月, 日)
Dateオブジェクト.wday
```

※ require 'date'が必要

● 指定した日時の曜日を取得

```
Timeオブジェクト = Time.new(年, 月, 日, 時, 分, 秒, タイムゾーン)
Timeオブジェクト.wday
```

指定した日付や日時が何曜日にあたるかを調べるには、Data#wday、Time#wdayを使用します。

指定した日付の曜日を取得する

指定した日付の曜日を取得するには、Dateオブジェクト（Dateクラスのインスタンス）に対してwdayメソッドを呼び出します。返り値は0～6の整数となっており、0が日曜日、6が土曜日です。

● wdayメソッドの返り値と意味

日曜日	月曜日	火曜日	水曜日	木曜日	金曜日	土曜日
0	1	2	3	4	5	6

実際にwdayメソッドを呼び出すと、2004年7月25日は0（日曜日）、2005年12月14日は3（水曜日）であることがわかります。

■ samples/chapter-09/162.rb

```
require 'date'

p Date.new(2004, 7, 25).wday
p Date.new(2005, 12, 14).wday
```

▼ 実行結果

```
0
3
```

指定した日時の曜日を取得する

`Time`クラスにも`Time#wday`メソッドが存在するため、`Time`オブジェクトでも同様の方法で曜日を取得できます。先ほどの`Date`クラスの例と同じ日付で`Time`オブジェクトを作成し、`wday`メソッドを呼び出すと、同じ結果が返ることが確認できます。

■ samples/chapter-09/162.rb

```
p Time.new(2004, 7, 25, 4, 43, 0).wday
p Time.new(2005, 12, 14, 6, 2, 0).wday
```

▼ 実行結果

```
0
3
```

163 日付が特定の曜日であるか判定したい

Syntax

● 日付が特定の曜日であるか判定

```
Dateオブジェクト = Date.new(年, 月, 日)
Dateオブジェクト.sunday?
Dateオブジェクト.monday?
Dateオブジェクト.tuesday?
Dateオブジェクト.wednesday?
Dateオブジェクト.thursday?
Dateオブジェクト.friday?
Dateオブジェクト.saturday?
```

※ require 'date'が必要

　日付が特定の曜日であるか判定したい場合、RubyではDate#monday?のようにそれぞれの曜日に応じた述語メソッド（真偽値を返すメソッド）が用意されているため、これを使うと便利です。wdayメソッド（ ▶162 ）よりも曜日がすぐに判別でき、読みやすいコードになります。これらのメソッドはTimeクラスでも利用可能です。

■ samples/chapter-09/163.rb

```
require 'date'

# wdayメソッドを用いて判定する
# 判定したい曜日が日曜日であることが直感的にわかりにくい
if Date.new(2004, 7, 25).wday == 0
  puts '2004年7月25日は日曜日です'
end

# wednesday?メソッドを用いて判定する
# 判定したい曜日が水曜日であることがすぐにわかる
if Date.new(2005, 12, 14).wednesday?
  puts '2005年12月14日は水曜日です'
end

# Timeクラスでも利用できる
```

163

日付が特定の曜日であるか判定したい

```
p Time.new(2004, 7, 25, 4, 43, 00).sunday?
p Time.new(2004, 7, 25, 4, 43, 00).friday?
```

▼ 実行結果

```
2004年7月25日は日曜日です
2005年12月14日は水曜日です
true
false
```

関連項目

162 指定した日付の曜日を取得したい

164

うるう年かどうか判定したい

Syntax

● **与えられた数値がうるう年かどうか判定**

```
Date.leap?(数値)
```

● **Dateオブジェクトに対してうるう年かどうか判定**

```
Dateオブジェクト = Date.new(年, 月, 日)
Dateオブジェクト.leap?
```

※ require 'date'が必要

　ある年がうるう年かどうか判定するには、`Date`クラスの`Date.leap?`メソッドを利用します。引数には判定したい年を数値で指定し、返り値は真偽値となります。

■ **samples/chapter-09/164.rb**

```ruby
require 'date'

p Date.leap?(2000)
p Date.leap?(2020)
p Date.leap?(2100)
```

▼ **実行結果**

```
true
true
false
```

Chap **9** 時刻と日付のデータを扱う

333

164

うるう年かどうか判定したい

■ Dateオブジェクトに対してうるう年かどうか判定する

Dateクラスのインスタンスメソッドにも、うるう年を判定する**Date#leap?**メソッドが存在します。Dateオブジェクトは年月日の情報を持っていますが、うるう年の判定には月日は関係ないため、何月何日であっても結果は同じになります。次のような場合は**Date#leap?**を利用するとよいでしょう。

▶ 「**メソッドの返り値がDateオブジェクトである**」など、**すでにDateオブジェクトが作成されている状況で、うるう年かどうか確認したいとき**

▶ **うるう年の判定以外にもDateオブジェクトを用いた処理を行いたいとき**

次のサンプルコードでは、**Date.new**で**Date**オブジェクトを作成し、**leap?**メソッドを呼び出しています。**Date.leap?**メソッドと同様の結果が返ってくることがわかります。

■ samples/chapter-09/164.rb

```ruby
require 'date'

p Date.new(2000, 1, 1).leap?
p Date.new(2020, 2, 2).leap?
p Date.new(2100, 3, 3).leap?
```

▼ 実行結果

```
true
true
false
```

165 過去／未来の時刻を取得したい

Syntax

- **n秒後の時刻を取得**

  Timeオブジェクト ＋ 数値

- **n秒前の時刻を取得**

  Timeオブジェクト － 数値

- **n日後の日付を取得**

  Dateオブジェクト ＋ 数値
  Dateオブジェクト.next_day(数値)

- **n日前の日付を取得**

  Dateオブジェクト － 数値
  Dateオブジェクト.prev_day(数値)

- **nか月後の日付を取得**

  Dateオブジェクト.next_month(数値)
  Dateオブジェクト ＞＞ 数値

- **nか月前の日付を取得**

  Dateオブジェクト.prev_month(数値)
  Dateオブジェクト ＜＜ 数値

- **n年後の日付を取得**

  Dateオブジェクト.next_year(数値)

- **n年前の日付を取得**

  Dateオブジェクト.prev_year(数値)

※ Dateオブジェクトの利用にはrequire 'date'が必要

Timeクラス、Dateクラスには過去、未来の日時を取得するためのメソッドが複数用意されています。

■ 過去／未来の時刻を取得する

　過去／未来の時刻を取得したいときは、Timeオブジェクトに対して**Time#+**または**Time#-**メソッドを呼び出します。Rubyでは演算子もメソッドの1つであり、各クラスで再定義できるようになっています。Timeオブジェクト、つまりTimeクラスのインスタンスに対して加算／減算を行うと、指定された秒数だけ後／前の時刻が取得できます。秒数をそのまま書くと実際の時間が把握しづらいため、**30 * 24 * 60 * 60**のように日、時、分、秒の乗算として記述されることもあります。

■ samples/chapter-09/165.rb

```ruby
time = Time.new(2024, 1, 31, 12, 0, 0)
puts "1分（60秒）後: #{time + 60}"
puts "1時間（3600秒）前: #{time - 60 * 60}"
puts "1日（86400秒）前: #{time - 24 * 60 * 60}"
puts "30日（2592000秒）後: #{time + 30 * 24 * 60 * 60}"
puts "365日（31536000秒）後: #{time + 365 * 24 * 60 * 60}"
```

▼ 実行結果

```
1分（60秒）後: 2024-01-31 12:01:00 +0900
1時間（3600秒）前: 2024-01-31 11:00:00 +0900
1日（86400秒）前: 2024-01-30 12:00:00 +0900
30日（2592000秒）後: 2024-03-01 12:00:00 +0900
365日（31536000秒）後: 2025-01-30 12:00:00 +0900
```

■ 過去／未来の日付を取得する

　Dateオブジェクトにも同様に**Date#+**および**Date#-**メソッドが定義されており、指定された日数だけ後／前の日付を取得できます。**Date#next_day**／**Date#prev_day**メソッドも存在しており、挙動は**＋**／**－**と同じですが、こちらは引数なしでも呼び出せる点が異なります。引数を省略すると**1**となります。さらに、nか月後の日付を返す**Date#next_month**や、n年前の日付を返す**Date#prev_year**といったメソッドも用意されています。まとめると以下のとおりです。

● **Date**オブジェクトで過去／未来の日付を取得するメソッド

メソッド	意味
+/-	n日後／n日前
next_day/prev_day	n日後／n日前（引数を省略すると1）
>>/<<	nか月後／nか月前
next_month/prev_month	nか月後／nか月前（引数を省略すると1）
next_year/prev_year	n年後／n年前（引数を省略すると1）

165

過去／未来の時刻を取得したい

next_month／prev_month（>>／<<）およびnext_year／prev_yearでは、対応する月の同じ日が返されます。同じ日がない場合は末日が使われます。たとえば2024年1月31日の3か月前は2023年10月31日ですが、1か月後は2024年2月29日となります。

■ samples/chapter-09/165.rb

```ruby
require 'date'

date = Date.new(2024, 1, 31)
puts "1日後: #{date + 1}"
puts "1日前: #{date.prev_day}"
puts "1か月後: #{date.next_month}"
puts "3か月前: #{date << 3}"
puts "2年後: #{date.next_year(2)}"
```

▼ 実行結果

```
1日後: 2024-02-01
1日前: 2024-01-30
1か月後: 2024-02-29
3か月前: 2023-10-31
2年後: 2026-01-31
```

166 年／月／日の単位で過去／未来の時刻を取得したい

Syntax

● **1か月後の時刻を取得**

```
next_month = Timeオブジェクト.to_date.next_month
Time.new(
  next_month.year,
  next_month.month,
  next_month.day,
  Timeオブジェクト.hour,
  Timeオブジェクト.min,
  Timeオブジェクト.sec
)
```

※ require 'date'が必要

　Time#+や**Time#-**メソッド（▶165）では、時刻の単純な加算／減算しか行えません。ひと月の日数を考慮した「1か月後」「1年前」といった時刻を取得するには、一度**Date**オブジェクトに変換してから**Date**クラスのメソッドを呼び出すことで実現できます。次のサンプルコードでは、「1995年12月21日17時0分0秒」の1か月後の時刻を取得しています。

■ **samples/chapter-09/166.rb**

```
require 'date'

time = Time.new(1995, 12, 21, 17, 0, 0)
# TimeオブジェクトをDateオブジェクトに変換して1か月後の日付を取得する
next_month = time.to_date.next_month
# 1か月後の日付と、もとのTimeオブジェクトの時刻を使って新しいTimeオブジェクトを作る
next_month_time = Time.new(
  next_month.year,
  next_month.month,
  next_month.day,
  time.hour,
  time.min,
  time.sec
)
puts "#{time}の1か月後の時刻は#{next_month_time}です"
```

▼ 実行結果

```
1995-12-21 17:00:00 +0900の1か月後の時刻は1996-01-21 17:00:00 +0900です
```

`next_month`メソッドを`prev_year`にすれば1年前の時刻を、`prev_month`にすれば1か月前の時刻を取得できます。取得したい時刻に応じて置き換えてください。

高度な時刻操作を簡単に行いたいときは

ここで紹介したように、Ruby標準の`Time`クラスで複雑な時刻操作を行うには多少不便が伴います。より高度な時刻操作を行いたい場合は、Rubyの言語を拡張したメソッド群を提供するライブラリ（gem）であるActive Supportの利用を検討するとよいでしょう。Active SupportではRubyの`Integer`クラスを拡張する形でメソッドが追加されており、直感的に過去／未来の時刻を取得できます。たとえば、前述した`Time#+`または`Time#-`メソッドによる時刻の加算／減算も、次のようにわかりやすく記述できます。

```
$ gem install activesupport -v '~> 7.1.3'
```

```
require 'active_support/all'
1.month.from_now  # 現在時刻から1か月後
3.years.ago  # 現在時刻から3年前
Time.new(1995, 12, 21, 17, 0, 0) + 10.days  # 10日後
```

さらに`Time`クラスや`Date`クラスも拡張されており、月初／月末や年初／年末を取得するメソッドなども利用できるようになります。

```
require 'active_support/all'
Time.now.beginning_of_month  # 月初
Date.today.end_of_month  # 月末
Time.now.end_of_year  # 年末
```

(関連項目)

▶▶165 過去／未来の時刻を取得したい

167 月末の日付を取得したい

Syntax

● 月末の日付を取得

```
Date.new(年, 月, -1)
```

※ require 'date'が必要

月末の日付を取得するには、**Date.new**の第3引数に**-1**を指定します。第3引数（日）に負数を指定したときは日付が月末から逆順に参照されるため、**-1**は月末となります。第2引数（月）でも同じように負数を利用でき、**-1**は12月、**-12**は1月となります。

● Date.newの引数に負数を渡したときの挙動

数値	月	日（ひと月が30日のとき）
-1	12月	30日（月末）
-2	11月	29日（月末の1日前）
-12	1月	19日（月末の11日前）

次のサンプルコードでは、2022年2月と2020年2月の月末の**Date**オブジェクトを作成しています。うるう年が考慮され、それぞれの日付として28日と29日が取得できていることがわかります。

■ samples/chapter-09/167.rb

```
require 'date'

puts Date.new(2022, 2, -1)
puts Date.new(2020, 2, -1)
puts Date.new(2022, -3, -3)
```

▼ 実行結果

```
2022-02-28
2020-02-29
2022-10-29
```

168 ある日付が月末かどうか 判定したい

Syntax

● **月末かどうか判定**

```
Dateオブジェクト.next_day.month != Dateオブジェクト.month
```

※ require 'date'が必要

Rubyには月末を判定するメソッドは用意されていません。ある日付が月末かどうかは**Date#next_day**メソッドを用いて判定するとよいでしょう。**Date#next_day**は翌日の日付を返します。詳しくは ▶▶165 を参照してください。

このメソッドを利用して、翌日の月が当日の月と異なるか比較することで月末かどうかがわかります。たとえば当日が2月のとき、翌日も2月であれば2 != 2で偽となり、3月であれば3 != 2で真となります。

■ samples/chapter-09/168.rb

```ruby
require 'date'

def check_end_of_month(date)
  # 翌日の月が当日の月と異なるか比較する
  if date.next_day.month != date.month
    puts "#{date}は月末です"
  else
    puts "#{date}は月末ではありません"
  end
end

check_end_of_month(Date.new(2020, 2, 28))
check_end_of_month(Date.new(2020, 2, 29))
check_end_of_month(Date.new(2020, 12, 31))
```

▼ 実行結果

```
2020-02-28は月末ではありません
2020-02-29は月末です
2020-12-31は月末です
```

（ 関連項目 ）

▶▶165 過去／未来の時刻を取得したい

341

169 文字列から日付／時刻を作成したい

Syntax

● **文字列からDateオブジェクトを作成**

```
Date.parse(日付を表す文字列)
```

※ require 'date'が必要

● **文字列からTimeオブジェクトを作成**

```
Time.parse(時刻を表す文字列)
```

※ require 'time'が必要

　文字列からDate／Timeオブジェクトを作成するには、`Date.parse`メソッドおよび`Time.parse`メソッドを利用します。

■ 文字列からDateオブジェクトを作成する

　文字列からDateオブジェクトを作成するには、`Date.parse`メソッドを利用します。引数には日付を表す文字列を指定します。`Date.parse`メソッドはさまざまな表記に対応しています。以下の例はすべて1998年1月16日として解析できます。

■ **samples/chapter-09/169.rb**

```ruby
require 'date'

puts Date.parse('1998-01-16')
puts Date.parse('1998-1-16')
puts Date.parse('1998/01/16')
puts Date.parse('98/1/16')
puts Date.parse('1998.1.16')
puts Date.parse('H10.1.16')  # Hは平成の意味
puts Date.parse('16/1/1998')
puts Date.parse('Jan 16, 1998')
```

▼ **実行結果**

```
1998-01-16
1998-01-16
1998-01-16
1998-01-16
1998-01-16
1998-01-16
1998-01-16
1998-01-16
```

表記によっては一部の要素が欠けていても解析できることがあります。たとえば`'1998/1'`であれば1998年1月1日として扱われます。

■ samples/chapter-09/169.rb

```ruby
require 'date'

puts Date.parse('1998/1')
```

▼ 実行結果

```
1998-01-01
```

文字列からTimeオブジェクトを作成する

文字列から**Time**オブジェクトを作成するには、**Time.parse**メソッドを利用します。引数には時刻を表す文字列を指定します。**Time**クラスは組み込みクラスではありますが、このクラスには**Time.parse**メソッドは定義されておらず、初期状態では呼び出すことができません。`require 'time'`でtimeライブラリを読み込むことで**Time**クラスにメソッドが追加され、**Time.parse**メソッドが利用できるようになります。

Time.parseメソッドもさまざまな表記に対応しています。次にいくつかの例を記載します。文字列中にタイムゾーンを示す表記があればそのタイムゾーンが使われます。ない場合はシステムに設定されているタイムゾーンが適用されます。

■ samples/chapter-09/169.rb

```ruby
require 'time'

puts Time.parse('1998-01-16 21:13:05')
puts Time.parse('1998-01-16 21:13:05 -0800')
puts Time.parse('Fri Jan 16 21:13:05 1998')
puts Time.parse('98/1/16 21:13:05')
```

▼ 実行結果

```
1998-01-16 21:13:05 +0900
1998-01-16 21:13:05 -0800
1998-01-16 21:13:05 +0900
1998-01-16 21:13:05 +0900
```

170 日付／時刻の文字列を作成したい

Syntax

● **日付をフォーマットに従って文字列に変換**

```
Dateオブジェクト.strftime(フォーマット文字列)
```

※ require 'date'が必要

● **時刻をフォーマットに従って文字列に変換**

```
Timeオブジェクト.strftime(フォーマット文字列)
```

　日付／時刻を文字列に変換したいときはDate#strftimeメソッドおよびTime#strftimeメソッドを利用します。

　strftimeメソッドは引数で指定されたフォーマットにしたがって日付／時刻を文字列に変換します。

　フォーマット文字列で指定できる書式のうち、主なものを次の表にまとめます。出力例は、時刻が「2001年2月3日（土）14時5分6秒」のときの値です。

● **strftimeメソッドで使用できる主なフォーマット文字列**

フォーマット文字列	意味	出力例
%Y	年（西暦）	2001
%y	西暦の下2桁	01
%m	月	02
%d	日	03
%H	24時間制の時	14
%I	12時間制の時	02
%p	AMまたはPM	PM
%M	分	05
%S	秒	06
%w	曜日を表す数値（0が日曜日）	6
%z	タイムゾーン	+0900

フォーマット文字列	意味	出力例
%F	%Y-%m-%dと同等	2001-02-03
%T	%H:%M:%Sと同等	14:05:06
%%	%そのもの	%
%-文字	先頭の0を省略する	3（%-dの場合）

　フォーマット文字列の%から始まる部分が該当する日付／時刻の要素に置き換えられ、それ以外の文字はそのまま出力されます。%そのものを出力したいときは%%と記述します。%mや%dなどでは1桁の数のとき先頭に0が付加されますが、%-mや%-dのように「%-文字」と記述することでこの0を省略できます。

■ samples/chapter-09/170.rb

```ruby
require 'date'

date = Date.new(2001, 2, 3)
puts 'Date'
puts date.strftime('%Y-%m-%d')
puts date.strftime('%F')
puts date.strftime('%y/%m/%d')
puts date.strftime('%Y.%-m')

time = Time.new(2001, 2, 3, 14, 5, 6)
puts 'Time'
puts time.strftime('%Y-%m-%d %H:%M:%S')
puts time.strftime('%F %T')
puts time.strftime('%I:%M %p')
puts time.strftime('%Y年%-m月%-d日 %-H時%-M分%-S秒')
```

170

日付／時刻の文字列を作成したい

▼ 実行結果

```
Date
2001-02-03
2001-02-03
01/02/03
2001.2
Time
2001-02-03 14:05:06
2001-02-03 14:05:06
02:05 PM
2001年2月3日　14時5分6秒
```

171 時刻を標準規格の形式の文字列に変換したい

> **Syntax**

● **時刻をISO 8601形式の文字列に変換**

```
Timeオブジェクト.iso8601
```

● **時刻をRFC 2822のdate-time形式の文字列に変換**

```
Timeオブジェクト.rfc2822
```

● **時刻をHTTP仕様のRFC 1123のdate形式の文字列に変換**

```
Timeオブジェクト.httpdate
```

※ require 'time'が必要

　ISO 8601やRFC 2822などの規格で定められている時刻形式は利用頻度が高いため、Rubyではこれらの形式で出力する専用のメソッドが用意されています。`require 'time'`でtimeライブラリを読み込むことで`Time`クラスにメソッドが追加され、`Time#iso8601`メソッドや`Time#rfc2822`メソッドが利用できるようになります。

■ **samples/chapter-09/171.rb**

```ruby
require 'time'

time = Time.new(2001, 2, 3, 14, 5, 6)
puts time.iso8601
puts time.rfc2822
puts time.httpdate
```

171

時刻を標準規格の形式の文字列に変換したい

▼ 実行結果

```
2001-02-03T14:05:06+09:00
Sat, 03 Feb 2001 14:05:06 +0900
Sat, 03 Feb 2001 05:05:06 GMT
```

　なお、時刻を任意の形式で文字列に変換したいときは、`Time#strftime`メソッド（ ▶▶170 ）を利用してください。

関連項目

▶▶170 　日付／時刻の文字列を作成したい

172 時刻のタイムゾーンを変更したい

Syntax

● **RubyのENVオブジェクト経由で環境変数TZを設定し、タイムゾーンを変更**

```
ENV['TZ'] = タイムゾーン
```

● **タイムゾーンをUTCに変更**

```
Timeオブジェクト.utc
```

● **タイムゾーンをシステムに設定されているタイムゾーンに変更**

```
Timeオブジェクト.localtime
```

● **タイムゾーンを引数で指定された時差に変更**

```
Timeオブジェクト.localtime(UTCからの時差)
```

Time.nowメソッドで現在時刻を取得したときや、Time.newメソッドの引数でタイムゾーンを省略した場合は、システムに設定されているタイムゾーンを使用してTimeオブジェクトが作成されます。そのため、これらのメソッドは実行環境によって結果が変わる場合があります。

タイムゾーンは環境変数TZを用いて設定することもできます。Rubyでは環境変数をENVオブジェクトを通して参照できるため、このENVオブジェクト経由で環境変数TZを設定することでタイムゾーンを変更できます。

サンプルコードでは環境変数TZを'America/Los_Angeles'に設定してTimeオブジェクトを作成しています。Time#zoneメソッドでタイムゾーンを確認すると、PST（太平洋標準時）になっていることが確認できます。

■ samples/chapter-09/172.rb

```ruby
ENV['TZ'] = 'America/Los_Angeles'
time = Time.new(2022, 3, 1)
puts "#{time} (#{time.zone})"
```

▼ 実行結果

```
2022-03-01 00:00:00 -0800 (PST)
```

■ 作成済みのTimeオブジェクトのタイムゾーンを変更する

作成済みのTimeオブジェクトのタイムゾーンを変更するにはTime#localtimeメソッドとTime#utcメソッドを利用します。

▶ Time#utc：タイムゾーンをUTCに変更する
▶ Time#localtime：タイムゾーンをシステムに設定されているタイムゾーンに変更する
▶ Time#localtime(UTCからの時差)：タイムゾーンを引数で指定された時差に変更する

localtimeメソッドを引数なしで呼び出すとシステムに設定されているタイムゾーンに変更されます。引数を渡せば任意の時差を設定できます。このときTime#zoneメソッドの返り値はnilになります。

■ samples/chapter-09/172.rb

```ruby
ENV['TZ'] = 'Asia/Tokyo'
time = Time.new(2022, 3, 1)
puts "#{time} (#{time.zone})"

time.utc
puts "#{time} (#{time.zone})"

time.localtime('-08:00')
puts "#{time} (#{time.zone})"

time.localtime
puts "#{time} (#{time.zone})"
```

▼ 実行結果

```
2022-03-01 00:00:00 +0900 (JST)
2022-02-28 15:00:00 UTC (UTC)
2022-02-28 07:00:00 -0800 ()
2022-03-01 00:00:00 +0900 (JST)
```

Column タイムゾーンをより便利に扱いたいときは

　以上のように、Ruby標準の`Time`クラスでシステムに設定されているタイムゾーンと異なるタイムゾーンを扱うには、環境変数を変更しなければならず、多少不便が伴います。タイムゾーンをより便利に扱いたい場合は、Rubyの言語を拡張したメソッド群を提供するActive Supportライブラリ（gem）に含まれる、`ActiveSupport::TimeWithZone`クラスの利用を検討するとよいでしょう。`ActiveSupport::TimeWithZone`クラスはシステムに設定されているタイムゾーンや環境変数とは独立してタイムゾーン情報を保持しており、コード上で容易にタイムゾーンの設定が行えます。

　`ActiveSupport::TimeWithZone`を用いて現在時刻を取得するには`Time.zone.now`または`Time.current`メソッドを使用します。ほかにも`Time.zone.local`や`Time.zone.parse`など、`Time`クラスのものと対応したメソッドが用意されています。

173 日付を時刻に変換したい／時刻を日付に変換したい

> **Syntax**

- **DateオブジェクトをTimeオブジェクトに変換**

  ```
  Dateオブジェクト.to_time
  ```

※ require 'date'が必要

- **TimeオブジェクトをDateオブジェクトに変換**

  ```
  Timeオブジェクト.to_date
  ```

※ require 'date'が必要

日付を時刻に変換する

日付を時刻に変換するには**Date#to_time**メソッドを利用します。このメソッドは**Date**オブジェクトを、対応する**Time**オブジェクトに変換して返します。**Date**オブジェクトは時刻情報を持っていないため、変換した時刻の時、分、秒以下は0になります。また、タイムゾーンはシステムに設定されているものが使用されます。詳しくは「 **172** 時刻のタイムゾーンを変更したい」を参照してください。

■ samples/chapter-09/173.rb

```ruby
require 'date'

time = Date.new(2004, 11, 23).to_time
puts time
puts time.class
```

▼ 実行結果

```
2004-11-23 00:00:00 +0900
Time
```

■ 時刻を日付に変換する

時刻を日付に変換するには**Time#to_date**メソッドを利用します。このメソッドは**Time**オブジェクトを、対応する**Date**オブジェクトに変換して返します。**Time**クラスは組み込みクラスではありますが、このメソッドは初期状態では定義されていません。`require 'date'`で**date**ライブラリを読み込む際、同時に**Time**クラスにもメソッドが追加され、**Time#to_date**メソッドが利用できるようになります。

■ samples/chapter-09/173.rb

```ruby
require 'date'

date = Time.new(2004, 11, 23, 10, 4, 44).to_date
puts date
puts date.class
```

▼ 実行結果

```
2004-11-23
Date
```

(関連項目)

▶▶172 時刻のタイムゾーンを変更したい

174 メソッドのデフォルト引数として現在時刻を利用したい

Syntax

● メソッドのデフォルト引数として現在時刻を渡す

```
def メソッド名(引数名 = Time.now)
  処理
end
```

Rubyではメソッドに定義したデフォルト引数はメソッド呼び出し時に評価されます。この性質を利用して、「引数で時刻を指定可能で、引数を省略した場合は現在時刻を使う」メソッドを定義できます。

次のサンプルコードでは、`Time.now`をデフォルト引数として受け取る`time_to_string`メソッドを定義しています。`time_to_string`メソッドを引数なしで実行し、`sleep 3`で3秒待ってから再び実行すると、意図通り3秒進んだ時刻が表示されます。

■ samples/chapter-09/174.rb

```
def time_to_string(time = Time.now)
  time.to_s
end

puts time_to_string(Time.new(2022, 7, 3))
puts time_to_string
sleep 3
puts time_to_string
```

▼ 実行結果

```
2022-07-03 00:00:00 +0900
2022-07-03 23:59:50 +0900
2022-07-03 23:59:53 +0900
```

※ 実行したタイミングによって表示される時刻は異なる

175 テストのために現在時刻を固定／変更したい

> **Syntax**

● 現在時刻を指定した時刻で固定

```
Timecop.freeze(Timeオブジェクト)
```

● ブロック内でのみ現在時刻を指定した時刻で固定

```
Timecop.freeze(Timeオブジェクト) do
    処理
end
```

● 現在時刻を指定した時刻に変更。変更後は通常通り時間が進む

```
Timecop.travel(Timeオブジェクト)
```

● ブロック内でのみ現在時刻を指定した時刻に変更

```
Timecop.travel(Timeオブジェクト) do
    処理
end
```

● 時間の進む速さを変更。引数には1秒につき何秒進むかを数値で指定

```
Timecop.scale(数値)
```

● Timecopによって変更された時刻を元に戻す

```
Timecop.return
```

※ require 'timecop'が必要

　時刻によって挙動が変わるメソッドをテストしたいときなど、プログラム実行中に現在時刻を固定／変更したいことがあります。そのような場合は、時刻の変更に関する機能を提供するTimecop（https://github.com/travisjeffery/timecop）が便利です。TimecopはRubyに標準添付されていないため、ターミナルからgemコマンドを用いてインストールします。

```
$ gem install timecop -v 0.9.10
```

インストール後、`require 'timecop'`でTimecopを読み込むことで、**Timecop**クラスが利用できるようになります。

■ 現在時刻を指定した時刻で固定する

現在時刻を指定した時刻で固定するには**Timecop.freeze**メソッドを呼び出します。引数には**Time**オブジェクトを指定します。引数を省略した場合は現在時刻で固定されます。

次のサンプルコードでは、時刻を固定した後、`sleep 1`で1秒ごとに**Time.now**メソッドを呼び出しています。時間が進まずに0時0分0秒のままになっていることがわかります。

■ samples/chapter-09/175.rb

```ruby
require 'timecop'

time = Time.new(2022, 1, 1, 0, 0, 0)
Timecop.freeze(time)

3.times do
  puts Time.now
  sleep 1
end
```

▼ 実行結果

```
2022-01-01 00:00:00 +0900
2022-01-01 00:00:00 +0900
2022-01-01 00:00:00 +0900
```

■ 現在時刻を指定した時刻に変更する

現在時刻を指定した時刻に変更するには**Timecop.travel**メソッドを呼び出します。このメソッドは**Timecop.freeze**メソッドとは違い時刻の固定は行いません。変更後は通常通り時間が進み

ます。

先ほどのサンプルコードを`Timecop.travel`メソッドに書き換えて実行すると、時間が進むことが確認できます。

■ samples/chapter-09/175.rb

```ruby
require 'timecop'

time = Time.new(2022, 1, 1, 0, 0, 0)
Timecop.travel(time)

3.times do
  puts Time.now
  sleep 1
end
```

▼ 実行結果

```
2022-01-01 00:00:00 +0900
2022-01-01 00:00:01 +0900
2022-01-01 00:00:02 +0900
```

時間の進む速さを変更する

時間の進む速さを変更する`Timecop.scale`メソッドも用意されています。引数には1秒進むごとに何秒進むかを数値で指定します。60であれば1秒につき60秒（1分）進むことになります。

■ samples/chapter-09/175.rb

```ruby
require 'timecop'

time = Time.new(2022, 1, 1, 0, 0, 0)
Timecop.travel(time)
Timecop.scale(60)

3.times do
```

```
  puts Time.now
  sleep 1
end
```

▼ 実行結果

```
2022-01-01 00:00:00 +0900
2022-01-01 00:01:00 +0900
2022-01-01 00:02:00 +0900
```

▬ 変更された時刻を元に戻す

Timecopによって変更された時刻を元に戻すには**Timecop.return**メソッドを呼び出します。このメソッドの呼び出しを忘れると後続の処理でも時刻が変更されたままになり、意図しない動作につながる可能性があります。なお、このような呼び出し忘れを防ぐため、**Timecop.freeze**や**Timecop.travel**メソッドにはブロックを渡せるようになっています。ブロックを渡したときはブロック内でのみ時刻が変更され、ブロックを抜けると元に戻ります。ある箇所でのみ時刻の変更を行いたい場合はこの記法を利用したほうがよいでしょう。

■ samples/chapter-09/175.rb

```ruby
require 'timecop'

Timecop.freeze(Time.new(2022, 1, 1, 0, 0, 0))
puts Time.now

# ここで変更された時刻が元に戻る
Timecop.return
puts Time.now

# ブロック内でのみ時刻が変更されるため、Timecop.returnメソッドを呼び出す必要がない
Timecop.freeze(Time.new(2023, 1, 1, 0, 0, 0)) do
  puts Time.now
end

puts Time.now
```

テストのために現在時刻を固定／変更したい

▼ 実行結果

```
2022-01-01 00:00:00 +0900
2022-07-03 12:35:09 +0900
2023-01-01 00:00:00 +0900
2022-07-03 12:35:09 +0900
```

※ 実行したタイミングによって表示される時刻は異なる

Column Active Supportで時刻を変更する

　以上のように、Timecopを用いれば時刻の固定／変更が簡単に行えますが、Rubyの言語を拡張したメソッド群を提供するActive Supportでも同じような機能が提供されています。

　時刻の固定／変更に関するメソッドは`ActiveSupport::Testing::TimeHelpers`モジュールにありますが、このモジュールのメソッドはモジュール関数ではないため、利用するにはインクルードする必要があります。

```
require 'active_support/all'
require 'active_support/testing/time_helpers'

include ActiveSupport::Testing::TimeHelpers

# 現在時刻で固定する
freeze_time

# 現在時刻を指定した時刻に変更する
travel_to(Timeオブジェクト)

# 変更された時刻を元に戻す
travel_back
```

数学的な機能を
利用する

Chapter

10

176 絶対値を求めたい

> Syntax

● **絶対値を取得**

数値.abs

数値の絶対値を求めるときは`Numeric#abs`を使います（absは絶対値の英語名absolute valueの略）。`Numeric`に定義されているので、そのサブクラスである各種の数値クラスから`abs`メソッドを呼び出すことができます。それぞれの数値クラスにおける`abs`の返り値のクラスは、次のとおりです。

● **数値クラスごとのabsの返り値のクラス**

クラス	返り値のクラス
Integer	Integer
Float	Float
Rational	Rational
Complex	Float

次のサンプルコードでは、整数、浮動小数点数、実数、複素数それぞれの絶対値を求めています。ここで、複素数の絶対値は $\sqrt{実部^2 + 虚部^2}$ です。

■ **samples/chapter-10/176.rb**

```ruby
puts "|10| = #{10.abs}"
puts "|-10| = #{-10.abs}"
puts "|-1.2| = #{-1.2.abs}"
puts "|-1/3| = #{(-1/3r).abs}"
puts "|3+4i| = #{Complex(3, 4).abs}"
```

▼ **実行結果**

```
|10| = 10
|-10| = 10
|-1.2| = 1.2
|-1/3| = 1/3
|3+4i| = 5.0
```

177 最大値、最小値を求めたい

> Syntax

● **最大値**

```
[数値，数値，...].max
```

● **最小値**

```
[数値，数値，...].min
```

数値の配列から最大値、最小値を取得するにはmaxとminを使います。
次のサンプルコードでは、3つの数値を持つ配列から最大値と最小値を取得しています。

■ samples/chapter-10/177.rb

```ruby
numbers = [2.5, 1, 3]
puts "max(2.5, 1, 3) = #{numbers.max}"
puts "min(2.5, 1, 3) = #{numbers.min}"
```

▼ 実行結果

```
max(2.5, 1, 3) = 3
min(2.5, 1, 3) = 1
```

178 合計値を求めたい

> **Syntax**

● **配列中の値の合計値**

```
［数値, ...］.sum
```

配列中の数値の合計値を求めるには`Array#sum`を使います。

次のサンプルコードでは、1から10までの整数を持つ配列に対して、それらの整数の合計値を算出しています。

■ samples/chapter-10/178.rb

```ruby
integers = [1, 2, 3, 4, 5, 6, 7, 8, 9, 10]
puts "#{integers.join(' + ')} = #{integers.sum}"
```

▼ 実行結果

```
1 + 2 + 3 + 4 + 5 + 6 + 7 + 8 + 9 + 10 = 55
```

`sum`の引数に値を与えると、それを初期値とし、そこに配列の数を追加して合計値を求めます。

次のサンプルコードでは、`sum`に初期値として100を与え、そこに200と300を加えた合計値を求めています。

■ samples/chapter-10/178.rb

```ruby
puts "100 + 200 + 300 = #{[200, 300].sum(100)}"
```

▼ 実行結果

```
100 + 200 + 300 = 600
```

179 平方根を求めたい

Syntax

● **平方根**

```
Math.sqrt(値)
```

ある数の平方根を求めるには`Math.sqrt`を使います。引数には0以上の実数だけを渡すことが可能で、結果は浮動小数点数として返されます。引数として負の値を渡すと、例外`Math::DomainError`が発生します。

次のサンプルコードでは、$\sqrt{0}$、$\sqrt{2}$、$\sqrt{100}$ をそれぞれ計算しています。また、$\sqrt{-1}$ を計算しようとすると、例外が発生することを確認しています。

■ **samples/chapter-10/179.rb**

```ruby
puts "√0 = #{Math.sqrt(0)}"
puts "√2 ≒ #{Math.sqrt(2)}"
puts "√100 = #{Math.sqrt(100)}"
begin
  Math.sqrt(-1)
rescue => e
  p e
end
```

▼ **実行結果**

```
√0 = 0.0
√2 ≒ 1.4142135623730951
√100 = 10.0
#<Math::DomainError: Numerical argument is out of domain - sqrt>
```

180 複素数を使いたい

> **Syntax**

● **複素数の作成**

```
Complex(実部, 虚部)
実部 + 虚部i
```

● **実部の取得**

```
z.real
```

● **虚部の取得**

```
z.imag
```

※ zはComplexのオブジェクト

　複素数を作るには、**Complex**というモジュール関数を使います。**Complex(...)**の形式で呼び出すことができます。この**Complex(...)**の引数として実部の値と虚部の値を渡すことで、複素数を表すクラス**Complex**のオブジェクトが作成されます。また、リテラルで**数値i**と書くと虚数になるので、より直感的な「**実部 + 虚部i**」という形式でも**Complex**のオブジェクトを作成できます。

　複素数の実部と虚部を取得するには、それぞれ**Complex#real**と**Complex#imag**を使います。

　次のサンプルコードでは、複素数 $z=3+4i$ を作成し、その実部 $\mathrm{Re}(z)$ と虚部 $\mathrm{Im}(z)$ を取得しています。

■ **samples/chapter-10/180.rb**

```ruby
z = 3 + 4i
puts z
puts "Re(#{z}) = #{z.real}"
puts "Im(#{z}) = #{z.imag}"
```

▼ 実行結果

```
3+4i
Re(3+4i) = 3
Im(3+4i) = 4
```

Complexには算術演算のメソッドが定義されています。

次のサンプルコードでは、$z_1=3+4i$ と $z_2=5-6i$ を使って各種の算術演算を実行しています。

■ samples/chapter-10/180.rb

```
z1 = 3 + 4i
z2 = 5 - 6i
puts "(#{z1}) + (#{z2}) = #{z1 + z2}"
puts "(#{z1}) - (#{z2}) = #{z1 - z2}"
puts "(#{z1}) * (#{z2}) = #{z1 * z2}"
puts "(#{z1}) / (#{z2}) = #{z1 / z2}"
puts "(#{z1})^2 = #{z1 ** 2}"
```

▼ 実行結果

```
(3+4i) + (5-6i) = 8-2i
(3+4i) - (5-6i) = -2+10i
(3+4i) * (5-6i) = 39+2i
(3+4i) / (5-6i) = -9/61+38/61i
(3+4i)^2 = -7+24i
```

181 三角関数を使いたい

Syntax

● **正弦関数**

```
Math.sin(角度(rad))
```

● **余弦関数**

```
Math.cos(角度(rad))
```

● **正接関数**

```
Math.tan(角度(rad))
```

Mathには三角関数、逆三角関数を求めるためのモジュール関数が存在します。三角関数のモジュール関数には、引数としてrad（ラジアン）を単位とする角度を渡します。また、逆三角関数のモジュール関数には、引数として−1から1の範囲内の値を渡します。なお、結果は浮動小数点数で返されるので、真の値からの誤差が発生する可能性があります。

Mathに定義されている三角関数と逆三角関数のモジュール関数は次のとおりです。

● **Mathに定義されている三角関数／逆三角関数のモジュール関数**

関数	Mathのモジュール関数
正弦関数 sin θ	Math.sin
余弦関数 cos θ	Math.cos
正接関数 tan θ	Math.tan
逆正弦関数 arcsin θ	Math.asin
逆余弦関数 arccos θ	Math.acos
逆正接関数 arctan θ	Math.atan

次のサンプルコードでは、$\theta = \frac{\pi}{4}$ に対する sin θ、cos θ、tan θ の値と、その逆関数 arcsin θ、arccos θ、arctan θ の値を求め、小数点第5位で丸めた結果を出力しています。

■ samples/chapter-10/181.rb

```ruby
rad = Math::PI / 4
puts "π/4 ≒ #{rad.round(4)}"

puts "sin(π/4) ≒ #{Math.sin(rad).round(4)}"
puts "cos(π/4) ≒ #{Math.cos(rad).round(4)}"
puts "tan(π/4) = #{Math.tan(rad).round(4)}"

puts "arcsin(1/√2) ≒ #{Math.asin(1/Math.sqrt(2)).round(4)}"
puts "arccos(1/√2) ≒ #{Math.acos(1/Math.sqrt(2)).round(4)}"
puts "arctan(1) = #{Math.atan(1).round(4)}"
```

▼ 実行結果

```
π/4 ≒ 0.7854
sin(π/4) ≒ 0.7071
cos(π/4) ≒ 0.7071
tan(π/4) = 1.0
arcsin(1/√2) ≒ 0.7854
arccos(1/√2) ≒ 0.7854
arctan(1) ≒ 0.7854
```

182 指数関数を使いたい

Syntax

● 指数関数

```
Math.exp(値)
```

指数関数 exp x（すなわち e^x）の値を求めるにはモジュール関数 `Math.exp` を使います。`Math.exp` には引数として任意の実数を渡します。

次のサンプルコードでは、x の値が 0、1、$\sqrt{2}$ のときの exp x の値を出力しています。

■ samples/chapter-10/182.rb

```ruby
puts "exp(0) = #{Math.exp(0)}"
puts "exp(1) = #{Math.exp(1)}"
puts "exp(√2) = #{Math.exp(Math.sqrt(2))}"
```

▼ 実行結果

```
exp(0) = 1.0
exp(1) = 2.718281828459045
exp(√2) = 4.1132503787829275
```

183 対数関数を使いたい

Syntax

● **対数関数**

```
Math.log(値, 底)
```

対数関数 $\log_b x$ の値を求めるには、モジュール関数 **Math.log** を使います。**Math.log** には引数として0以上の実数を渡します。デフォルトでは底の値が e の自然対数 $\log x$ になります。底を指定したいときは、1以外の正の実数を第2引数に渡します。

なお、よく使われる底を利用するためのモジュール関数として、底が2の **Math.log2** と底が10（常用対数）の **Math.log10** も存在します。

次のサンプルコードでは、x が 0、1、e のときの $\log x$ の値を出力しています。

■ samples/chapter-10/183.rb

```ruby
puts "log(0) = #{Math.log(0)}"
puts "log(1) = #{Math.log(1)}"
puts "log(e) = #{Math.log(Math::E)}"
```

▼ 実行結果

```
log(0) = -Infinity
log(1) = 0.0
log(e) = 1.0
```

184 数学に関する定数を使いたい

Syntax

● 円周率

```
Math::PI
```

● 無限大

```
Float::INFINITY
```

● 自然対数の底

```
Math::E
```

Rubyの組み込みライブラリには、数値計算で利用できる定数がいくつか定義されています。

円周率 π の値がほしいときは**Math::PI**を使います。また、自然対数の底（ネイピア数）e の値がほしいときは**Math::E**を使います。これらは浮動小数点数として定義されており、その精度は環境に依存します。**Math**モジュールに定義されている定数はこれら2つだけです。

無限大 ∞ を表したいときは**Float::INFINITY**を、無限小 $-\infty$ を表したいときは**-Float::INFINITY**を使います。定義域として無限大／無限小を含む数学関数にこれらの定数を渡すと、対応する値が返り値として得られます。

次のサンプルコードでは、円周率 π の値と自然対数の底 e の値を小数第6位で切り捨てて出力しています。また、指数関数に無限大 ∞ と無限小 $-\infty$ を渡して、対応する値を出力しています。

■ samples/chapter-10/184.rb

```ruby
puts "π ≒ #{Math::PI.floor(5)}"
puts "e ≒ #{Math::E.floor(5)}"
puts "exp(∞) = #{Math::exp(Float::INFINITY)}"
puts "exp(-∞) = #{Math::exp(-Float::INFINITY)}"
```

▼ 実行結果

```
π ≒ 3.14159
e ≒ 2.71828
exp(∞) = Infinity
exp(-∞) = 0.0
```

185 乱数を使いたい

Syntax

- **乱数の取得**

  rand

- **0以上、上限値未満の乱数の取得**

  rand(上限値)

- **特定範囲内の乱数の取得**

  rand(Rangeオブジェクト)

- **乱数のシード設定**

  srand(シード値)

乱数（ランダムな数値）を取得するにはrandを使います。randを呼び出すと、0以上1未満の浮動小数点数を乱数として取得できます。randを複数回呼び出すと毎回新たな乱数が生成されるので、結果として乱数の系列（乱数列）を得られます。

もっと広い範囲の乱数を取得したいときはrandに引数を渡します。整数を渡すと、0以上指定した数未満の整数を乱数として取得できます。Rangeオブジェクトを渡すと、そのRangeオブジェクトの範囲に含まれる整数を乱数として取得できます。

セキュリティが重要な場面で乱数を生成するときは、randではなくSecureRandomを利用してください（▶186）。

次のサンプルコードでは、引数なしのrand、整数を与えたときのrand、Rangeオブジェクトを与えたときのrandの挙動を確認しています。

■ **samples/chapter-10/185.rb**

```
3.times { puts rand }

puts "0〜4の間の乱数"
3.times { puts rand(5) }

puts "10〜20の間の乱数"
3.times { puts rand(10..20) }
```

▼ **実行結果**

```
0.7004253950638831
0.05148140417799196
0.7145718037694452
0〜4の間の乱数
3
4
0
10〜20の間の乱数
18
12
14
```

※結果は実行するたびに変化する

373

185

乱数を使いたい

テスト用に乱数のシードを設定する

乱数のシードを設定するにはsrandを使います。srandには引数としてシードとなる整数を渡します。

randで取得できる乱数は正確には擬似乱数というものです。擬似乱数ではシード（「種」の意味）と呼ばれる値をもとにして乱数列を生成します。つまり、同じシードの値を使えば、同じ順番で同じ乱数が取得できます。デフォルトのシードの値は、OSの機能などを利用して取得したランダムな値をもとに設定されています。

一方、シードの値はsrandで明示的に指定することもできます。生成される乱数列を固定できるので、乱数を利用するプログラムの動作をテストしたいときに便利です。srandにシードを設定するたびに、乱数列の生成は最初からにリセットされます。

この機能はあくまでも主にテスト用に用意されているものなので、ランダムな値が必要なときに誤って使わないようにしてください。

次のサンプルコードでは、乱数のシードとして100を設定して、1以上100以下の乱数を3回取得するという処理を2回繰り返し、同じ乱数列が得られることを確認しています。

■ samples/chapter-10/185.rb

```ruby
puts "1回目"
srand(100)
3.times { puts rand(1..100) }
puts "2回目"
srand(100)
3.times { puts rand(1..100) }
```

▼ 実行結果

```
1回目
9
25
68
2回目
9
25
68
```

(関連項目)

▶▶186　安全な乱数を使いたい

186 安全な乱数を使いたい

> Syntax

● 安全な乱数として整数を取得

```
SecureRandom.random_number
```

※ require 'securerandom'が必要

　セキュリティが重要な場面で、生成される乱数列が予測できないような性質を持つ乱数を利用したいときはSecureRandomを使います。

　randで生成できる乱数列は、人間が簡単に予測できない程度には十分にランダムです。しかし、ある時点までにrandで生成した乱数列が外部に漏れてしまうと、それ以降にrandが生成する乱数列を予測できてしまいます。予測できる可能性のある乱数は、暗号鍵やWebアプリケーションのセッションキーの生成など、セキュリティが重視される分野での使用には適していません。

　SecureRandomモジュールから利用できるメソッドは、これまでに生成した乱数列がわかっていても今後生成する乱数列を予測できないような性質を持つ、安全な乱数を生成します。SecureRandomを使うにはsecurerandomライブラリをrequireする必要があります。

　SecureRandom.random_numberは引数を含めrandと同じ方法で利用できます。また、SecureRandomはランダムな文字列やUUIDを生成するためのメソッドも備えています。SecureRandomが持つメソッドの一覧を次に示します。

● SecureRandomの主なメソッド

メソッド	機能
random_number	ランダムな整数を返す
random_bytes	ランダムなバイト列の文字列を返す
hex	ランダムな16進数の文字列を返す
alphanumeric	ランダムな半角英数文字列を返す
uuid	ランダムなUUIDバージョン4形式の識別子を返す
base64	ランダムなBase64文字列を返す
urlsafe_base64	URLで安全に利用できる文字（半角英数、-、_）だけを持つランダムなBase64文字列を返す

　次のサンプルコードでは、SecureRandomのメソッドの返り値を出力しています。

186

安全な乱数を使いたい

■ samples/chapter-10/186.rb

```ruby
require 'securerandom'

puts "number: #{SecureRandom.random_number(1..100)}"
print "bytes: "; p SecureRandom.random_bytes
puts "hex: #{SecureRandom.hex}"
puts "alphanumeric: #{SecureRandom.alphanumeric}"
puts "uuid: #{SecureRandom.uuid}"
puts "base64: #{SecureRandom.base64}"
puts "urlsafe_base64: #{SecureRandom.urlsafe_base64}"
```

▼ 実行結果

```
number: 99
bytes: "\xEB\x9DJ\xA0\x14u\xBF\xA0\xA4=\xB1+,\b\xA9*"
hex: d8c762c0b87ec1776b4748b95330f89c
alphanumeric: 8nfyW2PxVQC7zYgO
uuid: 1eddfea0-e9c0-4f38-8b3f-f7b5aa79f521
base64: Fd51GKhFphvu6tG+p036bw==
urlsafe_base64: SsjqpSMWo-I4U2MhKtZzCw
```

※ 結果は実行するたびに変化する

187 順列／組合せを求めたい

Chap 10 数学的な機能を利用する

Syntax

● 順列

```
[要素，要素，...].permutation
[要素，要素，...].permutation(1つの順列の要素数)
```

● 組合せ

```
[要素，要素，...].combination(1つの組み合わせの要素数)
```

　配列から順列と組合せの候補を取得するには、Array#permutationとArray#combination
を使います。

　Array#permutationでは、配列内の要素を使って作成可能な順列の候補を取り出すことが
できます。引数には、1つの順列の候補の要素数を渡します。引数を渡さないときは、配列内の要素す
べてを順列の候補の作成に使います。

　Array#permutationの結果はEnumeratorとして取得できるので、to_aを使って配列に変
換したり、eachで順番に処理できます。ただし、得られる順列の候補の順番は保証されていないので、
使う側が順番に依存しないコードを書く必要があります。

　一方、Array#combinationでは、配列内の要素を使った組合せの候補すべてを取り出すこと
ができます。引数については順列と同様で、結果もEnumeratorとして取得できます。
Array#Permutationと同様に、結果の順番は保証されていません。

　これらのメソッドでは同じ値の要素があっても別のものとして扱われるので、[1，2，2]のように重
複する要素を含む配列では、得られる結果に重複が発生します。

　次のサンプルコードでは、1から4の整数を持つ配列から2個取り出すときの順列と組合せを出力して
います。

377

187

順列／組合せを求めたい

■ samples/chapter-10/187.rb

```ruby
array1 = [1, 2, 3]
puts "array1 = #{array1}"
puts "順列: #{array1.permutation(2).to_a}"
puts "組合せ: #{array1.combination(2).to_a}"

array2 = [1, 2, 2]
puts "array2 = #{array2}"
puts "順列: #{array2.permutation(2).to_a}"
puts "組合せ: #{array2.combination(2).to_a}"
```

▼ 実行結果

```
array1 = [1, 2, 3]
順列: [[1, 2], [1, 3], [2, 1], [2, 3], [3, 1], [3, 2]]
組合せ: [[1, 2], [1, 3], [2, 3]]
array2 = [1, 2, 2]
順列: [[1, 2], [1, 2], [2, 1], [2, 2], [2, 1], [2, 2]]
組合せ: [[1, 2], [1, 2], [2, 2]]
```

ファイルシステムを
操作する

Chapter

11

188 ファイルやディレクトリの名前の一覧を取得したい

Syntax

- **ファイルとディレクトリの名前を配列で取得**

  ```
  Dir.entries(ディレクトリ名)
  ```

- **ファイルとディレクトリ(.と..を除く)の名前を配列で取得**

  ```
  Dir.children(ディレクトリ名)
  ```

　特定のディレクトリに存在するファイルとディレクトリの名前を配列で取得するには、`Dir.entries`と`Dir.children`を使います。

　`Dir.entries`はディレクトリ名を文字列として受け取り、そのディレクトリに存在するファイルとディレクトリの名前の配列を返します。引数として渡すディレクトリ名は相対パス、絶対パスのどちらでもかまいません。このメソッドが返す配列にはカレントディレクトリ`.`(ピリオド)と親ディレクトリ`..`(ピリオド2つ)が含まれます。

　次のサンプルコードでは、カレントディレクトリに存在するファイルとディレクトリの名前を、カレントディレクトリ`.`と親ディレクトリ`..`も含め、配列として取得しています。

■ samples/chapter-11/188/foo.rb

```
p Dir.entries('.')
```

▼ 実行結果

```
[".", "..", "foo.rb", "bar.rb", "dir"]
```

　Dir.childrenはDir.entriesとほぼ同じメソッドですが、結果の配列に.と..を含めません。
　次のサンプルコードでは、カレントディレクトリに存在するファイルとディレクトリの名前を配列として取得しています。

```
# 実行前のファイル

.
├── bar.rb
├── dir
│     └── foo.txt
└── foo.rb
```

■ samples/chapter-11/188/bar.rb

```
p Dir.children('.')
```

▼ 実行結果

```
["foo.rb", "bar.rb", "dir"]
```

189 実行中のスクリプトが存在する ディレクトリの名前を取得したい

> **Syntax**

- **スクリプトが存在するディレクトリの絶対パスを取得**

```
__dir__
```

- **パス文字列の最後のスラッシュより後ろの部分を取得**

```
File.basename(パス文字列)
```

　実行中のスクリプトの中で、そのスクリプトが存在するディレクトリの絶対パスを文字列として取得するには、`__dir__`を使います。

```
# 実行前
$ ls /Users/user1/samples/chapter-11/189
sample.rb
```

■ **samples/chapter-11/189/sample.rb**

```
puts __dir__
```

▼ **実行結果**

```
/Users/user1/samples/chapter-11/189
```

　実行中のスクリプトの親ディレクトリの名前だけを取得するには、`__dir__`と`File.basename`メソッドを一緒に使います。`File.basename`にパス文字列を渡すと、パスに含まれるスラッシュ`/`のうち、最後のスラッシュより後ろの部分を取得できます。たとえば、`'/tmp/foo/bar'`という文字列を渡すと、`bar`が返されます。

　次のサンプルコードでは、`File.basename`に`__dir__`を渡すことで、そのスクリプトが存在するディレクトリの名前を取得しています。

```
# 実行前
$ ls /Users/user1/samples/chapter-11/189
sample.rb
```

■ samples/chapter-11/189/sample.rb

```
puts File.basename(__dir__)
```

▼ 実行結果

```
189
```

190 ファイルの拡張子を取得したい

> Syntax

● ファイルのパスから拡張子を取得

```
File.extname(ファイルのパス)
```

　ファイル名に含まれる拡張子を取得するときは**File.extname**を使います。拡張子とは、ファイル名のうちピリオド以降の部分を指します。たとえば、**.txt**や**.rb**は拡張子です。**File.extname**にファイルのパスを文字列として渡すと、その中に含まれる拡張子が返されます。

　LinuxやmacOSでは、**.foo.txt**のようにファイル名がピリオドから始まるファイルを隠しファイルとして扱います。**File.extname**は隠しファイルの名前の先頭のピリオドを無視して、それより後ろに存在するピリオドを拡張子の始まりと見なします。拡張子が見つからないとき、**File.extname**は空文字を返します。

　次のサンプルコードでは、拡張子を持つファイルのパス、拡張子を持つ隠しファイルのパス、拡張子を持たない隠しファイルのパスを**File.extname**に渡して、拡張子を取得しています。

■ samples/chapter-11/190.rb

```ruby
puts "/tmp/foo.rb: #{File.extname('/tmp/foo.rb')}"
puts "/tmp/foo.html.erb: #{File.extname('/tmp/foo.html.erb')}"
puts "/etc/.settings.yml: #{File.extname('/etc/.settings.yml')}"
puts "/home/user1/.bashrc: #{File.extname('/home/user1/.bashrc')}"
```

▼ 実行結果

```
/tmp/foo.rb: .rb
/tmp/foo.html.erb: .erb
/etc/.settings.yml: .yml
/home/user1/.bashrc:
```

191 ファイルとディレクトリが存在するかどうか確認したい

Syntax

● **ファイルの存在を確認**

```
File.exist?(path)
```

● **ディレクトリの存在を確認**

```
Dir.exist?(path)
```

　ファイルやディレクトリが存在するかどうかを確認したいときは**File.exist?**と**Dir.exist?**を使います。これらのメソッドは、引数のパスのファイルやディレクトリが存在するなら**true**を、存在しないなら**false**を返します。

　次のサンプルコードでは、**foo.txt**というファイルと**bar**というディレクトリがカレントディレクトリに存在するとき、それぞれのファイルやディレクトリが存在するかどうかを確認しています。

```
# 実行前
$ ls
bar
foo.txt
sample.rb
```

■ samples/chapter-11/191/sample.rb

```
puts File.exist?('foo.txt')
puts File.exist?('bar.txt')
puts Dir.exist?('bar')
puts Dir.exist?('baz')
```

▼ 実行結果

```
true
false
true
false
```

192 ディレクトリ名とファイル名を結合してパス文字列を作りたい

> Syntax

● **ディレクトリ名とファイル名を結合してパスを作成**

```
File.join(ディレクトリ名, ディレクトリ名, ..., ファイル名)
```

ディレクトリ名とファイル名を組み合わせてファイルのパスを作るときは、`File.join`を使うのが便利です。

`File.join`にディレクトリ名とファイル名を渡すと、それらをパスセパレータで適切に結合したパスが作成できます。引数には複数のディレクトリ名を渡せます。

ディレクトリ名やファイル名にパスセパレータが含まれていても、パスセパレータを重複させずに適切にパスを作成できるのが`File.join`の便利な点です。

次のサンプルコードでは、ディレクトリ名とファイル名を`File.join`に渡してパスを作成しています。2つ目の例の引数にはパスセパレータが含まれていますが、問題なくパスが生成されています。

■ samples/chapter-11/192.rb

```ruby
puts File.join('tmp', 'foo', 'bar', 'baz.rb')
puts File.join('/tmp', '/foo', 'bar/', '/baz.rb')
```

▼ 実行結果

```
tmp/foo/bar/baz.rb
/tmp/foo/bar/baz.rb
```

193 特定のパターンにしたがう ファイル名を取得したい

> **Syntax**

● グロブを展開してファイルパスの配列を取得

```
Dir.glob(グロブ)
```

特定のパターンにマッチする名前を持つファイルがあるかどうか調べて、それらのファイルのパスを取得したいときは**Dir.glob**を使います。

Dir.globでは、「グロブ」というパスのパターンを表現する文字列を使います。たとえば、**foobar.txt**と**foobaz.txt**が存在するディレクトリでは、**foo*.txt**というグロブを**foobar.txt**と**foobax.txt**に展開できます。グロブはbashなどのシェルでよく使われます。

グロブで利用できる主な記号は次のとおりです。

● グロブで利用できる主な記号

記号	効果
*	任意の文字列に展開できる
**	**/の形式のとき任意のディレクトリに展開できる
?	任意の1文字に展開できる

次のサンプルコードでは、ファイル名とディレクトリ名をグロブから展開して、ファイルパスの配列を取得しています。

```
# 実行前のファイル
.
├── foobar.txt
├── foobaz.txt
├── ruby
│   └── tmp
│       ├── test.rb
│       └── test2.rb
└── sample.rb
```

Chap 11 ファイルシステムを操作する

193

特定のパターンにしたがうファイル名を取得したい

■ samples/chapter-11/193/sample.rb

```ruby
p Dir.glob("foo*.txt")
p Dir.glob("ruby/**/*.rb")
```

▼ 実行結果

```
["foobar.txt", "foobaz.txt"]
["ruby/tmp/test.rb", "ruby/tmp/test2.rb"]
```

194 相対パスを絶対パスに変換したい

Syntax

● 基準とするディレクトリからの相対パスを絶対パスに展開

```
File.expand_path(相対パス, 基準とするディレクトリ)
```

`../foo.txt`のような相対パスを`/Users/user1/foo.txt`のような絶対パスに展開するには`File.expand_path`を使います。

デフォルトでは、`File.expand_path`は「スクリプト実行時のカレントディレクトリ」を相対パスの基準とします。また、相対パスに含まれる~（チルダ）は「スクリプトを実行するユーザーのホームディレクトリ」の絶対パスに、~**ユーザー名**は「そのユーザーのホームディレクトリの絶対パス」に展開されます。

次のサンプルコードは、ユーザーuser1が`/Users/user1/samples/chapter-11/194`でスクリプトを実行する場合に、与えられた相対パスを絶対パスに展開する例です。

■ samples/chapter-11/194/sample.rb

```ruby
# カレントディレクトリのfoo.txtの絶対パスを取得する
puts File.expand_path('foo.txt')

# 親ディレクトリのfoo.txtの絶対パスを取得する
puts File.expand_path('../foo.txt')

# スクリプトを実行するユーザーのホームディレクトリのfoo.txtの絶対パスを取得する
puts File.expand_path('~/foo.txt')

# user1のホームディレクトリのfoo.txtの絶対パスを取得する
puts File.expand_path('~user1/foo.txt')
```

▼ 実行結果

```
/Users/user1/samples/chapter-11/194/foo.txt
/Users/user1/samples/chapter-11/foo.txt
/Users/user1/foo.txt
/Users/user1/foo.txt
```

Chap 11 ファイルシステムを操作する

194

相対パスを絶対パスに変換したい

相対パスを常に同じ絶対パスに展開する

`File.expand_path`で取得できる絶対パスは、カレントディレクトリの位置に応じて変化します。カレントディレクトリの位置にかかわらず、相対パスを常に同じ絶対パスに展開するには、`File.expand_path`の第2引数に相対パスの基準となるディレクトリのパスを渡します。

スクリプトから見た相対パスを絶対パスに展開するときは、基準ディレクトリとして`__dir__`を使うことがよくあります（`__dir__`はスクリプトが存在するディレクトリの絶対パスを返します ▶▶189）。

次のサンプルコードでは、`/home/user1/samples/chapter-11/194`に存在するスクリプト`sample.rb`をどのディレクトリから実行しても、常に同じ絶対パスに展開するように`File.expand_path`に`__dir__`を与えています。

■ samples/chapter-11/194/sample.rb

```
# どのディレクトリから実行しても同じ絶対パスsamples/chapter-11/194/foo.txt 2
を取得
puts File.expand_path('foo.txt', __dir__)
```

▼ 実行結果

```
/Users/user1/samples/chapter-11/194/foo.txt
```

（ 関連項目 ）

▶▶189 実行中のスクリプトが存在するディレクトリの名前を取得したい

195 ファイルの移動やファイル名の変更を実行したい

Syntax

- ファイル名の変更

```
FileUtils.mv(変更前のファイル名, 変更後のファイル名)
```

- ファイルをディレクトリに移動

```
FileUtils.mv(移動するファイル名, 移動先のディレクトリ名)
```

※ require 'fileutils'が必要

　LinuxやmacOSでは、mvコマンドでファイルを移動したりファイル名を変更したりできます。Rubyでmvコマンドと同じようにファイルの移動／ファイル名の変更を行うには、`FileUtils.mv`を使います。
　`FileUtils.mv`の第1引数にファイル名の配列を指定すると、複数のファイルを一度に移動できます。なお、ファイル名とディレクトリ名は、相対パスと絶対パスのどちらの形式でもかまいません。
　`FileUtils`モジュールを使うときは、fileutilsライブラリを`require`で読み込む必要があります。
　次のサンプルコードでは、相対パスと絶対パス両方の形式で`FileUtils.mv`にパスを渡し、ファイル名の変更とファイルの移動を実行しています。

```
# 実行前のファイル
.
├── bar.rb
├── baz.rb
├── dir
├── foo.rb
└── sample.rb
```

195

ファイルの移動やファイル名の変更を実行したい

■ samples/chapter-11/195/sample.rb

```ruby
require 'fileutils'

FileUtils.mv('foo.rb', 'foo_bar.rb')
FileUtils.mv(['bar.rb', 'baz.rb'], 'dir')
```

```
# 実行後のファイル
.
├── dir
│   ├── bar.rb
│   └── baz.rb
├── foo_bar.rb
└── sample.rb
```

196 ファイルをコピーしたい

> Syntax

- **ファイルのコピー**

    ```
    FileUtils.cp(コピー元のファイル名, コピー先のファイル名)
    ```

- **ファイルをディレクトリにコピー**

    ```
    FileUtils.cp(コピー元のファイル名, ディレクトリ名)
    ```

※ require 'fileutils'が必要

　LinuxやmacOSでは、**cp**コマンドでファイルをコピーできます。Rubyで**cp**コマンドと同じようにファイルをコピーするには**FileUtils.cp**を使います。

　FileUtils.cpの第1引数にファイル名の配列を指定すると、複数のファイルを一度にコピーできます。なお、ファイル名とディレクトリ名は、相対パスと絶対パスのどちらの形式でもかまいません。

　FileUtilsモジュールを使うときは、fileutilsライブラリを**require**で読み込む必要があります。

　次のサンプルコードでは、相対パスと絶対パス両方の形式で**FileUtils.cp**にパスを渡し、ファイルのコピーを実行しています。

```
# 実行前のファイル
.
├── bar.rb
├── baz.rb
├── dir
├── foo.rb
└── sample.rb
```

196

ファイルをコピーしたい

■ samples/chapter-11/196/sample.rb

```ruby
require 'fileutils'

FileUtils.cp('foo.rb', 'foo_bar.rb')
FileUtils.cp(['bar.rb', 'baz.rb'], 'dir')
```

```
# 実行後のファイル
.
├── bar.rb
├── baz.rb
├── dir
│   ├── bar.rb
│   └── baz.rb
├── foo.rb
├── foo_bar.rb
└── sample.rb
```

197 ディレクトリとその中のファイルをコピーしたい

Syntax

- **ディレクトリとその中のファイルをコピー**

   FileUtils.cp_r(コピー元のディレクトリ名, コピー先のディレクトリ名)

※ require 'fileutils'が必要

LinuxやmacOSでは、`cp -R`コマンドを使うと、ディレクトリとその中に含まれるファイルやディレクトリを再帰的にコピーできます。Rubyで`cp -R`コマンドと同じようにディレクトリをコピーするには、`FileUtils.cp_r`を使います。引数のディレクトリ名は、相対パスと絶対パスのどちらの形式でもかまいません。

`FileUtils`モジュールを使うときは、fileutilsライブラリを`require`で読み込む必要があります。

次のサンプルコードでは、`FileUtils.cp_r`でディレクトリ`foo`とその中のファイルをディレクトリ`bar`にコピーしています。

```
# 実行前のファイル
.
├── bar
├── foo
│   └── foo.rb
└── sample.rb
```

■ samples/chapter-11/197/sample.rb

```ruby
require 'fileutils'

FileUtils.cp_r('foo', 'bar')
```

197

ディレクトリとその中のファイルをコピーしたい

```
# 実行後のファイル
.
├── bar
│   └── foo
│       └── foo.rb
├── foo
│   └── foo.rb
└── sample.rb
```

198 ファイルを削除したい

> Syntax

● **ファイルを削除**

```
FileUtils.rm(ファイル名)
```

※ require 'fileutils'が必要

　LinuxやmacOSでは、**rm**コマンドでファイルを削除できます。Rubyで**rm**コマンドと同じようにファイルを削除するには、**FileUtils.rm**を使います。引数のディレクトリ名は、相対パスと絶対パスのどちらの形式でもかまいません。

　FileUtilsモジュールを使うときは、fileutilsライブラリを**require**で読み込む必要があります。

　次のサンプルコードでは、**FileUtils.rm**にファイル名を渡し、そのファイルを削除しています。

```
# 実行前
$ ls foo.rb
foo.rb
```

■ samples/chapter-11/198/sample.rb

```
require 'fileutils'

FileUtils.rm('foo.rb')
```

```
# 実行後
$ ls foo.rb
ls: foo.rb: No such file or directory
```

199 ディレクトリを削除したい

Syntax

- **空のディレクトリを削除**

  ```
  FileUtils.rmdir(ディレクトリ名)
  ```

- **ディレクトリとその中のファイル、ディレクトリを削除**

  ```
  FileUtils.rm_r(ディレクトリ名)
  ```

※ require 'fileutils'が必要

LinuxやmacOSでは、**rmdir**コマンドで空のディレクトリを削除できます。また、**rm -r**コマンドで、ディレクトリとその中に存在するファイルやディレクトリを再帰的に削除できます。Rubyで**rmdir**コマンドや**rm -r**と同じようにディレクトリを削除するには、それぞれ**FileUtils.rmdir**と**FileUtils.rm_r**を使います。引数のディレクトリ名は、相対パスと絶対パスのどちらの形式でもかまいません。

FileUtilsモジュールを使うときは、fileutilsライブラリを**require**で読み込む必要があります。

次のサンプルコードでは、**FileUtils.rmdir**と**FileUtils.rm_r**にディレクトリ名を渡し、そのディレクトリを削除しています。

```
# 実行前
$ ls -R dir1 dir2
dir1:

dir2:
dir3    foo.rb

dir2/dir3:
bar.rb
```

■ samples/chapter-11/199/sample.rb

```
require 'fileutils'

FileUtils.rmdir('dir1')
FileUtils.rm_r('dir2')
```

```
# 実行後
$ ls -R dir1 dir2
ls: dir1: No such file or directory
ls: dir2: No such file or directory
```

200 ファイルを開きたい

Syntax

● **指定したモードでファイルをオープン**

```
file = File.open('ファイルのパス', 'モード')
```

```
File.open('ファイルのパス', 'モード') do |file|
  ...
end
```

● **ファイルのクローズ**

```
file.close
```

※ fileはFileクラスのオブジェクト

ファイルを開いて、データの読み込み／書き込みを行うには**File.open**を使います。**File.open**にファイルのパスを渡すと、そのファイルを開いて、**File**クラスのオブジェクトとして取得できます。

ファイルをどのような目的で開くかは、モードとして第2引数に渡します。たとえば**'r'**を渡すと、読み込み専用の**File**オブジェクトを取得するので、そのオブジェクト経由ではファイルにデータを書き込むことができません。デフォルトのモードは**'r'**です。

● **ファイルオープン時に指定可能なモード**

モード	説明
r	読み込み専用。デフォルトのモード
w	書き込み専用。毎回新しいファイルで上書きする
a	書き込み専用。ファイルがあれば追記する

開いたファイルに対する操作が完了したら、そのファイルを閉じる必要があります。ファイルを閉じるには**File#close**を使います。また、**File.open**でファイルを開くときにブロックを渡すと、そのブロックの中だけでファイルを開き、ブロックの実行が完了するときにファイルを自動で閉じます。

次のサンプルコードでは、**File.open**を使ってテキストファイル**foo.txt**を追記可能な書き込み専用モードで開き、文字列を1行追記したあと、ファイルを閉じています。その後、同じファイルを今度はブロックを渡しながら読み込み専用モードで開き、ファイルの内容を読み込んで標準出力に出力しています。ブロックの実行が完了すると**File.open**が自動でファイルを閉じます。

```
# 実行前
$ cat foo.txt
Lorem ipsum dolor sit amet
consectetur adipiscing elit
```

■ samples/chapter-11/200/sample.rb

```
file = File.open('foo.txt', 'a')
file.write('sed do eiusmod tempor incididunt')
file.close

File.open('foo.txt', 'r') do |file|
  puts file.read
end
```

▼ 実行結果

```
Lorem ipsum dolor sit amet
consectetur adipiscing elit
sed do eiusmod tempor incididunt
```

201 ファイルの文字コードを 指定して開きたい

> Syntax

● ファイルを開くときにエンコーディングを指定

```
File.open('ファイル名', 'モード',
          external_encoding: 外部エンコーディング,
          internal_encoding: 内部エンコーディング)
```

● ファイルを開いたあとにエンコーディングを指定

```
file.set_encoding(エンコーディング)
```

※ fileはFileクラスのオブジェクト

テキストファイルをUTF-8以外のエンコーディングで開きたいときは**File.open**のオプションとして **external_encoding**、**internal_encoding**を渡します。

UTF-8以外の文字エンコーディングを利用しているテキストファイルを開くときは、エンコーディングを あらかじめ指定します。**外部エンコーディング**は、Rubyが開こうとしているファイルの文字エンコーディ ングを指します。一方、**内部エンコーディング**は、Rubyがプログラム内でそのファイルの内容を文字 列として扱うときの文字エンコーディングを指します。

これらのエンコーディングは**Encoding**モジュールに定義されている定数を使って指定します。代表 的なエンコーディングに関する定数を次の表に示します。

● エンコーディングに関する定数

定数	説明
Encoding::UTF_8	UTF-8
Encoding::EUC_JP	EUC-JP
Encoding::SJIS	WindowsのShift_JIS

次のサンプルコードでは、文字エンコーディングがEUC-JPになっているテキストファイルからデータを 読み込むために、外部エンコーディングを**Encoding::EUC_JP**に、内部エンコーディングを **Encoding::UTF_8**に設定しています。

```
# 実行前
$ nkf --guess foo.txt
EUC-JP (LF)
$ nkf foo.txt
あのイーハトーヴォのすきとおった風
```

■ samples/chapter-11/201/sample.rb

```
File.open('./foo.txt', external_encoding: Encoding::EUC_JP,
internal_encoding: Encoding::UTF_8) do |file|
  puts file.readline
end
```

▼ 実行結果

```
あのイーハトーヴォのすきとおった風
```

　また、テキストファイルを開いたあとに、外部、内部エンコーディングを設定したいときはset_encodingを使います。
　次のサンプルコードでは、文字エンコーディングがEUC-JPのテキストファイルからデータを読み込むために、set_encodingで外部エンコーディングをEncoding::EUC_JP、内部エンコーディングをEncoding::UTF_8と設定しています。

```
# 実行前
$ nkf --guess foo.txt
EUC-JP (LF)
$ nkf foo.txt
あのイーハトーヴォのすきとおった風
```

201

ファイルの文字コードを指定して開きたい

■ samples/chapter-11/201/sample.rb

```
File.open('./foo.txt') do |file|
  file.set_encoding(Encoding::EUC_JP, Encoding::UTF_8)
  puts file.readline
end
```

▼ 実行結果

```
あのイーハトーヴォのすきとおった風
```

SJISとSHIFT_JISの違い

　上述の表「エンコーディングに関する定数」では、Encoding::SJISは「Windowsの Shift_JIS」であると説明しました。これとは別に、Encoding::SHIFT_JISという定数も存在します。
　Encoding::SHIFT_JISはJIS X 0201という仕様におけるラテン文字などの集合とJIS X 0208という仕様における日本語用文字の集合を扱うためのエンコーディングです。Encoding::SJISは実はEncoding::SHIFT_JISの変種であり、Windows特有の機種依存文字を追加したエンコーディングです。CP932（コードページ932）とも呼ばれます。
　日本語環境ではCP932が事実上のShift_JISとして扱われる場面が多いので、注意が必要です。

202 テキストファイルを読み込みたい

Syntax

● **1行分の読み込み**

```
file.readline
```

● **各行を要素として持つ配列を取得**

```
file.readlines
```

● **ファイル全体の読み込み**

```
file.read
File.read(ファイルのパス)
```

※ fileはFileのオブジェクト

Rubyでテキストファイルの内容を読み込むときは、`File#readline`、`File#readlines`、`File#read`のいずれかのメソッドを使用します。

この項目では、次のテキストファイルを使います。

```
$ cat foo.txt
Lorem ipsum dolor sit amet,
consectetur adipiscing elit,
sed do eiusmod tempor incididunt
```

■ テキストファイルから1行読み込む

テキストファイルから1行読み込むには、`File#readline`を使います。`readline`を連続して使うと、次の行を1行ずつ読み込みます。ファイルの末尾行まで読み込んだあとに`readline`を呼び出すと`EOFError`が発生します。`File#eof?`を使うと、ファイル末尾行まで読み込んだか確認できます。

次のサンプルコードでは、`readline`を使って、無限ループの中でファイルから1行ずつ文字列を読み込み、行を出力しています。ファイル末尾に達すると`file.eof?`がTrueになるので、無限ループが終了します。

■ samples/chapter-11/202/sample.rb

```
File.open('./foo.txt') do |file|
  loop {
    if file.eof?
      puts '読み終わりました'
      break
```

```
      end
      puts file.readline
    }
end
```

▼ 実行結果

```
Lorem ipsum dolor sit amet,
consectetur adipiscing elit,
sed do eiusmod tempor incididunt
読み終わりました
```

■ テキストファイルの各行を配列として取得する

テキストファイルの各行を配列として取得するには、File#readlinesを利用します。readlinesを使うと、テキストファイルの各行を要素に持つ配列を取得できます。

次のサンプルコードでは、テキストファイルをreadlinesで読み込んで、各行を要素に持つ配列を取得しています。

■ samples/chapter-11/202/sample.rb

```
File.open('./foo.txt') do |file|
  p file.readlines
end
```

▼ 実行結果

```
["Lorem ipsum dolor sit amet,\n", "consectetur adipiscing elit, 2
\n", "sed do eiusmod tempor incididunt\n"]
```

■ テキストファイル全体を読み込む

開いているファイルの内容全体を文字列として読み込むには、File#readを使います。一度全体をreadで読み込んだファイルオブジェクトに対して再度readを呼ぶと、空文字を返します。

202

テキストファイルを読み込みたい

次のサンプルコードでは、テキストファイル全体をreadで読み込み結果の文字列を出力したあと、再度readでファイルを読み込んで、結果として空文字を出力しています。

■ samples/chapter-11/202/sample.rb

```ruby
File.open('./foo.txt') do |file|
  contents = file.read
  p contents

  contents = file.read
  p contents
end
```

▼ 実行結果

```
"Lorem ipsum dolor sit amet,\nconsectetur adipiscing elit,\nsed
do eiusmod tempor incididunt\n"
""
```

ファイルの読み込みだけを簡単に実行したいときは`File.read`を使うこともできます。引数にファイルのパスを渡すと、そのファイルの内容全体を文字列として読み込みます。

■ samples/chapter-11/202/sample.rb

```ruby
p File.read('./foo.txt')
```

▼ 実行結果

```
"Lorem ipsum dolor sit amet,\nconsectetur adipiscing elit,\nsed
do eiusmod tempor incididunt\n"
```

203 テキストファイルを 1行ずつ読み込んで処理したい

> Syntax

● **1行ずつ読み込み**

```
file.each do |行|
  行を利用した処理
end
```

※ fileはFileのオブジェクト

開いているテキストファイルから1行ずつ行を読み込んでブロックで処理するには、**File#each**または**File#each_line**を使います。**each**と**each_line**は同じメソッドの別名（エイリアス）です。

次のサンプルコードでは、**each**を使ってテキストファイルから1行ずつ読み込みながら、行番号と行の文字列を表示しています。なお、現在の行番号を取得するため、**File#lineno**を利用しています。

```
# 実行前
$ cat foo.txt
Lorem ipsum dolor sit amet,
consectetur adipiscing elit,
sed do eiusmod tempor incididunt
```

■ samples/chapter-11/203/sample.rb

```ruby
File.open('./foo.txt') do |file|
  file.each do |line|
    puts "#{file.lineno}: #{line}"
  end
end
```

▼ 実行結果

```
1: Lorem ipsum dolor sit amet,
2: consectetur adipiscing elit,
3: sed do eiusmod tempor incididunt
```

204 ファイルに文字列を書き込みたい

Syntax

● **文字列をファイルに書き込んで、そのバイト数を取得**

```
file.write(文字列1, 文字列2, ...)
```

● **文字列を改行区切りでファイルに書き込み**

```
file.puts(文字列1, 文字列2, ...)
```

※ fileはFileのオブジェクト

　文字列をファイルに書き込むには**File#write**を使います。**write**の引数として書き込みたい文字列を渡すと、ファイルにその文字列が書き込まれます。**write**は返り値として書き込んだ文字列のバイト数を返します。

　次のサンプルコードでは、**write**を使って文字列をファイルに書き込み、書き込んだ文字列のバイト数を標準出力に出力しています。

```
# 実行前
$ cat foo.txt
Lorem ipsum dolor sit amet,
```

■ samples/chapter-11/204/sample.rb

```ruby
File.open('./foo.txt', 'a') do |file|
  bytes_written = file.write("consectetur", " ", "adipiscing",
                              " ", "elit", "\n")
  puts "#{bytes_written}バイト書き込みました"
end
```

▼ 実行結果

```
28バイト書き込みました
```

204

ファイルに文字列を書き込みたい

```
$ cat foo.txt
Lorem ipsum dolor sit amet,
consectetur adipiscing elit
```

文字列を改行区切りでファイルに書き込む

ファイルに文字列を書き込むには、File#putsも使用できます。使い方は標準出力に文字列を出力するputsと同じです。各行の末尾には自動で改行が付与されます。

次のサンプルコードでは、putsを使って文字列をファイルに出力しています。

```
# 実行前
$ cat foo.txt
Lorem ipsum dolor sit amet,
```

■ samples/chapter-11/204/sample.rb

```ruby
File.open('./foo.txt', 'a') do |file|
  file.puts(['consectetur adipiscing elit',
            'sed do eiusmod tempor incididunt'])
end
```

```
# 実行後
$ cat foo.txt
Lorem ipsum dolor sit amet,
consectetur adipiscing elit
sed do eiusmod tempor incididunt
```

410

205 カレントディレクトリを 参照／移動したい

Syntax

● **カレントディレクトリの参照**

```
Dir.pwd
```

● **カレントディレクトリの移動**

```
Dir.chdir(パス)
```

カレントディレクトリの参照には`Dir.pwd`、移動には`Dir.chdir`を使用します。
この項目では、次のディレクトリでスクリプトを実行するものとします。

```
$ pwd
/Users/user1/samples/chapter-11/205
```

■ カレントディレクトリを参照する

スクリプト実行中のカレントディレクトリを参照したいときは`Dir.pwd`を使います。
スクリプト実行中のカレントディレクトリは、`ruby`コマンドを実行したディレクトリとなります。`Dir.pwd`
を使うと、このディレクトリの絶対パスを文字列として取得できます。

■ **samples/chapter-11/205/sample.rb**

```
puts Dir.pwd
```

▼ 実行結果

```
/Users/user1/samples/chapter-11/205
```

Dir.pwdと似た機能として__dir__（ ▶▶189 ）も存在しますが、__dir__は、スクリプトを実行
したディレクトリではなく、スクリプトが存在するディレクトリを返す点がDir.pwdと異なります。

■ カレントディレクトリを移動する

スクリプトの実行中にカレントディレクトリを移動したいときは、Dir.chdirを使います。

Dir.chdirにパスを渡すと、スクリプトが終了するまで、カレントディレクトリがそのパスに移動します。
また、Dir.chdirにパスとブロックを渡すと、ブロックの中ではカレントディレクトリがそのパスに移動し、
ブロックを抜けるとDir.chdirを実行する前のカレントディレクトリに戻ります。

Dir.chdirの引数のパスは、相対パスと絶対パスのどちらの形式でもかまいません。

次のサンプルコードでは、Dir.chdirを使ってカレントディレクトリを移動しながら、カレントディレクト
リのパスをDir.pwdで出力しています。また、カレントディレクトリが変わると、相対パスを絶対パスに展
開するFile.expand_pathの基準ディレクトリも変わるので、それに応じて相対パスの展開結果
が変わることを確認しています（ ▶▶194 ）。

■ samples/chapter-11/205/sample.rb

```
Dir.chdir('..')
puts '移動後'
puts "Dir.pwd: #{Dir.pwd}"
puts "File.expand_path('..'): #{File.expand_path('..')}"

Dir.chdir('205')
puts '移動前'
puts "Dir.pwd: #{Dir.pwd}"
puts "File.expand_path('..'): #{File.expand_path('..')}"

Dir.chdir('..') do
  puts '移動後'
  puts "Dir.pwd: #{Dir.pwd}"
  puts "File.expand_path('..'): #{File.expand_path('..')}"
end

puts '移動前'
puts "Dir.pwd: #{Dir.pwd}"
puts "File.expand_path('..'): #{File.expand_path('..')}"
```

205

カレントディレクトリを参照／移動したい

▼ 実行結果

```
移動後
Dir.pwd: /Users/user1/samples/chapter-11
File.expand_path('..'): /Users/user1/samples
移動前
Dir.pwd: /Users/user1/samples/chapter-11/205
File.expand_path('..'): /Users/user1/samples/chapter-11
移動後
Dir.pwd: /Users/user1/samples/chapter-11
File.expand_path('..'): /Users/user1/samples
移動前
Dir.pwd: /Users/user1/samples/chapter-11/205
File.expand_path('..'): /Users/user1/samples/chapter-11
```

関連項目

▶▶189 実行中のスクリプトが存在するディレクトリの名前を取得したい

▶▶194 相対パスを絶対パスに変換したい

Chap 11 ファイルシステムを操作する

206 ファイルやディレクトリが 空かどうか判定したい

> **Syntax**

● **ファイル、ディレクトリが空ならtrue**

```
path.empty?
```

※ require 'pathname'が必要
※ pathはPathnameのオブジェクト

ファイルやディレクトリが空かどうか判定するには、**Pathname#empty?**が便利です。

Pathnameは、ファイルやディレクトリのパスを表すためのクラスです。**Pathname**のオブジェクトは特定のファイルやディレクトリのパスを表します。pathnameライブラリを読み込むと利用できる**Pathname**という名前のメソッドを使って**Pathname('/tmp/file.txt')**のように記述すると、**Pathname**のオブジェクトを生成できます。

Pathnameには、パスで表現されるファイルやディレクトリに対するさまざまなメソッドが存在し、**Pathname#empty?**はファイルが空かどうかを判定します。

次のサンプルコードでは、カレントディレクトリに存在するファイルとディレクトリが空かどうかを確認しています。

```
#  実行前のファイル（数値はバイト単位のサイズを表す）
[ 192]  .
├── [   0]  empty.txt
├── [  64]  empty_dir
├── [   5]  not_empty.txt
├── [  96]  not_empty_dir
│   └── [   0]  foo.txt
└── [  69]  sample.rb
```

■ samples/chapter-11/206/sample.rb

```ruby
require 'pathname'

puts Pathname('./empty.txt').empty?
puts Pathname('./empty_dir').empty?
puts Pathname('./not_empty.txt').empty?
puts Pathname('./not_empty_dir').empty?
```

▼ 実行結果

```
true
true
false
false
```

207 実行中のスクリプトの名前と パスを取得したい

```
Syntax
```

● **スクリプト名を取得**

```
__FILE__
```

● **スクリプトの絶対パスを取得**

```
File.expand_path(__FILE__, __dir__)
```

　実行中のスクリプトの中で、**ruby**コマンドに渡したスクリプトのファイル名自体を文字列として取得するには、**__FILE__**を使います。

　次のサンプルコードでは、**/Users/user1/samples/chapter-11/207/sample.rb**の中で**__FILE__**を出力し、スクリプト名を取得しています。

■ **/Users/user1/samples/chapter-11/207/sample.rb**

```
puts __FILE__
```

▼ **実行結果**

```
# /Users/user1/samples/chapter-11/207の中でruby sample.rbを実行したとき
sample.rb
# /Users/user1/samples/chapter-11の中でruby 207/sample.rbを実行したとき
207/sample.rb
```

　また、実行中のスクリプトの絶対パスを取得するには、**__FILE__**と**File.expand_path**（▶ 194）を一緒に使います。**File.expand_path**にパス展開の基準となるディレクトリとして**__dir__**（スクリプトが存在するディレクトリの絶対パス）を渡すことで、どのディレクトリからスクリプトを実行しても、常に同じ絶対パスを取得できます。

　次のサンプルコードでは、**/tmp/dir/sample.rb**の中でスクリプトの絶対パスを表示しています。

■ samples/chapter-11/207/sample.rb

```ruby
puts File.expand_path(__FILE__, __dir__)
```

▼ 実行結果

```
# /Users/user1/samples/chapter-11/207の中でruby sample.rbを実行したとき
/Users/user1/samples/chapter-11/207/sample.rb
# /Users/user1/samples/chapter-11の中でruby 207/sample.rbを実行したとき
/Users/user1/samples/chapter-11/207/sample.rb
```

〔 関連項目 〕

▶▶194 相対パスを絶対パスに変換したい

208 スクリプトにテキストデータを埋め込みたい

> **Syntax**

● **__END__以降の文字列をテキストファイルとして扱うFileオブジェクト**

```
DATA

__END__
テキスト
```

　Rubyのスクリプトにおいて、**__END__**だけを書いた行より後ろの行に存在するテキストデータは、スクリプト本体から**DATA**という定数で読み込めます。**DATA**は**File**オブジェクトとなるため、スクリプト内の**__END__**以降のテキストを、普通のファイルと同じインタフェースで扱えるのが特徴です。

　__END__と**DATA**でデータをスクリプト内に埋め込んでおくと、1つのファイルにスクリプトとデータの両方をまとめられるので、他の人とスクリプトを共有したいときなどに便利です。一方で、**__END__**以降に記述したデータはそのファイル内でしか読み込めないので、簡単なスクリプト以外では使わないほうが無難です。

　次のサンプルコードでは、**__END__**以降にGitHubのユーザ名をテキストとして記述し、そのテキストを**DATA**から取り出すことで、GitHub APIから情報を取り出しています。

■ samples/chapter-11/208.rb

```ruby
require 'json'

DATA.each_line(chomp: true) do |user|
  response = `curl -s https://api.github.com/users/#{user}`
  id = JSON.parse(response)['id']
  puts "#{user}: #{id}"
end

__END__
dlwr
kymmt90
shimoju
```

▼ 実行結果

```
dlwr: 537424
kymmt90: 9291031
shimoju: 1928324
```

例外を用いて
エラーを制御する

Chapter

12

209 例外を発生させたい

Syntax

● **raise**による例外の発生

```
raise 文字列
raise 例外クラス，文字列
```

　例外とは、プログラムの実行時に発生する予期せぬ事態のことです。具体的には、「存在しないメソッドを呼び出す」「外部との通信に失敗する」などがこれにあたります。これらの例外は適切に対処しないと、プログラムが意図せず終了してしまう可能性があります。発生した例外を捕捉し、適切に処理することを「例外処理」と呼びます。

■ Ruby における例外処理

　Rubyでは**raise**を呼び出すことで例外を発生させられます。引数には文字列や例外クラスを渡します。ここで渡した引数は例外処理に活用できます（ ▶▶211 ）。例外が発生したときは、その例外を処理しない限りプログラムが終了します。

　次のサンプルコードでは、0から10の整数を出力していく途中、8のときに例外を発生させています。実行時には**raise**に渡した文字列が表示されます。

■ samples/chapter-12/209.rb

```ruby
begin
  (0..10).each do |num|
    if num == 8
      raise '8のとき、異常終了'
    else
      puts num
    end
  end
rescue => e
  p e
end
```

▼ 実行結果

```
0
1
2
3
4
5
6
7
#<RuntimeError: 8のと
き、異常終了>
```

raiseには文字列のほか、例外クラス（ **▶▶210** ）を渡すこともできます。例外クラスを渡すときは、エラーメッセージ（文字列）は省略できます。

次のサンプルコードではraiseにStandardErrorという例外クラスを渡しています。先ほどの実行結果と比べると、終了時のメッセージの最後のエラーがRuntimeErrorからStandardErrorに変わっていることが確認できます。このように、raiseに適切な例外クラスを渡すと、例外を処理するときに役立ちます（ **▶▶212** ）。

■ samples/chapter-12/209.rb

```ruby
begin
  (0..10).each do |num|
    if num == 8
      raise StandardError, '8のとき、異常終了'
    else
      puts num
    end
  end
rescue => e
  p e
end
```

▼ 実行結果

```
0
1
2
3
4
5
6
7
#<StandardError: 8のとき、異常終了>
```

関連項目

▶▶210 発生した例外に対応したい

▶▶211 独自の例外を作りたい

▶▶212 例外の種類に応じて異なる対応をしたい

423

210 発生した例外に対応したい

Syntax

● **rescueによる例外処理**

```
begin
  例外が発生する可能性がある処理
rescue 例外1, 例外2, ... => 例外変数
  例外処理
end
```

　例外が発生する可能性のあるコードを記述するときは、rescue節に例外発生時の処理を指定できます。rescueの後ろには、処理対象とする例外のクラス名を複数指定できます。指定しなかった場合はStandardErrorのサブクラスすべてを処理します。さらに、=>の後ろに変数名を記述すると、発生した例外オブジェクトをその変数名で参照できるようになります。

　次のサンプルコードでは、0で除算をしようとしたときに発生するZeroDivisionError例外を、rescue節で処理しています。

■ samples/chapter-12/210.rb

```
begin
  1 / 0 # ZeroDivisionError例外が発生
rescue ZeroDivisionError => e
  p e
end
```

▼ 実行結果

```
#<ZeroDivisionError: divided by 0>
```

　また、次のサンプルコードでは、ZeroDivisionErrorに加えて、未定義の変数を参照しようとすると発生する例外NameErrorも処理しています。

■ samples/chapter-12/210.rb

```ruby
begin
  p undefined # NameError例外が発生
rescue ZeroDivisionError, NameError => e
  p e
end
```

▼ 実行結果

```
#<NameError: undefined local variable or method `undefined' for
main>
```

　すべての**StandardError**のサブクラスを処理するには、次のように、**rescue**のあとの例外指定部分を空白にします。

■ samples/chapter-12/210.rb

```ruby
begin
  array = [1, 2]
  array.fetch(3) # IndexError例外が発生
rescue => e
  p e
end
```

▼ 実行結果

```
#<IndexError: index 3 outside of array bounds: -2...2>
```

　def〜endでのメソッド定義の単位、または、ブロック単位で例外を処理する場合は、**begin**を省略できます。インデントが深くならないので、コードが読みやすくなります。
　次のサンプルコードでは、**begin**が省略できることを確認しています。

210

発生した例外に対応したい

■ samples/chapter-12/210.rb

```ruby
def division(left, right)
  left / right
rescue
  "除算できません"
end

puts '===10/2の結果==='
puts division(10, 2)
puts '===10/0の結果==='
puts division(10, 0)

2.downto(0) do |num|
  puts "===10/#{num}の結果==="
  puts 10 / num
rescue
  puts "除算できません"
end
```

▼ 実行結果

```
===10/2の結果===
5
===10/0の結果===
除算できません
===10/2の結果===
5
===10/1の結果===
10
===10/0の結果===
除算できません
```

211 独自の例外を作りたい

Syntax

● 独自の例外クラスを作成

```
class 独自の例外 < StandardError
  ...
end
class 独自の例外 < StandardError; end
```

Rubyには標準で、除算においてゼロで割ったときに発生する**ZeroDivisionError**、未定義の変数を参照したときに発生する**NameError**など、さまざまな例外が存在します。しかし、実装中のプログラム固有の例外に対して、固有の処理が必要になることがあります。

Rubyにおいて、アプリケーションで起こりうる例外は**StandardError**を継承したクラスとして表現します。この例外クラスにメソッドを実装することで、エラーメッセージの変更などが行えます。固有の処理が不要な場合、セミコロンを使って1行でクラスを書くのが慣例になっています。

次のサンプルコードでは、変数iが奇数のときに例外を出しています。

■ samples/chapter-12/211.rb

```ruby
class OddError < StandardError; end

(0..10).each do |i|
  begin
    raise OddError if i.odd?
    p i
  rescue => e
    p e
  end
end
```

427

211 独自の例外を作りたい

▼ 実行結果

```
0
#<OddError: OddError>
2
#<OddError: OddError>
4
#<OddError: OddError>
6
#<OddError: OddError>
8
#<OddError: OddError>
10
```

212 例外の種類に応じて異なる対応をしたい

Syntax

● 複数のrescue節を指定

```
begin
    例外が発生する可能性がある処理
rescue 例外1 => 例外変数
    例外処理
rescue 例外2 => 例外変数
    例外処理
end
```

　例外の種類によって異なる処理をしたいときは、rescue節を複数記述できます。この場合、例外が発生した時点で対応するrescue節へジャンプします。

　次のサンプルコードでは、ZeroDivisionErrorとNameErrorでそれぞれ任意のエラーメッセージを出力しています。発生した例外に応じてジャンプ先となるresuce節が変化することを確認できます。

■ samples/chapter-12/212.rb

```
begin
  1 / 0
  puts undefined_string
rescue ZeroDivisionError
  puts 'ゼロで割ることはできません' # ここにジャンプする
rescue NameError
  puts '未定義の変数です'
end

begin
  puts undefined_string
  1 / 0
rescue ZeroDivisionError
  puts 'ゼロで割ることはできません'
rescue NameError
```

212

例外の種類に応じて異なる対応をしたい

```
    puts '未定義の変数です'  # ここにジャンプする
end
```

▼ 実行結果

```
ゼロで割ることはできません
未定義の変数です
```

213 1行で例外に対応したい

> Syntax

● **後置rescue**

例外が発生し得る式　rescue　例外処理

rescueは`if`などのように式の後ろに置くことができます。このとき、rescueの手前の式で例外が発生したときにrescueの後ろの式が実行されます。例外クラスの指定はできませんが、例外でプログラムが終了するのを避ける目的で、簡単に例外処理をしたい場合は便利です。

次のサンプルコードでは、`Time.parse`と同じ行に、例外が発生した場合に文字列を返す例外処理を記述しています。

■ samples/chapter-12/213.rb

```ruby
require 'time'

def safe_parse(date_string)
  Time.parse(date_string) rescue 'パースできませんでした'
end
puts safe_parse('2023')
puts safe_parse('2023-01-26 12:00')
```

▼ 実行結果

```
パースできませんでした
2023-01-26 12:00:00 +0900
```

214 例外が発生したときに 処理をやり直したい

Syntax

● **begin**から処理を再実行

```
retry
```

rescue内でretryを使うと、beginから処理をやり直すことができます。一定の確率で例外が発生する処理を確実に終わらせたいときなどに便利ですが、必ず例外が発生する状況では、無限ループになってしまうので注意が必要です。

次のサンプルコードでは、50%の確率で例外が発生する処理を、実行が完了するまでretryで再実行しています。

■ samples/chapter-12/214.rb

```ruby
begin
  100 / [1, 0].sample
  puts '成功しました'
rescue
  puts '50%の確率で失敗するのでやり直します'
  retry
end
```

▼ 実行結果

```
50%の確率で失敗するのでやり直します
成功しました
```

※ 実行結果は毎回変化する

215 例外の有無によらずに最後に同じ処理をしたい

> **Syntax**

- **ensureで例外処理の最後に必ず実行する処理を指定**

```
begin
    処理
rescue
    例外発生時の処理
ensure
    例外の有無にかかわらず、最後に行われる処理
end
```

begin～rescue節の後にensure節を置くと、例外が発生したかどうかにかかわらず、最後に必ず行われる処理を記述できます。

次のサンプルコードでは、50%の確率で例外が発生する処理を10回繰り返します。その際、例外の有無にかかわらず、処理後に現在の試行回数を出力しています。

■ **samples/chapter-12/215.rb**

```
puts '2分の1の確率で例外が発生する処理を10回繰り返します'
(1..10).each do |num|
  begin
    100 / [1, 0].sample
    puts '成功しました'
  rescue
    puts '失敗しました'
  ensure
    puts "#{num}回目の処理終わり"
  end
end
```

215

例外の有無によらずに最後に同じ処理をしたい

▼ 実行結果

> 2分の1の確率で例外が発生する処理を10回繰り返します
> 成功しました
> 1回目の処理終わり
> 成功しました
> 2回目の処理終わり
> 成功しました
> 3回目の処理終わり
> 失敗しました
> 4回目の処理終わり
> 成功しました
> 5回目の処理終わり
> 失敗しました
> 6回目の処理終わり
> 成功しました
> 7回目の処理終わり
> 成功しました
> 8回目の処理終わり
> 失敗しました
> 9回目の処理終わり
> 失敗しました
> 10回目の処理終わり

※ 実行結果は毎回変化する

Rubyのプログラムを
テストする

Chapter

13

216 Rubyのコードをテストしたい

> Syntax

● **RSpecを実行**

```
rspec テストファイル名
```

　現代のプログラミングにおいて自動テストは欠かせないものとなっています。テストを記述することで、プログラムが意図したとおりに動くかどうかの確認作業を自動化し、バグの発見・修正、さらにはコードの挙動を変えずに内部の構造を改善するリファクタリングに活かすことができます。Rubyのテストフレームワークとして主なものは次の3つです。

▶ **RSpec** (https://rspec.info/)
▶ **minitest** (https://github.com/minitest/minitest)
▶ **test-unit** (https://github.com/test-unit/test-unit)

　minitestとtest-unitはRubyに添付されており、最初から使えるようになっていますが、RSpecは別途インストールが必要です。本章では採用例の多いRSpecを取り上げます。

■ RSpecでテストを記述する

RSpecはターミナルから**gem**コマンドを用いてインストールします。

```
$ gem install rspec -v 3.13.0
```

　例として、**String#reverse**メソッドに対するテストを記述します。RSpecでは**テスト対象の機能やファイル名_spec.rb**という名前でテストファイルを作成するのが慣例です。サンプルコードでもそれにならって**string_spec.rb**とします。

■ samples/chapter-13/216/string_spec.rb

```ruby
RSpec.describe String do
  describe '#reverse' do
    it 'returns a new string in reverse order' do
      string = 'String'
      expect(string.reverse).to eq('gnirtS')
    end

    it "returns 'ginrtS'" do
      string = 'String'
      expect(string.reverse).to eq('ginrtS')
    end
  end
end
```

　一番外側のRSpec.describeメソッドには、テスト対象の機能やクラス名を指定します。文字列またはクラスやモジュールを直接渡すこともできます。内側のdescribeメソッドには、テストしたいメソッドを記述します。

　itメソッド内が個別のテストケース（RSpecではExampleと呼ぶ）となります。Example内では、テストしたいオブジェクトをexpectメソッドの引数として渡し、さらに、メソッドチェーンでtoメソッドにつなげ、その引数としてマッチャーを指定します。マッチャーとは、ある値が意図した値であるかどうかを検証するためのメソッドで、eqマッチャーであれば引数と同じ値であることを検証します。

　String#reverseメソッドはレシーバの文字列を反転した文字列を返すメソッドです。文字列Stringを反転するとgnirtSとなるため、eqマッチャーで結果がこれと同じ値になるか検証しています。上記の例では、1件目のExampleには正しい文字列gnirtSを指定していますが、2件目には誤った文字列ginrtSを指定しています。

■ テストを実行する

　作成したテストはターミナルから「rspec テストファイル名」で実行します。実行すると、次のように2 examples, 1 failureと出力され、2件のExampleのうち1件が成功、1件が失敗します。

```
$ rspec string_spec.rb
.F

Failures:

  1) String#reverse returns 'ginrtS'
     Failure/Error: expect(string.reverse).to eq('ginrtS')

       expected: "ginrtS"
            got: "gnirtS"

       (compared using ==)
     # ./string_spec.rb:11:in `block (3 levels) in <top
(required)>'

Finished in 0.0206 seconds (files took 0.13053 seconds to load)
2 examples, 1 failure

Failed examples:

rspec ./string_spec.rb:9 # String#reverse returns 'ginrtS'
```

　失敗したExampleでは「期待する文字列は**ginrtS**であったが、実際は**gnirtS**だった」旨が出力されています。今回はテストの記述ミスが原因の失敗ですが、このようにテストを積み重ねることでプログラムが意図した動作になっているか検証し、バグの発見につなげることができます。

　ほかにも値が変更されたかどうかを検証する**change**マッチャーや、例外が発生することを検証する**raise_error**マッチャーなど、さまざまなマッチャーが用意されています。用途に応じた豊富なマッチャーが組み込みで用意されており、これらを使いこなすことでテストコードをわかりやすく記述できるのがRSpecの強みです。組み込みマッチャーは、次のドキュメントで確認できます。

http://rspec.info/features/3-13/rspec-expectations/built-in-matchers/

　このようにRSpecはRubyの柔軟性を駆使して、テストコードをそのまま英語の文章として読めるように作られています。それがわかりやすいように、今回は**it**の引数を英語で記述しましたが、ここは単なる

文字列なので日本語で記述しても問題なく動作します。

Column

テスト対象のコードとテストを自動で読み込む

`rspec`コマンドを実行すると、カレントディレクトリの`lib`ディレクトリがRubyのロードパスに自動で追加されます。つまり、`lib`の下に置かれているRubyスクリプトが`require`できるようになります。また、`rspec`コマンドは、カレントディレクトリより下のディレクトリに存在する、ファイル名末尾が`_spec.rb`のファイルを自動でテストとして実行する機能を持ちます。

これらを利用することで、`lib`ディレクトリにテスト対象のコードを、`spec`ディレクトリにテスト対象を`require`するテストを置き、`rspec`コマンドを実行するだけでテストを実行できます。

■ **samples/chapter-13/216/lib/book.rb**

```
class Book
  def initialize(title:, author:, publisher:)
    @title, @author, @publisher = title, author, publisher
  end

  def full_title
    "#{@author}『#{@title}』#{@publisher}"
  end
end
```

■ **samples/chapter-13/216/spec/book_spec.rb**

```
require 'book'

RSpec.describe Book do
  describe '#full_title' do
    let(:book) do
```

216

Rubyのコードをテストしたい

```ruby
        Book.new(title: 'Ruby Book', author: 'Matz', publisher:
'Gihyo')
    end

    it 'タイトル、著者、出版社を含む文字列を返す' do
      expect(book.full_title).to eq('Matz『Ruby Book』Gihyo')
    end
  end
end
```

▼ 実行結果

```
$ rspec --format documentation

Book
  #full_title
    タイトル、著者、出版社を含む文字列を返す

Finished in 0.00055 seconds (files took 0.0395 seconds to load)
1 example, 0 failures
```

217 インスタンスメソッド／クラスメソッドの返り値をテストしたい

Syntax

● **インスタンスメソッドの返り値をテスト**

```
describe '#インスタンスメソッド名' do
  it 'テストの簡潔な説明' do
    expect(オブジェクト.インスタンスメソッド).to マッチャー(期待する値)
  end
end
```

● **クラスメソッドの返り値をテスト**

```
describe '.クラスメソッド名' do
  it 'テストの簡潔な説明' do
    expect(クラス.クラスメソッド).to マッチャー(期待する値)
  end
end
```

インスタンスメソッド（▶135）やクラスメソッド（▶136）などの小さな単位で、個々の機能が正しく動作しているか検証するテストを「単体テスト（ユニットテスト）」と呼びます。単体テストは1つの部品を作る段階からテストを書けるため、不具合を早期に発見しやすく、開発用のドキュメントとしても利用できます（詳しくはコラム参照）。

■ 単体テストを記述する

次のサンプルコードでは、テスト対象となるBookクラスを**book.rb**、テストファイルを**book_spec.rb**としています。

テストは**it**や**describe**というRSpecのDSL（ドメイン固有言語）を使って整理します。**it**には、テスト自体の説明文とテストコードが書かれたブロックを渡します。また、**describe**には、テストの種類などをわかりやすくグループ分けするための説明文と、**it**を使ったテストを含むブロックを渡します。

サンプルコードでは、**describe**の引数としてテスト対象のメソッド名**'#full_title'**を指定しています。Rubyではインスタンスメソッドを「**クラス名#インスタンスメソッド名**」、クラスメソッドを「**クラス名.クラスメソッド名**」と表記する慣習があるため、**describe**の引数もこの形式で記述するのが一般的です。

■ samples/chapter-13/217/book.rb

```ruby
class Book
  def initialize(title:, author:, publisher:)
    @title, @author, @publisher = title, author, publisher
  end

  def full_title
    "#{@author}『#{@title}』#{@publisher}"
  end
end
```

■ samples/chapter-13/217/book_spec.rb

```ruby
# 同じディレクトリにあるbook.rbを読み込む
require_relative 'book'

RSpec.describe Book do
  describe '#full_title' do
    let(:book) do
      Book.new(title: 'Ruby Book', author: 'Matz', publisher:
'Gihyo')
    end

    it 'タイトル、著者、出版社を含む文字列を返す' do
      expect(book.full_title).to eq('Matz『Ruby Book』Gihyo')
    end
  end
end
```

217

インスタンスメソッド／クラスメソッドの返り値をテストしたい

RSpecではテストコードをプログラムコードとは別の**spec**ディレクトリに配置するのが一般的ですが、今回は簡略化のため2つのファイルを同じディレクトリ内に配置しています。**require_relative**は、現在のファイルからの相対パスでRubyファイルを読み込むためのメソッドです。**require_relative 'book'**とすると、同じディレクトリにある**book.rb**を読み込みます。

今回はBook#**full_title**メソッドのテストを記述しています。その中でテスト対象となる**Book**クラスのインスタンスを作成する際に**let**メソッドを利用しています。**let**メソッドはRSpecの特徴的な機能であり、引数として渡したシンボルが変数名になり、テスト内で通常の変数のように参照できるようになります。**let**を呼び出した段階ではブロック内の式は評価されず、テスト内で最初にその変数が参照されたタイミングで評価されます。さらに、一度参照されたあとは同じExampleの中で何度参照されても再評価されることがなく、最初に返した値が使われ続けます。そのため、**let**で定義した値が利用されないときは何も実行されず、1つのExampleの中で複数回呼び出しても実際に実行されるのは一度だけとなり、ムダな処理を減らし効率的にテストを実行できるようになります。

この例のExampleでは、**book**に対して**full_title**メソッドを呼び出し、その返り値を**eq**マッチャーで検証しています。**eq**は引数と同じ値であるかどうかを検証するマッチャーであるため、引数には返り値として期待する文字列を指定します。次のようにRSpecを実行すると、期待どおりの文字列が返ってくるためテストが成功します。

```
$ rspec book_spec.rb
.

Finished in 0.00197 seconds (files took 0.11722 seconds to load)
1 example, 0 failures
```

Chap.**13** Rubyのプログラムをテストする

443

217 インスタンスメソッド／クラスメソッドの返り値をテストしたい

Column RSpecの結果の出力フォーマットを変更する

　RSpecの結果の出力フォーマットは設定で変更できます。コマンドラインオプションで`--format documentation`を指定すると、`describe`や`it`に記述した説明文が出力されます。これを見ると、そのメソッドがどのような機能や振る舞いを持っているのかがわかり、開発用のドキュメントとしても利用できます。説明文を考えるのが難しいときは、この`documentation`フォーマットで出力し、一目で振る舞いがわかるような文章を書くのも1つの手です。

```
$ rspec book_spec.rb --format documentation

Book
  #full_title
    タイトル、著者、出版社を含む文字列を返す
```

関連項目

▶135 インスタンスメソッドを定義したい
▶136 クラスメソッドを定義したい

218 例外が発生することを テストしたい

Syntax

● 例外が発生することをテスト

```
expect { メソッド }.to raise_error(例外クラス)
```

RSpecで「例外が発生すること」をテストするには`raise_error`マッチャーを利用します。`raise_error`マッチャーの引数には、発生を期待する例外クラスを指定します。引数を省略したときは何らかの例外が発生すれば検証が成功します。

なお、`raise_error`マッチャーを利用するときの`expect`の引数は、`{}`を用いてブロックとして渡します。これを通常の引数として渡すと、`expect`の時点で例外が発生してテストが失敗するので注意してください。

次のサンプルコードでは、`Book`クラスの`initialize`メソッドにおいて、ISBNがハイフンを除いて13桁以外のときに`ArgumentError`を発生させています（▶▶ 209 ）。

テストコードでは、`context`を用いてISBNが13桁の場合と13桁以外で場合分けしてテストしています。`context`はテストの場合分けをわかりやすく示すためのRSpecのDSLで、`describe`（▶▶ 217 ）とまったく同じ働きをします。`not_to`は、マッチャーの検証が成功すると失敗、失敗すると成功となるメソッドです。これでISBNが13桁以外のときのみ`ArgumentError`が発生することを検証できました。

■ samples/chapter-13/218/book.rb

```ruby
class Book
  def initialize(title:, isbn:)
    @title, @isbn = title, isbn.to_s

    if @isbn.delete('-').size != 13
      raise ArgumentError
    end
  end
end
```

218

例外が発生することをテストしたい

■ samples/chapter-13/218/book_spec.rb

```ruby
# 同じディレクトリにあるbook.rbを読み込む
require_relative 'book'

RSpec.describe Book do
  describe '.new' do
    context 'ISBNが13桁ではないとき' do
      it 'ArgumentErrorが発生する' do
        expect { Book.new(title: 'Pythonコードレシピ集', isbn:
'978-4-297-11861-') }.to raise_error(ArgumentError)
      end
    end

    context 'ISBNが13桁のとき' do
      it '例外は発生しない' do
        expect { Book.new(title: 'Pythonコードレシピ集', isbn:
'978-4-297-11861-7') }.not_to raise_error
      end
    end
  end
end
```

```
$ rspec book_spec.rb
..

Finished in 0.00394 seconds (files took 0.11899 seconds to load)
2 examples, 0 failures
```

（ 関連項目 ）

▶▶209 例外を発生させたい

▶▶217 インスタンスメソッド／クラスメソッドの返り値をテストしたい

219 メソッドが呼び出されたか どうかをテストしたい

Syntax

- **receiveマッチャーによるメソッド呼び出しのテスト**

```
expect(オブジェクト).to receive(:メソッド名)
```

- **allowメソッドとhave_receivedマッチャーによるメソッド呼び出しのテスト**

```
allow(オブジェクト).to receive(:メソッド名)
expect(オブジェクト).to have_received(:メソッド名)
```

RSpecでは、「あるメソッドが呼び出されたかどうか」のような、単純な返り値を検証する以外の複雑なテストも記述できます。こういったテストを実現するには、RSpecに付属するテストダブルフレームワークrspec-mocksの機能を利用します。

テストで本物のオブジェクトの代替として振る舞うオブジェクトを「テストダブル」と呼びます。テストダブルは大まかにはスタブとモックに分類できます。

- ▶ **スタブ：外部オブジェクトからデータを取得するメソッドに対して、外部オブジェクトの代わりにダミーデータを提供する**
- ▶ **モック：外部オブジェクトにデータを出力するメソッドのテストで、意図した出力ができているか検証する**

rspec-mocksでは、`allow`メソッドによって任意のメソッドを差し替えて指定したデータを返したり（スタブ）、`recieve`や`have_received`マッチャーによって意図した回数メソッドを呼び出せているかを検証（モック）できます。

■ メソッドが呼び出されたかどうかをテストする

次のサンプルコードでは、`Calc`クラスを定義し、`calculate`メソッド内で`heavy_operation`メソッドが呼び出されることをテストしています。テストコードでは2通りの方法を記載しています。

1つ目の方法が`receive`マッチャーを利用して`heavy_operation`をモックするパターンです。引数にはメソッド名のシンボルを指定します。`receive`マッチャーでは`allow`メソッドによる下準備が不要で、簡単にメソッドが呼び出されたかどうかのテストを書けます。ただし、このマッチャーは、テストしたいメソッドが呼び出される前に呼んでおく必要があるので、その点に注意してください。

2つ目は`allow`と`have_received`マッチャーを利用するパターンです。引数にはメソッド名のシンボルを指定します。`allow`メソッドでは、`and_return`で返り値を指定したり`and_raise`で例外を発生させたりなど、スタブとしてダミーデータを返す振る舞いをカスタマイズすることもできます。どちらのパターンにも利点があるため、場合によって使い分けるとよいでしょう。

■ samples/chapter-13/219/calc.rb

```ruby
class Calc
  def calculate
    heavy_operation
  end

  def heavy_operation
    sleep(3)
  end
end
```

■ samples/chapter-13/219/calc_spec.rb

```ruby
# 同じディレクトリにあるcalc.rbを読み込む
require_relative 'calc'

RSpec.describe Calc do
  # receiveマッチャーを用いるパターン
  describe '#calc' do
    let(:calc) { Calc.new }

    it 'heavy_operationメソッドが呼び出される' do
      expect(calc).to receive(:heavy_operation)
      calc.calculate
    end
  end

  # allowでスタブしてhave_receivedマッチャーを用いるパターン
  describe '#calc' do
    let(:calc) { Calc.new }

    before do
      allow(calc).to receive(:heavy_operation).and_return(3)
    end
```

219

メソッドが呼び出されたかどうかをテストしたい

```ruby
  it 'heavy_operationメソッドが呼び出される' do
    calc.calculate
    expect(calc).to have_received(:heavy_operation)
  end
 end
end
```

```
$ rspec calc_spec.rb
..

Finished in 0.01098 seconds (files took 0.13018 seconds to load)
2 examples, 0 failures
```

220 テスト実行前後に特定の処理を実行したい

> **Syntax**

- **RSpecの実行前に一度だけ実行**

```
before(:suite) { ... }
```

- **describeやcontextで囲まれたテストグループの実行前に毎回実行**

```
before(:context) { ... }
```

- **各Example（テストケース）の実行前に毎回実行**

```
before(:example) { ... }
```

- **各Example（テストケース）の実行後に毎回実行**

```
after(:example) { ... }
```

- **describeやcontextで囲まれたテストグループの実行後に毎回実行**

```
after(:context) { ... }
```

- **RSpecの実行後に一度だけ実行**

```
after(:suite) { ... }
```

RSpecではテストの実行前後にフックと呼ばれるテストに関する作業を実行できます。フックは実行タイミングによって6種類に分けられます。それぞれの実行タイミングは次のとおりで、タイミングの異なるフックが複数定義されている場合は、表の上から下の順で実行されます。

● RSpecのフックと実行タイミング

フック	実行タイミング	補足
before(:suite)	RSpecの実行前に一度だけ実行される	
before(:context)	describeやcontextで囲まれたテストグループの実行前に毎回実行される	before(:all)と同等
before(:each) および before	各Exampleの実行前に毎回実行される	before(:example)も同等
after(:each) および after	各Exampleの実行後に毎回実行される	after(:example)も同等
after(:context)	describeやcontextで囲まれたテストグループの実行後に毎回実行される	after(:all)と同等
after(:suite)	RSpecの実行後に一度だけ実行される	

■ フックを利用する

フックはRSpec設定ファイル（`spec/spec_helper.rb`）またはテストファイル内で定義できます。設定ファイルでは、`RSpec.configure`メソッドのブロック内で`config.before`
`(:suite)`のようにフックを定義します。

■ samples/chapter-13/220/spec/spec_helper.rb

```
RSpec.configure do |config|
  config.before(:suite) { puts 'before suite hook' }
end
```

451

テストファイルでは、**RSpec.describe**メソッドのブロック以下であれば、任意の場所でフックを定義できます。ただし、**before(:suite)**と**after(:suite)**はRSpecの実行前後に一度だけ実行されるフックのため、テストファイル内では利用できません。設定ファイルで定義する必要があります。

また、**describe**や**context**をネスト（入れ子に）している場合、上位で定義したフックは、下位のブロックにも引き継がれます。

次のサンプルコードでは、クラスインスタンス変数で整数を保持する**Counter**クラスを定義しています。テストコードでは、**Counter.increment**メソッドのテストを**before(:example)**フックを用いて記述しています。**before**フックがテストの実行前に実行され、カウントが増えていることが確認できます。さらに、**after(:example)**フックでは**Counter.reset**メソッドを呼び出しています。各Exampleの間でクラスインスタンス変数は維持されるため、このフックがないと後続のExampleで意図しない値になりテストが失敗してしまいます。このように**after**フックは、グローバル変数のリセットやキャッシュデータの削除といった終了処理に利用できます。

■ samples/chapter-13/220/lib/counter.rb

```ruby
class Counter
  @count = 0

  def self.count
    @count
  end

  def self.increment
    @count += 1
  end

  def self.reset
    @count = 0
  end
end
```

220

テスト実行前後に特定の処理を実行したい

■ samples/chapter-13/220/spec/counter_spec.rb

```ruby
require 'spec_helper'
require 'counter'

RSpec.describe Counter do
  after { Counter.reset }

  describe '.increment' do
    context '1回実行したとき' do
      before do
        Counter.increment
      end

      it 'カウントは1になる' do
        expect(Counter.count).to eq(1)
      end
    end

    context '2回実行したとき' do
      before do
        Counter.increment
        Counter.increment
      end

      it 'カウントは2になる' do
        expect(Counter.count).to eq(2)
      end
    end
  end
end
```

220

テスト実行前後に特定の処理を実行したい

```
$ rspec
before suite hook
..

Finished in 0.00143 seconds (files took 0.04334 seconds to load)
2 examples, 0 failures

# after { Counter.reset } の行を削除したときのテスト実行結果
$ rspec
before suite hook
.F

Failures:

  1)   .increment 2回実行したとき カウントは2になる
       Failure/Error: expect(Counter.count).to eq(2)

         expected: 2
              got: 3

         (compared using ==)
       # ./spec/counter_spec.rb:23:in `block (4 levels) in <top
(required)>'

Finished in 0.0081 seconds (files took 0.0379 seconds to load)
2 examples, 1 failure

Failed examples:

rspec ./spec/counter_spec.rb:22 #   .increment 2回実行したとき カウント ⏎
は2になる
```

221 ネスト（入れ子に）した テストケースを書きたい

> Syntax

● describe／contextによるテストケースのネスト

```
describe 'テストする対象' do
  # contextを用いてテストケースをネストする
  context 'テストしたい状態' do
    ...
  end

  # describeを用いてテストケースをネストする
  describe 'テストする対象' do
    context 'テストしたい状態' do
      ...
    end
  end
end
```

RSpecでは**describe**メソッドと**context**メソッドを用いてテストケースをネスト（入れ子に）できます。ネストを用いてテストケースを構造化することで、理解しやすいテストを記述できるようになります。その中でも**context**を用いたテストケースの場合分けは便利です。実際のテストを実装する前に、**context**を使ってテストしたい状態を場合分けし、あらかじめ説明文を書いておくことで、テストケースの網羅性を確認した上で実装に臨むことができます。

■ ネストを用いてテストのアウトラインを作る

サンプルコードでは、整数のRGB値を16進数表現に変換する**Rgb**クラスを実装しています。

■ samples/chapter-13/221/rgb.rb

```ruby
class Rgb
  def initialize(red, green, blue)
    @red, @green, @blue = red.to_i, green.to_i, blue.to_i
  end

  def hex
    '#' + [@red, @green, @blue].map { _1.to_s(16).rjust(2, '0') ⮐
}.join
  end
end
```

まず、テストコードを場合分けし、contextとitでテストのアウトラインを作ります。

```ruby
# テストのアウトラインを作る
RSpec.describe Rgb do
  describe '#hex' do
    it 'RGB値の16進数表現を返す' do
    end

    context 'RGB値のいずれかが1桁の16進数値になるとき' do
      it '2桁になるように0が詰められる' do
      end
    end

    context 'RGB値のいずれかがnilのとき' do
      it 'nilは0とみなされる' do
      end
    end
  end
end
```

この時点で「RGB値が負数や255より大きい数のときはどうする?」と思った方もいるかもしれません。今回はこれらについてのテストは省略しますが、このようなアウトラインにより思考が整理されることで、テストの実装前からプログラムの考慮漏れに気付くこともあります。

■ 実際のテストを実装する

実際にテストを実装すると次のようになります。テストが構造化され、説明文を読むだけでそれがどのようなテストなのかがわかります。

■ samples/chapter-13/221/rgb_spec.rb

```ruby
# 同じディレクトリにあるrgb.rbを読み込む
require_relative 'rgb'

RSpec.describe Rgb do
  describe '#hex' do
    let(:rgb) { Rgb.new(204, 52, 45) }

    it 'RGB値の16進数表現を返す' do
      expect(rgb.hex).to eq('#cc342d')
    end

    context 'RGB値のいずれかが1桁の16進数値になるとき' do
      let(:rgb) { Rgb.new(0, 10, 15) }

      it 'それぞれが2桁になるように0が詰められる' do
        expect(rgb.hex).to eq('#000a0f')
      end
    end

    context 'RGB値のいずれかがnilのとき' do
      let(:rgb) { Rgb.new(255, nil, nil) }

      it 'nilは0とみなされる' do
        expect(rgb.hex).to eq('#ff0000')
      end
    end
```

221 ネスト（入れ子に）したテストケースを書きたい

```
    end
  end
```

```
$ rspec rgb_spec.rb
...

Finished in 0.01476 seconds (files took 0.2189 seconds to load)
3 examples, 0 failures
```

なお、ネストの上位で定義したletやbefore／afterフックは、下位のdescribe／contextにも引き継がれます。

describeとcontextの使い分け

　describeとcontextは機能的にはまったく同じメソッドです。そのためネストしたテストケースをすべてdescribeで記述することも可能です。ただし、describeには「特徴を述べる、記述する、説明する」、contextには「背景、状況、文脈」といった意味があるため、それに応じて次のように使い分けるのが一般的です。

- describe：テストする対象を記述する。クラス名、メソッド名、機能名などの名詞を書く
- context：テストしたい状態や場合を記述する。「〜のとき」のように書く

222 外部へのHTTPリクエストをスタブしたい

Syntax

● HTTPリクエストをスタブする

```
stub_request(:HTTPリクエストメソッド, 'URL')
  .to_return(status: HTTPステータスコード, body: 'レスポンスボディ')
```

※ require 'webmock/rspec'が必要（spec/spec_helper.rbでの設定が一般的）

外部へのHTTPリクエストを行うプログラムをテストするとき、実際のリクエストをそのまま送信すると次のような問題が発生します。

▶ 自動テストにより大量のリクエストが送信され、送信先に迷惑がかかったりアクセス数制限（Rate Limit）を超過してしまうことがある

▶ 送信先がサービスメンテナンスを行っているときなど、レスポンスが変化するとテストが失敗してしまう

▶ POSTリクエストなど、送信先のデータを操作するリクエストは何度も繰り返しテストを行うことが難しい

そのため、テストにおいては外部へ直接リクエストを送信せず、HTTPリクエストをスタブして事前に用意したレスポンスを返すようにするのが一般的です。

■ WebMockを利用する

HTTPリクエストのスタブはWebMock（https://github.com/bblimke/webmock）を利用すると簡単に行えます。WebMockはターミナルから**gem**コマンドを用いてインストールします。

```
$ gem install webmock -v 3.23.1
```

インストール後、RSpec設定ファイル（**spec/spec_helper.rb**）にWebMockを読み込むためのコードを記述します。

```
require 'webmock/rspec'
```

サンプルコードでは、GitHubのREST APIを用いてリポジトリのスター数を取得するGitHubStarsクラスを実装しています。テストコードではWebMockの**stub_request**メソッドを呼び出してHTTPリクエストをスタブします。第1引数は応答するHTTPリクエストメソッドで、**:get**や**:post**を指定します。**:any**ですべてのメソッドに応答します。第2引数にURLを指定します。ここで指定したURLとメソッドでリクエストされると、スタブされたレスポンスを返します。レスポンスをカスタマイズするにはメソッドチェーンで**to_return**メソッドを呼び出し、引数でHTTPステータスコードやレスポンスボディを指定します。こうすることで、実際のリクエストを送信せずに、HTTPリクエストを伴うプログラムがテストできるようになります。

■ **samples/chapter-13/222/github_stars.rb**

```ruby
# GitHubのAPIについてはhttps://docs.github.com/ja/restを参照
require 'uri'
require 'net/http'
require 'json'

class GithubStars
  def initialize(repo)
    @repo_url = URI.parse("https://api.github.com/repos/#{repo}")
  end

  def stars
    response = Net::HTTP.get(@repo_url)
    json = JSON.parse(response)
    json['stargazers_count']
  end
end
```

222

外部へのHTTPリクエストをスタブしたい

■ samples/chapter-13/222/github_stars_spec.rb

```ruby
# 実装を単純にするため、spec_helper.rbではなく
# テストファイル内でWebMockを読み込む
require 'webmock/rspec'
# 同じディレクトリにあるgithub_stars.rbを読み込む
require_relative 'github_stars'

RSpec.describe GithubStars do
  describe '#stars' do
    let(:repo) { 'ruby/ruby' }
    let(:github_stars) { GithubStars.new(repo) }

    before do
      stub_request(:get, "https://api.github.com/repos/#{repo}")
        .to_return(
          status: 200,
          # 実際のレスポンスボディの一部分のみ抽出
          body: '{"id": 538746, "stargazers_count": 19392}',
        )
    end

    it 'リポジトリのスター数を返す' do
      expect(github_stars.stars).to eq(19392)
    end
  end
end
```

```
$ rspec github_stars_spec.rb
.

Finished in 0.00507 seconds (files took 0.32191 seconds to load)
1 example, 0 failures
```

222

外部へのHTTPリクエストをスタブしたい

　なお、意図しないHTTPリクエストの送信を避けるため、WebMockを読み込むとスタブされていない実際のHTTPリクエストは送信できなくなります。テストコードの**stub_request**メソッドを削除してテストを実行すると、次のように**WebMock::NetConnectNotAllowedError**が発生します。**WebMock.allow_net_connect!**メソッドを呼び出すことで実際のHTTPリクエストを送信できるようになりますが、スタブし忘れるミスを防ぐため、できるだけ避けたほうがよいでしょう。

```
# stub_requestメソッドの呼び出しを削除してテストを実行したときの実行結果
$ rspec github_stars_spec.rb
F

Failures:

  1) GithubStars#stars リポジトリのスター数を返す
     Failure/Error: expect(github_stars.stars).to eq(19392)

     WebMock::NetConnectNotAllowedError:
        Real HTTP connections are disabled. Unregistered request:
GET https://api.github.com/repos/ruby/ruby with headers
{'Accept'=>'*/*', 'Accept-Encoding'=>'gzip;q=1.0,deflate;q=0.6,
identity;q=0.3', 'Host'=>'api.github.com', 'User-Agent'=>'Ruby'}

...省略...

Finished in 0.00376 seconds (files took 0.34856 seconds to load)
1 example, 1 failure

Failed examples:

rspec ./github_stars_spec.rb:12 # GithubStars#stars リポジトリの
スター数を返す
```

Rubyのプログラムを
デバッグする

Chapter

14

223 デバッグのために変数の内容を出力したい

Syntax

- **inspectの結果を標準出力に出力**

```
p obj
```

- **pより見やすく整形した形式でinspectの結果を出力**

```
pp obj
```

オブジェクトの内容を人間が読みやすい形式で出力するにはpを使います。

pは、引数として渡したオブジェクトに対してinspectメソッドを実行し、得られた文字列を標準出力に出力します。オブジェクトのデフォルトのinspectは、クラス名、オブジェクトのID、インスタンス変数一覧からなる文字列を返します。Ruby組み込みのクラスには、人間にとってよりわかりやすい内容を返すinspectを個別に実装しているクラスも数多く存在します。また、自分で定義したクラスにinspectを実装すると、そのクラスのオブジェクトをpに渡すだけでinspectの結果を標準出力に出力できます。

次のサンプルコードでは整数、文字列、配列、自作のクラスをそれぞれpに渡し、その内容を標準出力に出力しています。pはデバッグしやすいように次の形式でオブジェクトの内容を出力します。

- ▶ **文字列は、ダブルクォーテーションで囲む**
- ▶ **シンボルには、:を付与する**
- ▶ **配列やハッシュは、それとわかる形式で出力する**
- ▶ **オブジェクトでは、クラス名、オブジェクトのID、インスタンス変数の一覧を出力する**

■ **samples/chapter-14/223.rb**

```ruby
p 1
p "Ruby"
p [1, "Ruby", :s]
p({a: 'a', b: "b", c: "c"})

class MyClass
  def initialize(a, b)
    @a, @b = a, b
  end
end
p MyClass.new(:foo, :bar)
```

▼ 実行結果

```
1
"Ruby"
[1, "Ruby", :s]
{:a=>"a", :b=>"b", :c=>"c"}
#<MyClass:0x00000001072edaf8 @a=:foo, @b=:bar>
```

※MyClassのIDは実行するたびに変化する

■ ppによるオブジェクトの内容の出力

pはすべての情報を1行で表示するので、ハッシュのキーの数やオブジェクトの変数の数が大量であったり、出力するターミナルのウィンドウが小さかったりすると、少し読みにくいことがあります。ppメソッドを使うと、pの出力に自動で改行を入れて見やすく出力されるので、この問題が解決できます（ppという名前はpretty printの略で、こぎれいに整形された出力というニュアンスがあります）。

次のサンプルコードでは、ハッシュを要素に持つ配列と、自作のクラスをそれぞれppに渡し、その内容を標準出力に出力しています。このとき、出力が読みやすくなるように、ppは出力先の画面の状態に応じた改行を自動で挿入します。

■ **samples/chapter-14/223.rb**

```
pp [{a: "a", b: "b", c: "c"}, {d: "d", e: "e", f: "f"}, {g: 'g', ⏎
h: "h", i: "i"}]

class MyClass
  def initialize(a, b, c, d, e)
    @a, @b, @c, @d, @e = a, b, c, d, e
  end
end
pp MyClass.new(:foo, :bar, :baz, :fizz, :buzz)
```

223

デバッグのために変数の内容を出力したい

▼ 実行結果

```
[{:a=>"a", :b=>"b", :c=>"c"},
 {:d=>"d", :e=>"e", :f=>"f"},
 {:g=>"g", :h=>"h", :i=>"i"}]
#<MyClass:0x0000000108a54228
 @a=:foo,
 @b=:bar,
 @c=:baz,
 @d=:fizz,
 @e=:buzz>
```

※ 改行の位置や数は、出力するウィンドウのサイズによって変わる

224 プログラムの実行を途中で 止めて処理を追いたい（IRB）

> **Syntax**

● ブレークポイントを設定してREPLのプロンプトを表示

```
binding.irb
```

「▶︎015 Rubyを対話形式で実行したい」ではRubyに付属するREPL（対話的なインタプリタ）としてIRBを紹介しました。このIRBはデバッガとしても利用できます。デバッガを使うと、位置を指定してプログラムの実行を停止し、その箇所のスコープで変数の状態を確認したり、その変数を利用した任意のコードを実行したりできます。プログラムを停止する位置のことを「ブレークポイント」と呼びます。

IRBをデバッガとして使うには、デバッガを起動したい場所に`binding.irb`と書きます。`binding`メソッドを呼び出すと、その呼び出し位置や有効なローカル変数などの情報を持つ`Binding`クラスのオブジェクトが返されます。この`Binding`オブジェクトの`irb`メソッドを呼ぶことで、変数の情報が使える状態でIRBが起動します。

次のサンプルコードではブレークポイントとして設定したい行に`binding.irb`を記述しています。コードを実行すると`binding.irb`の位置で実行が一時停止し、標準出力にプロンプトが表示されます。

■ samples/chapter-14/224.rb

```ruby
class Foo
  attr_reader :n

  def initialize(n)
    @n = n
  end

  def add_one_three_times
    3.times do
      binding.irb
      @n += 1
    end
  end
end

foo = Foo.new(1)
foo.add_one_three_times
p foo.n
```

```
From: foo.rb @ line 10 :

    5:     @n = n
    6:   end
    7:
    8:   def add_one_three_times
    9:     3.times do
 => 10:       binding.irb
   11:       @n += 1
   12:     end
   13:   end
   14: end
   15:

irb(#<Foo:0x000000010423c030>):001:0>
```

　プロンプトにはRubyの式を入力できます。また、実行を停止したスコープで有効な変数やメソッドを使用できます。たとえば、@nと入力すると@nの内容が出力されます。

```
irb(#<Foo:0x000000010c40c2e0>):001:0> 1.step(10, 2).to_a
=> [1, 3, 5, 7, 9]
irb(#<Foo:0x000000010c40c2e0>):002:0> @n
=> 1
```

　exitと入力するか、Ctrl＋Dを押下すると、現在のIRBのセッションが終了し、後続のコードが実行されます。後続のコードにもbinding.irbによるブレークポイントが設定されていれば、そのブレークポイントまで実行が進みます。

224

プログラムの実行を途中で止めて処理を追いたい (IRB)

```
irb(#<Foo:0x000000010c40c2e0>):003:0> exit

From: foo.rb @ line 10 :

    5:      @n = n
    6:    end
    7:
    8:    def add_one_three_times
    9:      3.times do
 => 10:        binding.irb
   11:          @n += 1
   12:      end
   13:    end
   14: end
   15:

irb(#<Foo:0x000000010c40c2e0>):001:0> @n
=> 2
```

以下に、IRBで使用できるその他の便利なコマンドを紹介します。

■ 利用できるメソッド、変数を表示

lsコマンドによって、実行を停止したスコープで利用できるメソッドや変数を表示できます。

```
irb(#<Foo:0x00000001086dea08>):003:0> ls
Foo#methods: add_one_three_times  n
IRB::ExtendCommandBundle#methods:
...省略...
Foo.methods:
...省略...
instance variables: @n
locals: _
=> nil
```

Chap **14** Rubyのプログラムをデバッグする

469

クラス、メソッドの定義を表示

show_sourceコマンドにクラス名やメソッド名を文字列で渡すと、それらの定義が表示されます。

```
irb(#<Foo:0x00000001086dea08>):009:0> show_source 'Foo'

From: /Users/kymmt90/tmp/foo.rb:1

class Foo
  attr_reader :n

  def initialize(n)
    @n = n
  end

  def add_one_three_times
    3.times do
      binding.irb
      @n += 1
    end
  end
end

=> nil
irb(#<Foo:0x00000001086dea08>):010:0> show_source 'Foo#add_one_   2
three_times'

From: /Users/kymmt90/tmp/foo.rb:8

  def add_one_three_times
    3.times do
      binding.irb
      @n += 1
```

プログラムの実行を途中で止めて処理を追いたい（IRB）

```
    end
  end

=> nil
```

REPLの終了

exit!を実行することで、IRBのプロンプトからすぐに抜けてプログラムの実行を終了できます。

```
irb(#<Foo:0x000000010fde7f50>):001:0> exit!
（プロンプトから抜ける）
```

（ 関連項目 ）

▶▶015 Rubyを対話形式で実行したい

225 高機能なデバッガを使いたい（debugライブラリ）

Syntax

- **ブレークポイントを設定**

```
debugger
```

※ require 'debug'が必要

- **特定のバックトレースを表示**

```
(rdbg) backtrace 表示する行数
(rdbg) backtrace /パターン/
```

- **利用できるメソッド、変数を表示**

```
(rdbg) outline
(rdbg) ls
```

- **変数変化時のブレークポイントを設定**

```
(rdbg) watch 変数名
```

- **例外発生時のブレークポイントを設定**

```
(rdbg) catch 例外名
```

- **ブレークポイントを削除**

```
(rdbg) delete
```

Ruby 3.1から、ブレークポイントなどを活用できる高機能なデバッガdebugが標準で使えるようになりました。

debugライブラリでは

- ▶ `debugger`
- ▶ `binding.break`
- ▶ `binding.b`

のいずれかをコード中に書くと、その行からデバッガが立ち上がります。デバッガでは`(rdbg)`というプロンプトが表示され、IRBと同様にRubyの式を評価できます。

■ **samples/chapter-14/225.rb**

```ruby
require 'debug'

class Foo
  class Error < StandardError; end

  def initialize(n)
    @n = n
```

```
    @@m = 1
  end

  def add_one_three_times
    3.times do
      debugger
      @n = @n + 1
    end

    raise Error
  end
end

foo = Foo.new(1)
foo.add_one_three_times
```

```
[8, 17] in foo.rb
    8|      @@m = 1
    9|    end
   10|
   11|    def add_one_three_times
   12|      3.times do
=> 13|        debugger
   14|        @n = @n + 1
   15|      end
   16|
   17|      raise Error
=>#0    block in add_one_three_times at foo.rb:13
  #1    [C] Integer#times at foo.rb:12
  # and 2 frames (use `bt' command for all frames)
(rdbg)
```

デバッガでコードを実行するときに利用できる制御コマンドは次のとおりです。

● **debugで利用できる制御コマンド**

コマンド	意味
n/next	次の行で実行を止める
s/step	次の行に進み、メソッド呼び出しならそのメソッドの中で実行を止める
fin/finish	現在のメソッドから戻った先で実行を止める
c/continue	デバッガを終了してプログラムの実行を再開する

たとえば、nを入力するとデバッガの実行するコードが次の行に進みます。

```
(rdbg) n      # next command
[9, 18] in foo.rb
     9|    end
    10|
    11|    def add_one_three_times
    12|      3.times do
    13|        debugger
=>  14|        @n = @n + 1
    15|      end
    16|
    17|      raise Error
    18|    end
=>#0    block in add_one_three_times at foo.rb:14
  #1    [C] Integer#times at foo.rb:12
  # and 2 frames (use `bt' command for all frames)
(rdbg)
```

以降でも、このコードをもとにデバッガの操作について説明します。

■ バックトレースの表示

btまたはbacktraceで現在の行からのバックトレース（その行に至るまでに実行されたメソッドを時系列で並べたもの）を表示します。

225

高機能なデバッガを使いたい（debugライブラリ）

```
(rdbg) bt      # backtrace command
=>#0    block in add_one_three_times at foo.rb:13
  #1    [C] Integer#times at foo.rb:12
  #2    Foo#add_one_three_times at foo.rb:12
  #3    <main> at foo.rb:22
```

バックトレースは絞り込みできます。絞り込むときはbtの引数として、上から何行取得するかを整数で渡すか、バックトレースに含まれる文字列の正規表現パターンを渡します。

```
(rdbg) bt 2     # backtrace command
=>#0    block in add_one_three_times at foo.rb:13
  #1    [C] Integer#times at foo.rb:12
  # and 2 frames (use `bt' command for all frames)
(rdbg) bt /add/     # backtrace command
=>#0    block in add_one_three_times at foo.rb:13
  #2    Foo#add_one_three_times at foo.rb:12
```

利用できるメソッド、変数を表示

outlineまたはlsで利用できるメソッドや変数を表示します。

```
(rdbg) ls      # outline command
Foo#methods: add_one_three_times
instance variables: @n
class variables: @@m
```

ブレークポイントの設定と削除

デバッガ起動後に、特定のイベントにあわせたブレークポイントを設定できます。
特定の変数が変化するときに実行を止めるには、watchを使います。

475

```
(rdbg) watch @n     # command
#0  BP - Watch  #<Foo:0x000000010f4520a8> @n = 1
(rdbg) c    # continue command
[10, 19] in foo.rb
    10|
    11|   def add_one_three_times
    12|     3.times do
    13|       debugger
    14|       @n = @n + 1
=> 15|     end
    16|
    17|     raise Error
    18|   end
    19| end
=>#0    block in add_one_three_times at foo.rb:15 #=> 2
  #1    [C] Integer#times at foo.rb:12
  # and 2 frames (use `bt' command for all frames)

Stop by #0  BP - Watch  #<Foo:0x000000010f4520a8> @n = 1 -> 2
```

例外が発生したときに実行を止めるには、catchを使います。

```
(rdbg) catch Foo::Error    # command
#0  BP - Catch  "Foo::Error"
...
(rdbg) c    # continue command
[12, 21] in foo.rb
    12|     3.times do
    13|       debugger
    14|       @n = @n + 1
    15|     end
    16|
=> 17|     raise Error
```

225

高機能なデバッガを使いたい（debugライブラリ）

```
   18|    end
   19| end
   20|
   21| foo = Foo.new(1)
=>#0    Foo#add_one_three_times at foo.rb:17
  #1    <main> at foo.rb:22

Stop by #0  BP - Catch  "Foo::Error"
```

ブレークポイントを削除するには、deleteを使います。

```
(rdbg) watch @n     # command
#0  BP - Watch  #<Foo:0x000000010a39dab8> @n = 1
(rdbg) delete     # command
#0  BP - Watch  #<Foo:0x000000010a39dab8> @n = 1
```

■ ヘルプの表示

コマンドの一覧を表示するときはhelpまたはhを使います。また、特定のコマンドの説明を表示するときは、helpまたはhの引数としてコマンド名を渡します。

```
(rdbg) h      # help command
### Control flow

* `s[tep]`
  * Step in. Resume the program until next breakable point.
...

(rdbg) h next     # help command
* `n[ext]`
  * Step over. Resume the program until next line.
* `n[ext] <n>`
  * Step over, same as `step <n>`.
```

Chap **14** Rubyのプログラムをデバッグする

477

226 プログラムの実行速度を計測したい

> **Syntax**

● それぞれの処理の性能を計測して表示

```
Benchmark.bm do |x|
  x.report { 処理1 }
  x.report { 処理2 }
end
```

※ require 'benchmark'が必要

　Rubyで処理の性能を計測したいときは、benchmarkライブラリを使います。benchmarkライブラリのBenchmark.bmを使うと、コードの実行速度を計測できます。

　Benchmark.bmを使うときは次の構造でコードを書きます。Benchmark.bmに渡すブロック内でブロックパラメータxに対してreportを呼び出し、reportに計測したい処理を実行するブロックを渡すことで、その処理の実行時間が計測されます。

```
Benchmark.bm do |x|
  x.report { a = 1 }
end
```

　処理の実行完了後、標準出力に計測結果を出力します。計測結果は次の項目を含みます。

● Benchmark.bmで計測される主な項目

種類	意味
user	ユーザー時間。CPUでのRubyプログラム自体の実行にかかった時間
system	システム時間。CPUでのOSの機能の実行にかかった時間
total	ユーザー時間とシステム時間の合計
real	実際にプログラムの開始から終了までにかかった時間

■ 複数の処理の比較

　Benchmark.bmでは、複数の処理を同時に計測し、それらの性能を比較することもできます。複数の処理を計測するときは次の構造でコードを書きます。

```ruby
Benchmark.bm do |x|
  x.report { a = 1 }
  x.report { b = 1 }
end
```

計測結果には、それぞれの処理の結果が1行ごとに出力されます。

■ 計測結果へのラベルの出力

計測結果の各行の先頭に文字列をラベルとして出力できます。ラベルは`report`の引数として渡します。ラベルの表示幅は、`Benchmark.bm`の引数として整数で渡すことができます。

次のサンプルコードでは、`String#+`と`String#concat`を10万回繰り返すときの性能を比較し、その結果をレポート形式で取得しています。`Benchmark.bm`の引数として渡すラベルの表示幅は、2つのラベルのうち長いほうの長さとしています。

■ samples/chapter-14/226.rb

```ruby
require 'benchmark'

label1 = 'String#+:'
label2 = 'String#concat:'
label_width = [label1.length, label2.length].max
n = 100_000
Benchmark.bm(label_width) do |x|
  x.report(label1) {
    s = ''
    n.times { s += 'hello' }
  }

  x.report(label2) {
    s = ''
    n.times { s.concat('hello') }
  }
end
```

226

プログラムの実行速度を計測したい

▼ 実行結果

	user	system	total	real
String#+:	6.862268	7.743096	14.605364 (	15.052943)
String#concat:	0.019004	0.002960	0.021964 (	0.022581)

※ 実行時間は環境によって変わる

227 ログを標準出力に出力したい

Syntax

● **ロガーの作成**

```
logger = Logger.new(STDOUT, progname: 'プログラム名')
```

● **ログの出力**

```
logger.debug 'メッセージ'
```

※ require 'logger'が必要

　プログラム実行時に、いつ、何が起きたかをテキスト形式のログとして出力するには、loggerライブラリを使います。

　loggerはRubyに標準で付属するライブラリであり、ログの重要度に応じたログレベルを設定してログを出力します。その他、出力先、プログラム名、ログフォーマットを設定できます。

　loggerで標準出力にログを出力するには、**Logger.new**に標準出力を表すオブジェクトである**STDOUT**を渡します。また、**Logger.new**にオプション**progname**を利用してファイル名を渡すことで、ログ出力時にファイル名を表示します。ログにメッセージを出力するときは、ログレベルを表すメソッドに文字列でメッセージを渡します。

　loggerを使うと、デフォルトで次の形式の文字列がログに出力されます。

ログレベル [タイムスタンプ プロセスID] ログレベル -- プログラム: メッセージ

　次のサンプルコードでは、実行するファイルのパスをプログラム名として設定し、標準出力に各ログレベルのログを出力しています。

■ **samples/chapter-14/227.rb**

```
require 'logger'

logger = Logger.new(STDOUT, progname: __FILE__)

logger.unknown 'エラー'
logger.debug 'デバッグ'
```

227

ログを標準出力に出力したい

```ruby
logger.info '参考'
logger.warn '警告'
logger.error 'エラー'
logger.fatal '致命的'
```

▼ 実行結果

```
A, [2024-03-04T19:33:29.173691 #45947]   ANY -- 227.rb: エラー
D, [2024-03-04T19:33:29.173717 #45947] DEBUG -- 227.rb: デバッグ
I, [2024-03-04T19:33:29.173724 #45947]  INFO -- 227.rb: 参考
W, [2024-03-04T19:33:29.173730 #45947]  WARN -- 227.rb: 警告
E, [2024-03-04T19:33:29.173734 #45947] ERROR -- 227.rb: エラー
F, [2024-03-04T19:33:29.173738 #45947] FATAL -- 227.rb: 致命的
```

228 ログをファイルに出力したい

Syntax

● ロガーの作成

```
logger = Logger.new('ファイル名')
```

※ require 'logger'が必要

loggerでファイルにログを出力するには、**Logger.new**にファイル名を文字列で渡します。ファイル名は相対パスと絶対パスのどちらでもかまいません。ファイル名として相対パスを渡す場合、パスはスクリプトを実行するディレクトリからの相対位置を表します。

次のサンプルコードでは、ログファイル名を指定して各ログレベルのログを出力しています。

■ samples/chapter-14/228.rb

```ruby
require 'logger'

logger = Logger.new('sample.log')

logger.unknown 'エラー'
logger.debug 'デバッグ'
logger.info '参考'
logger.warn '警告'
logger.error 'エラー'
logger.fatal '致命的'
```

```
$ cat sample.log
# Logfile created on 2024-03-04 19:34:26 +0900 by logger.rb/v1.6.0
A, [2024-03-04T19:34:26.050126 #48824]    ANY -- : エラー
D, [2024-03-04T19:34:26.050145 #48824]  DEBUG -- : デバッグ
I, [2024-03-04T19:34:26.050155 #48824]   INFO -- : 参考
W, [2024-03-04T19:34:26.050162 #48824]   WARN -- : 警告
E, [2024-03-04T19:34:26.050169 #48824]  ERROR -- : エラー
F, [2024-03-04T19:34:26.050175 #48824]  FATAL -- : 致命的
```

229 特定のレベル以上の ログだけを出力したい

Syntax

● 出力するログのレベルを設定

```
logger.level = Logger::ERROR
```

※ require 'logger'が必要

● ログレベル

レベル	意味
Logger::DEBUG	デバッグ
Logger::INFO	参考
Logger::WARN	警告
Logger::ERROR	エラー
Logger::FATAL	致命的

　loggerでファイルにログを出力するとき、ログレベルを指定できます。たとえば、あるプログラムで**Logger#error**と**Logger#debug**を使ってエラーログとデバッグログを出力しているとします。このプログラムを実行する際、普段はエラーログだけ出力し、デバッグログは不要というケースが考えられます。このとき、**Logger#level=**でログレベルを**Logger**のオブジェクトに設定することで、そのログレベル以上のログだけを出力できます。

　ログレベルは**Logger**モジュールに定数として定義されています。なお、**Logger#unknown**は、設定されたログレベルにかかわらずログを出力します。

　次のサンプルコードでは、**Logger**オブジェクトにログレベルとして**Logger::ERROR**を設定し、**ERROR**と**FATAL**のレベルのログだけを出力しています。

■ **samples/chapter-14/229.rb**

```ruby
require 'logger'

logger = Logger.new(STDOUT)
logger.level = Logger::ERROR

logger.unknown 'エラー'
logger.debug 'デバッグ'
logger.info '参考'
logger.warn '警告'
logger.error 'エラー'
logger.fatal '致命的'
```

▼ 実行結果

```
A, [2024-03-04T19:35:04.400176 #50882]   ANY -- : エラー
E, [2024-03-04T19:35:04.400211 #50882] ERROR -- : エラー
F, [2024-03-04T19:35:04.400218 #50882] FATAL -- : 致命的
```

RubyGemsを活用する

Chapter

15

230 gemを使いたい

> **Syntax**

● **gemによるライブラリのインストール**

```
$ gem install インストールするライブラリ
```

　Rubyでは、さまざまな開発者によって作られたライブラリがgemという形でまとめられており、その多くはrubygems.orgで公開されています。公開されているgemは誰でもインストールして使うことができます。ここでは試しに、ランダムに生成された名前や住所を利用したいときに便利なgimeiをインストールして使ってみましょう。

```
$ gem install gimei
Fetching romaji-0.2.4.gem
Fetching gimei-1.2.0.gem
Successfully installed romaji-0.2.4
Successfully installed gimei-1.2.0
Parsing documentation for romaji-0.2.4
Installing ri documentation for romaji-0.2.4
Parsing documentation for gimei-1.2.0
Installing ri documentation for gimei-1.2.0
Done installing documentation for romaji, gimei after 0 seconds
2 gems installed
```

※実行時の最新のバージョンがインストールされる

　これで開発環境にgimeiをインストールできました。実際にプログラムでgimeiを使ってみます。次のようにrequireを利用してライブラリを読み込みます。

■ samples/chapter-15/230.rb

```ruby
require 'gimei'
puts Gimei.name
puts Gimei.address
```

▼ 実行結果

```
高橋 佑斗
大阪府甲賀市安津見
```

※ 結果はランダムに変わる

　このように、公開されているgemを利用することによって、プログラムをより効率的に開発できるようになります。

231 特定バージョンのgemを使いたい

> Syntax

● **バージョンを指定してライブラリをインストール**

```
$ gem install インストールするライブラリ -v 'バージョン'
```

rubygems.orgで公開されているgemにはバージョン番号が付与されており、新機能の追加やバグの修正を通じてgemの開発が進むと、新たなバージョン番号が付与されて公開（リリース）されます。バージョン番号の数値はリリースのたびに大きくなります。

バージョンを指定しない場合、gem installでは最新バージョンがインストールされますが、「-v 'バージョン'」とオプションを付けると、特定のバージョンをインストールできます。

たとえば、gimeiのバージョン1.2.0をインストールするには、次のコマンドを実行します。

```
$ gem install gimei -v '1.2.0'
Fetching gimei-1.2.0.gem
Fetching romaji-0.2.4.gem
Successfully installed romaji-0.2.4
Successfully installed gimei-1.2.0
Parsing documentation for romaji-0.2.4
Installing ri documentation for romaji-0.2.4
Parsing documentation for gimei-1.2.0
Installing ri documentation for gimei-1.2.0
Done installing documentation for romaji, gimei after 0 seconds
2 gems installed
```

■ セマンティックバージョニングに基づくバージョン範囲の指定

セマンティックバージョニングとは、ソフトウェアにバージョン番号を付与するためのルールの1つです。gemでは、多くの場合、セマンティックバージョニングにしたがってバージョン番号が更新されます。セマンティックバージョニングではX.Y.Zの形式でバージョン番号を付与します。これは該当バージョンにおける後方互換性を示しており、それぞれの数字は以下のルールで決められます。

489

● セマンティックバージョニングによるバージョン番号X.Y.Zの意味

数字	名前	意味
X	メジャーバージョン	後方互換性を持たない変更
Y	マイナーバージョン	後方互換性を保った新しい機能追加などの変更
Z	パッチバージョン	後方互換性を保ったバグ修正による変更

下記のURLにセマンティックバージョニングの詳しい説明があります。

https://semver.org/lang/ja/

gem installでは、オプション-vにインストールするgemのバージョンの範囲を渡すこともできます。これを利用すると、後方互換性を保つために必要なバージョンの条件を指定しつつ、その中での最新のバージョンをインストールできます（ただし、対象gemがセマンティックバージョニングにしたがっている必要があります）。

● gem installにおけるバージョンの範囲指定

書き方	意味
>= X.Y.Z	X.Y.Z 以上
<= X.Y.Z	X.Y.Z 以下
~> X.Y.Z	X.Y.Z 以上 X.Y+1 未満

最後の~>は、パッチバージョンはいくつでもよいときや、メジャー／マイナーバージョンを同一に保ちたいときなどに使います。たとえばメジャーバージョンを同一に保ちたいときは~> X.Yと書きます。
次のコマンドを実行するとgimeiのバージョン1.0.1がインストールされます。

```
$ gem install gimei -v '~> 1.0.0'
Fetching gimei-1.0.1.gem
Successfully installed gimei-1.0.1
Parsing documentation for gimei-1.0.1
Installing ri documentation for gimei-1.0.1
Done installing documentation for gimei after 0 seconds
1 gem installed
```

特定バージョンのgemを使いたい

また、次のコマンドを実行すると、執筆時点での最新版である**1.3.2**がインストールされます。

```
$ gem install gimei -v '~> 1.0'
Fetching gimei-1.3.2.gem
Successfully installed gimei-1.3.2
Parsing documentation for gimei-1.3.2
Installing ri documentation for gimei-1.3.2
Done installing documentation for gimei after 0 seconds
1 gem installed
```

232 インストールされているgemを確認したい

> **Syntax**

● **インストール済みgemの一覧を表示**

```
$ gem list
```

● **インストール済みgemの詳細を表示**

```
$ gem info gem名
```

インストールされているgemを確認するには、`gem list`を実行します。

```
$ gem list

*** LOCAL GEMS ***

abbrev (default: 0.1.2)
base64 (default: 0.2.0)
benchmark (default: 0.3.0)
bigdecimal (default: 3.1.5)
bundler (default: 2.5.14)
...省略...
weakref (default: 0.1.3)
yaml (default: 0.3.0)
zlib (default: 3.1.1)
```

※ 結果は環境によって異なる

さらにインストールされているgemの詳細を確認するには、`gem info`を使います。指定したgemについて作者やWebページなどの詳細情報が表示されます。

```
$ gem info yaml

*** LOCAL GEMS ***

yaml (0.3.0)
    Authors: Aaron Patterson, SHIBATA Hiroshi
    Homepage: https://github.com/ruby/yaml
    Licenses: Ruby, BSD-2-Clause
    Installed at (default): /Users/ユーザ名/.rbenv/versions/3.3.3/ ⏎
lib/ruby/gems/3.3.0

    YAML Ain't Markup Language
```

　トラブルシューティングのときや、環境に正しくgemがインストールされているかどうか確認するときなど
に便利です。

233 プログラムごとに必要なgemを管理したい（Bundler）

Syntax

● **Gemfileのひな形を作成**

```
$ bundle init
```

● **Gemfileをもとにgemをインストール**

```
$ bundle install
```

プロジェクトごとに利用するgemを管理するためには、Bundlerというツールを使います。

Bundlerでは、**Gemfile**というファイルを使ってgemを管理します。次のように、**bundle init**を実行することによって、**Gemfile**のひな形が作成されます。

```
$ bundle init
$ cat Gemfile
# frozen_string_literal: true

source "https://rubygems.org"

# gem "rails"
```

Gemfileでは、行ごとに「**gem パッケージ名(, バージョン)**」を記述することで、プロジェクトで利用するgemを管理します。バージョンの指定方法は、**gem install**と同様で（ ▶▶231 ）、範囲指定も使用できます。

■ **samples/chapter-15/233/Gemfile**

```
# frozen_string_literal: true

source "https://rubygems.org"
```

⟩⟩

494

```
gem "aws-sdk-core", "~> 3.129.0"
gem "diff-lcs", "~> 1.1"
```

上記のようにGemfileを編集してbundle installを実行すると、以下の結果となります。

```
Fetching diff-lcs 1.5.0
Fetching aws-partitions 1.579.0
Fetching aws-eventstream 1.2.0
Fetching jmespath 1.6.1
Installing aws-eventstream 1.2.0
Installing jmespath 1.6.1
Fetching aws-sigv4 1.5.0
Installing diff-lcs 1.5.0
Installing aws-partitions 1.579.0
Installing aws-sigv4 1.5.0
Fetching aws-sdk-core 3.129.1
Installing aws-sdk-core 3.129.1
Bundle complete! 2 Gemfile dependencies, 7 gems now installed.
Use `bundle info [gemname]` to see where a bundled gem is
installed.
```

diff-lcsは~> 1.1と指定したので、1.xの執筆時点における最新バージョン1.5.0が、aws-sdk-coreは~> 3.129.0と指定したので、3.129.xの執筆時点における最新バージョン3.129.1がインストールされました。

このように、Bundlerを使うと必要なgemをまとめてインストールできるので、Rubyで開発されている多くのプロジェクトで利用されています。

(関連項目)

▶▶231 特定バージョンのgemを使いたい

234 Bundlerで管理しているgemを一括で読み込みたい

> **Syntax**

● **Bundlerを利用してライブラリを一括で読み込む**

```
Bundler.require
```

※ require 'bundler/setup'が必要

　インストール済みのgemを利用するには、利用前に**require**を呼び出してライブラリを読み込む必要があります（ **▶230** ）。しかし、Bundlerを利用していれば、**Bundler.require**と書くだけでGemfileに書かれているgemをすべて**require**できます。

　ここでは**gimei**と**faker**の2つのgemを一括で**require**します。まずは、次のGemfileを用意して、**bundle install**を実行してください。

■ samples/chapter-15/234/Gemfile

```
# frozen_string_literal: true

source "https://rubygems.org"

gem "gimei", '1.2.0'
gem "faker", '3.2.0'
```

　その後、次のサンプルコードを実行します。

■ samples/chapter-15/234/sample.rb

```ruby
require 'bundler/setup'

Bundler.require
puts Gimei.name
puts Gimei.address

puts Faker::Name.name
puts Faker::Address.full_address
```

▼ **実行結果**

> 成田 礼羅
> 福岡県三養基郡みやき町モエレ沼公園
> Mike Beahan
> 23378 Zana Path, New Felisha, OK 11770

※ 結果は毎回変わる

　このように、必要なgemファイルをまとめて**require**したいときは**Bundler.require**が便利です。

（ **関連項目** ）

▶▶230 gemを使いたい

235 開発時だけ特定のgemをインストールしたい

> Syntax

● **gemをグループ単位で管理（Gemfile）**

```
group :グループ名 do
  gem "gem名"
end
```

● **指定グループのgemのみインストールするよう設定**

```
$ bundle config set --local with グループ名
```

● **指定グループ以外のgemのみインストールするよう設定**

```
$ bundle config set --local without グループ名
```

　Gemfileによってプロジェクトで利用するgemを管理できますが、さらにそれらを、テストのときだけ使用するgem、開発のときだけ使用するgemなど、グループに分けることができます。

　たとえば、デバッグのときにだけ使用するgemなどは、Webサービスとして本番環境で動かすときには不要です。このような場合はGemfileにグループを記述することで、必要に応じてグループごとにgemをインストールできます。

　次に、gemを**development**と**production**、**test**という3つのグループを分けた**Gemfile**のサンプルを示します。

■ **samples/chapter-15/235/Gemfile**

```
# frozen_string_literal: true

source "https://rubygems.org"

group :development do
  gem "debug", "1.8.0"
end

group :production do
```

```
  gem "gimei", "1.2.0"
  gem "aws-sdk-core", "3.130.2"
end

group :test do
  gem "faker", "3.2.0"
end
```

このGemfileに対してbundle installを実行すると、4つすべてのgemがインストールされます。しかし、インストール前にbundle config set --local without developmentを実行しておくと、bundle installしたときにdevelopmentグループ以外のgemのみがインストールされるようになります。withoutには複数の値を指定できます。bundle config set --local without development testとしておくと、productionグループのgemだけがインストールされます。

次の例では、先ほどのGemfileのプロジェクト（ディレクトリ）において、without developmentを指定した上でbundle installを実行し、developmentグループに属するgemであるdebugがインストールされていないことをbundle info debugで確認しています。

```
$ bundle config set --local without development
$ bundle install
$ bundle info debug
```

▼ 実行結果

```
Could not find gem 'debug', because it's in the group     ➋
'development', configured to be ignored.
```

236 Bundlerでgemをインストールする場所を変えたい

Syntax

● **Bundlerによるgemのインストール場所を設定**

```
$ bundle config set --local path 'パス'
```

Bundlerでgemをインストールするとき、通常は、ターミナルで**gem environment**を実行すると表示されるgem環境情報において、**GEM PATHS**に設定されているパス以下にインストールされます。

次の例では、**/home/ユーザー名/.rbenv/versions/3.3.4/lib/ruby/gems/3.3.0**が、gemのインストール場所となっています。

```
$ gem environment
RubyGems Environment:
...省略...
  - GEM PATHS:
    - /home/ユーザー名/.rbenv/versions/3.3.4/lib/ruby/gems/3.3.0
```

一方で、Rubyでプログラム開発をしているときには、プロジェクト配下のディレクトリにgemをインストールしてなるべく環境には変化を加えたくない場合があります。そのときは「**bundle config set --local path 'パス'**」を使うと、Bundlerによってインストールされるgemのパスを変更できます。

次の例では、Bundlerによるgemのインストール先として**vendor/bundle**というパスを設定しています。

```
$ bundle config set --local path 'vendor/bundle'
$ bundle install
```

▼ 実行結果

```
...省略...
Bundled gems are installed into `./vendor/bundle`
```

237

Gemfileを使わずにgemを使う プログラムを書きたい

Syntax

● スクリプト内でgemをインストールして使用

```
require 'bundler/inline'
gemfile do
  source 'https://rubygems.org'
  gem 'gem名'
end
```

　Gemfileを使わずに、また、あらかじめgem installなどの準備を行わず、手軽にgemを使ったプログラムを書きたいときはbundler/inlineが便利です。

　スクリプト内でbundler/inlineをrequireして、gemfile do〜end内にGemfileと同様の記述方法でgemを指定すると、それらのgemをインストールした上で自動的にrequireされます。

■ samples/chapter-15/237.rb

```
require 'bundler/inline'
gemfile do
  source 'https://rubygems.org'
  gem 'gimei', '1.2.0'
end

puts Gimei.name
```

▼ 実行結果

```
松原 花帆
```

※ 結果は毎回変わる

テキストデータを扱う

Chapter

16

238 JSONを読み込んでRubyで扱いたい

Syntax

● **JSONを配列／ハッシュに変換**

```
JSON.parse(JSON文字列)
```

※ require 'json'が必要

JSON（JavaScript Object Notation）とは、JavaScriptのオブジェクトの書き方を元にした、構造化データの定義方法です[1]。次のような形式のテキストデータになります。

```
{
    "name": "Yuta Kawai",
    "favorites": ["football", "music", "ruby"]
}
```

RubyでJSONを扱うには**JSON.parse**を使います。JSONのトップレベルが配列であれば配列に、それ以外はハッシュに変換されます。また、JSONは組み込みクラスではないため、利用前に**require 'json'**が必要です。

次のサンプルコードでは、ユーザーのデータを保持するJSONを**JSON.parse**によってハッシュに変換しています。

■ **samples/chapter-16/238.rb**

```
require 'json'

user_json = <<JSON
{
  "firstName": "Yuta",
  "lastName": "Kawai",
  "age": 35,
  "favorites": ["football", "music", "ruby"]
}
JSON

p JSON.parse(user_json)
```

注1 JSONについては、MDN Web Docsで詳しく説明されています。
　　 https://developer.mozilla.org/ja/docs/Learn/JavaScript/Objects/JSON

▼ 実行結果

```
{"firstName"=>"Yuta", "lastName"=>"Kawai", "age"=>35,
"favorites"=>["football", "music", "ruby"]}
```

■ symbolize_names

JSONではプロパティ名はすべて文字列である必要があります。一方、Rubyのハッシュでは、多くの場合、キーとして文字列シンボルを使用します。JSON.parseにはsymbolize_namesオプションを真偽値で渡すことができます。このオプションのデフォルトはfalseですが、trueを指定すると、JSONのプロパティ名がすべてシンボルとしてRubyのハッシュに変換されます。

次のサンプルコードでは、ユーザーのデータを保持するJSONに対し、symbolize_names: trueのオプションを付けてJSON.parseを実行しています。

■ samples/chapter-16/238.rb

```ruby
require 'json'

user_json = <<JSON
{
  "firstName": "Yuta",
  "lastName": "Kawai",
  "age": 35,
  "favorites": ["football", "music", "ruby"]
}
JSON

p JSON.parse(user_json, symbolize_names: true)
```

▼ 実行結果

```
{:firstName=>"Yuta", :lastName=>"Kawai", :age=>35,
:favorites=>["football", "music", "ruby"]}
```

239 Rubyのオブジェクトを JSON文字列に変換したい

> **Syntax**

● **RubyオブジェクトをJSONに変換**

```
JSON.dump(オブジェクト)
```

※ require 'json'が必要

　RubyのオブジェクトをJSON文字列に変換するには**JSON.dump**を使います。このメソッドは、引数として渡したオブジェクトに対応するJSON文字列を返します。Rangeオブジェクトやクラスなど、JSONに対応するデータ構造のないRubyオブジェクトは、**to_s**した形式でJSON文字列になります。

　次のサンプルコードでは、ハッシュ、配列、整数、Rangeオブジェクト、クラスが、それぞれどのようなJSON文字列に変換されるか確認しています。

■ samples/chapter-16/239.rb

```ruby
require 'json'

user = {
  firstName: 'Yuta',
  lastName: 'Kawai',
  age: 35,
  favorites: ['football', 'music', 'ruby']
}

puts JSON.dump(user)
puts JSON.dump([user, 1, 2, {range: 1..100}, Integer])
```

▼ 実行結果

```
{"firstName":"Yuta","lastName":"Kawai","age":35,"favorites":
["football","music","ruby"]}
[{"firstName":"Yuta","lastName":"Kawai","age":35,"favorites":
["football","music","ruby"]},1,2,{"range":"1..100"},"Integer"]
```

240

CSVを読み込んで
2次元配列として扱いたい

Syntax

- **CSV文字列を2次元配列／CSVオブジェクトに変換**

  ```
  CSV.parse(読み込むCSV文字列)
  ```

- **CSVファイルを2次元配列／CSVオブジェクトに変換**

  ```
  CSV.read(読み込むCSVファイルのファイルパス)
  ```

- **CSVファイルを1行ずつ処理**

  ```
  CSV.foreach(読み込むCSVファイルのファイルパス){|行| 式}
  ```

※ require 'csv'が必要

　RubyでCSVを読み込むには、CSVライブラリを使います。**CSV.parse**ではCSV文字列を2次元配列に変換できます。また、**CSV.read**を使うと、引数で渡されたCSVファイルを読み込み、配列に変換できます。CSVライブラリは組み込みクラスではないので、利用前に**require 'csv'**が必要です。

　次のサンプルコードでは、**CSV.parse**と**CSV.read**の動作について、それぞれ確認しています。

■ **samples/chapter-16/240/sample.rb**

```ruby
require 'csv'

users_csv = <<CSV
last_name,first_name,nick_name
Kawai,Yuta,budo
Yamamoto,Kohei,kymmt
Shimoju,Hiroshi,shimoju
CSV

# CSV文字列を読み込む
csv_from_string = CSV.parse(users_csv)
p csv_from_string
```

```
File.write('users.csv', users_csv)

# CSVファイルから読み込む
csv_from_file = CSV.read('users.csv')
p csv_from_file
```

▼ 実行結果

```
[["last_name", "first_name", "nick_name"], ["Kawai", "Yuta",
"budo"], ["Yamamoto", "Kohei", "kymmt"], ["Shimoju", "Hiroshi",
"shimoju"]]
[["last_name", "first_name", "nick_name"], ["Kawai", "Yuta",
"budo"], ["Yamamoto", "Kohei", "kymmt"], ["Shimoju", "Hiroshi",
"shimoju"]]
```

CSVヘッダー

CSVファイルの1行目は、ヘッダー行として各列の説明が含まれていることがあります。先ほどのサンプルでも、CSVの1行目はヘッダーになっており、データは2行目以降にありました。CSV.parseやCSV.readにはheadersオプションがあります。デフォルトはfalseで、このときは読み込んだCSVを配列として返します。trueを指定すると、1行目をヘッダー行として解釈し、CSVオブジェクトを返します。

CSVオブジェクトでは、CSVに関するさまざまなインスタンスメソッドを利用できます。利用できるインスタンスメソッドについては次のURLを参照してください。

https://docs.ruby-lang.org/ja/latest/class/CSV.html

次のサンプルコードでは、CSV.parseにオプションheaders: trueを指定して、返り値がCSVオブジェクトであることを確認し、CSV#headersメソッドでヘッダー行を出力しています。

240

CSVを読み込んで2次元配列として扱いたい

■ samples/chapter-16/240/sample.rb

```ruby
require 'csv'

users_csv = <<CSV
last_name,first_name,nick_name
Kawai,Yuta,budo
Yamamoto,Kohei,kymmt
Shimoju,Hiroshi,shimoju
CSV

# CSV文字列を読み込む
csv_from_string = CSV.parse(users_csv, headers: true)
p csv_from_string # 配列ではないことが確認できる
p csv_from_string.headers
```

▼ 実行結果

```
#<CSV::Table mode:col_or_row row_count:4>
last_name,first_name,nick_name
Kawai,Yuta,budo
Yamamoto,Kohei,kymmt
Shimoju,Hiroshi,shimoju

["last_name", "first_name", "nick_name"]
```

■ CSVファイルから1行ずつ読み込む

CSV.readを使えばCSVファイルは読み込めますが、サイズの大きなCSVファイルの場合はメモリを大量に消費し、プログラムのパフォーマンスに影響することがあります。CSV.foreachを使うと、CSVファイルを1行ずつ走査しながら配列として読み込めるので、大きなCSVファイルを扱うときもメモリを節約できます。

次のサンプルコードでは、CSV.foreachでCSVファイルを1行ずつ配列として読み込み、出力しています。

240

CSVを読み込んで2次元配列として扱いたい

■ samples/chapter-16/240/sample.rb

```ruby
require 'csv'

users_csv = <<CSV
last_name,first_name,nick_name
Kawai,Yuta,budo
Yamamoto,Kohei,kymmt
Shimoju,Hiroshi,shimoju
CSV

File.write('users.csv', users_csv)
CSV.foreach('users.csv'){|row| p row }
```

▼ 実行結果

```
["last_name", "first_name", "nick_name"]
["Kawai", "Yuta", "budo"]
["Yamamoto", "Kohei", "kymmt"]
["Shimoju", "Hiroshi", "shimoju"]
```

241 配列からCSVを組み立てたい

Syntax

● 配列からCSVを生成

```
csv_string = CSV.generate do |csv|
  csv.add_row 配列
  ...
end
```

※ require 'csv'が必要

CSVを組み立てるときは**CSV.generate**を使います。

CSV.generateには、ブロックパラメータとして**CSV**クラスの新しいオブジェクトを取るブロックを渡します。ブロック内では、**CSV**オブジェクトに対して**CSV#add_row**などのメソッドで行データを追加できます。**CSV.generate**の返り値は、最終的な**CSV**オブジェクトを文字列にしたものです。

次のサンプルコードのように、CSVにするデータを2次元配列として用意して**CSV.generate**に渡すブロック内で**add_row**していくことで、CSVを組み立てられます。

■ samples/chapter-16/241.rb

```
require 'csv'

user_headers = ["last_name", "first_name", "nick_name"]
users = [
  ["Kawai", "Yuta", "budo"],
  ["Yamamoto", "Kohei", "kymmt"],
  ["Shimoju", "Hiroshi", "shimoju"]
]

users_csv = CSV.generate(
  write_headers: true,
  headers: user_headers
) do |csv|
  users.each do |user|
    csv.add_row(user)
  end
end
```

Chap. **16** テキストデータを扱う

241

配列からCSVを組み立てたい

```
puts users_csv
```

▼ 実行結果

```
last_name,first_name,nick_name
Kawai,Yuta,budo
Yamamoto,Kohei,kymmt
Shimoju,Hiroshi,shimoju
```

242 YAMLを読み込んで ハッシュとして扱いたい

Syntax

● YAML文字列をハッシュに変換

```
settings = YAML.load(YAML文字列)
```

● YAMLファイルを読み込みハッシュに変換

```
settings = YAML.load_file(YAMLのファイルパス)
```

※ require 'yaml'が必要

　YAMLは、構造化されたデータを表現するフォーマットの1つで、キーとバリューのペアを基本としており、人間にとって読み書きしやすいことが特徴です[2]。次のような形式のテキストデータになります。

```
writers:
  - budo
  - kymmt
  - shimoju
title: The Ruby Book
```

　Rubyでは標準ライブラリにyamlが含まれているので、これをrequireして利用します。YAML.loadにYAMLフォーマットの文字列を渡すと、ハッシュオブジェクトが返されます。

■ samples/chapter-16/242/sample.rb

```
require 'yaml'

yaml_string = <<YAML
writers:
  - budo
  - kymmt
  - shimoju
```

注2　YAMLの詳しい仕様については次のURLを参照してください。
　　　https://yaml.org/spec/1.2.2/

```
title: The Ruby Book
publisher: 技術評論社
YAML

p YAML.load(yaml_string)
```

▼ 実行結果

```
{"writers"=>["budo", "kymmt", "shimoju"], "title"=>"The Ruby
Book", "publisher"=>"技術評論社"}
```

■ ファイルから読み込む

YAMLファイルを読み込むときは、**YAML.load_file**にファイルパスを渡します。これによって、**YAML.load**のときと同じようにハッシュオブジェクトが返されます。

あらかじめファイル**book.yaml**を用意します。

```
$ cat book.yaml
writers:
  - budo
  - kymmt
  - shimoju
title: The Ruby Book
publisher: 技術評論社
```

次のサンプルコードではYAMLファイルからデータを取得しています。

■ **samples/chapter-16/242/sample.rb**

```
require 'yaml'

p YAML.load_file('book.yaml')
```

242

YAMLを読み込んでハッシュとして扱いたい

▼ 実行結果

```
{"writers"=>["budo", "kymmt", "shimoju"], "title"=>"The Ruby
Book", "publisher"=>"技術評論社"}
```

symbolize_names

YAML.loadやYAML.load_fileには、symbolize_namesオプションがあります。デフォルトはfalseで、このときはYAMLのキーを文字列としてRubyのハッシュキーに変換します。trueを指定すると、YAMLのキーをシンボルとしてRubyのハッシュに変換します。

次のサンプルコードでは、symbolize_namesにtrueを指定したときの挙動を確認しています。

■ samples/chapter-16/242/sample.rb

```ruby
require 'yaml'

yaml_string = <<YAML
writers:
  - budo
  - kymmt
  - shimoju
title: The Ruby Book
publisher: 技術評論社
YAML

p YAML.load(yaml_string, symbolize_names: true)
```

▼ 実行結果

```
{:writers=>["budo", "kymmt", "shimoju"], :title=>"The Ruby Book",
:publisher=>"技術評論社"}
```

Chap.16
テキストデータを扱う

515

■ permitted_classesオプションとYAML.unsafe_load

YAML.loadでYAMLを読み込むとき、デフォルトでは真偽値や数値、文字列、配列、ハッシュといった基本的なクラスしか読み込めません。一方、YAMLにはさまざまなクラスを構造化データとして記述できます(▶▶243)。デフォルトでは読み込めないクラスをYAMLから読み込みたいときは、permitted_classesオプションに対象のクラスを配列として渡します。また、すべてのクラスをYAMLから読み込むことができる、YAML.unsafe_loadメソッドも存在します。

次のサンプルコードでは、rangeとdateが埋め込まれたYAMLをYAML.loadでオプションを使用せず読み込んだ場合は例外が発生するのに対し、permitted_classesオプションを指定した場合や、YAML.unsafe_loadを使用した場合は読み込めることを確認しています。

■ samples/chapter-16/242/sample.rb

```ruby
require 'yaml'
require 'date'

yaml_string = <<YAML
writers:
- budo
- kymmt
- shimoju
title: The Ruby Book
publisher: 技術評論社
range: !ruby/range
  begin: 1
  end: 100
  excl: false
date: 2023-01-28
YAML

puts (YAML.load(yaml_string) rescue "読み込めないクラスがあります")
puts YAML.load(yaml_string, permitted_classes: [Date, Range])
puts YAML.unsafe_load(yaml_string)
```

▼ 実行結果

```
読み込めないクラスがあります
{"writers"=>["budo", "kymmt", "shimoju"], "title"=>"The Ruby
Book", "publisher"=>"技術評論社", "range"=>1..100, "date"=>
#<Date: 2023-01-28 ((2459973j,0s,0n),+0s,2299161j)>}
{"writers"=>["budo", "kymmt", "shimoju"], "title"=>"The Ruby
Book", "publisher"=>"技術評論社", "range"=>1..100, "date"=>
#<Date: 2023-01-28 ((2459973j,0s,0n),+0s,2299161j)>}
```

Column

 load（safe_load）とunsafe_load

　Ruby3.1以降では、**YAML.load**で読み込めるクラスが制限されています。一方、Ruby3.0以前では、**YAML.load**はすべてのクラスの読み込みが可能、つまり、Ruby3.1以降の**YAML.unsafe_load**と同じ挙動でした。なぜRuby3.1でこのような変更が加えられたのかというと、メソッド名の**unsafe**のとおり、セキュリティ上の問題があったからです。実際、2017年にはrubygems.orgで、**YAML.load**によるRCE（Remote Code Execution）脆弱性が発見されました。詳しくは、rubygems.orgが発表した次の記事を参照してください。

https://blog.rubygems.org/2017/10/09/unsafe-object-deserialization-vulnerability.html

　YAMLを利用するときは、むやみに**YAML.unsafe_load**を利用せず、その都度必要なクラスの読み込みを許可しながら**YAML.load**を使うようにしてください。

関連項目
▶▶243　RubyオブジェクトをYAMLにして出力したい

243 Rubyオブジェクトを YAMLにして出力したい

> Syntax

● **オブジェクトをYAMLに変換**

```
YAML.dump(オブジェクト)
```

※ require 'yaml'が必要

RubyオブジェクトをYAMLにして出力したいときは**YAML.dump**を使います。このメソッドの引数にオブジェクトを渡すと、YAML形式の文字列に変換して返されます。

次のサンプルコードでは、ハッシュ、配列、整数、**Range**オブジェクト、**Date**オブジェクトが、それぞれどのようにYAMLとして変換されるか確認しています。

■ **samples/chapter-16/243.rb**

```ruby
require 'yaml'
require 'date'

settings = {
  "writers" => ["budo", "kymmt", "shimoju"],
  "title" => "The Ruby Book",
  "publisher" => "技術評論社",
  "range" => (1..100),
  "date" => Date.new(2023, 1, 28)
}

puts YAML.dump(settings)
```

▼ 実行結果

```
writers:
- budo
- kymmt
- shimoju
title: The Ruby Book
publisher: 技術評論社
range: !ruby/range
  begin: 1
  end: 100
  excl: false
date: 2023-01-28
```

244 TOMLを読み込んで Rubyで扱いたい

> Syntax

● **TOML文字列をハッシュに変換**

```
settings = PerfectTOML.parse(TOML文字列)
```

※ require 'perfect_toml'が必要

TOMLは、比較的新しいフォーマットの1つで設定ファイルなどに利用されます。次のような形式のテキストデータになります。

```
[book]
title = "The Ruby Book"

[authors]
names = ["budo", "kymmt", "shimoju"]
```

TOMLのより詳細な仕様を知りたい場合は、公式のドキュメント[注3]を参照してください。

■ TOMLを読み込む

TOMLをRubyで読み込んで使うにはPerfectTOMLを利用できます。次のコマンドでPerfectTOMLをインストールします。

```
$ gem install perfect_toml -v 0.9.0
```

PerfectTOML.parseにTOML文字列を渡すと、ハッシュとして読み込んだオブジェクトが返されます。

注3 https://toml.io/ja

■ samples/chapter-16/244.rb

```ruby
require 'perfect_toml'

toml_string = <<TOML
[book]
title = "The Ruby Book"

[publisher]
name = "技術評論社"
established_year = 1969

[authors]
names = ["budo", "kymmt", "shimoju"]
TOML

settings = PerfectTOML.parse(toml_string)
p settings
p settings["book"]["title"]
p settings["publisher"]["established_year"]
p settings["authors"]["names"]
```

▼ 実行結果

```
{"book"=>{"title"=>"The Ruby Book"}, "publisher"=>{"name"=>"技術
評論社", "established_year"=>1969}, "authors"=>{"names"=>["budo",
"kymmt", "shimoju"]}}
"The Ruby Book"
1969
["budo", "kymmt", "shimoju"]
```

　PerfectTOMLにはファイルを直接読み込む使い方も用意されています。詳しい利用方法について
は公式のリポジトリのドキュメントを参照してください[注4]。

注4　https://github.com/mame/perfect_toml

245 Markdownを HTMLに変換したい

> **Syntax**

● MarkdownをHTMLに変換

```
markdown = Redcarpet::Markdown.new(Redcarpet::Render::HTML)
markdown.render(Markdown形式の文字列)
```

※ require 'redcarpet'が必要

　Markdownは、見出しやリストなどの構造を持つ文書を人間が簡単に書くためのフォーマットです。MarkdownはもともとHTMLへの変換を意図して作られたフォーマットでもあるため、各種のプログラミング環境にMarkdownからHTMLへの変換を行うライブラリが存在します。

　RubyでMarkdownをHTMLに変換するにはRedcarpetを利用できます。次のコマンドでRedcarpetをインストールします。

```
$ gem install redcarpet -v 3.6.0
```

　次のサンプルコードでは、まずヒアドキュメントを利用してMarkdown形式の文字列を持つ**doc**を作成しています。そして、出力方法としてHTMLを設定した**Redcarpet::Markdown**のインスタンスを作成し、**Redcarpet::Markdown#render**で**doc**のMarkdownの内容をHTMLに変換して出力しています。

■ samples/chapter-16/245.rb

```ruby
require 'redcarpet'

doc = <<MD
# Rubyコードレシピ集

- 基本
- 応用

[RubyのWebページ](https://www.ruby-lang.org/ja/)

Rubyは*楽しい*ですね！
MD

# 出力方法（レンダラー）としてRedcarpet::Render::HTMLを設定して
# Redcarpet::Markdownのインスタンスを作成する
markdown = Redcarpet::Markdown.new(Redcarpet::Render::HTML)
puts markdown.render(doc)
```

▼ 実行結果

```html
<h1>Rubyコードレシピ集</h1>

<ul>
<li>基本</li>
<li>応用</li>
</ul>

<p><a href="https://www.ruby-lang.org/ja/">RubyのWebページ</a></p>

<p>Rubyは<em>楽しい</em>ですね！</p>
```

Redcarpetの詳しい利用方法についてはリポジトリのドキュメント[注5]を参照してください。

注5　https://github.com/vmg/redcarpet/blob/v3.6.0/README.markdown

さまざまな形式の
データを扱う

Chapter

17

246 tar.gzファイルを作成したい

Syntax

● **ディレクトリからtar.gzファイルを作成**

```
Zlib::GzipWriter.open('tar.gzファイル名') do |gz|
  Minitar.pack('ディレクトリ名', gz)
end
```

● **ファイルからtar.gzファイルを作成**

```
Zlib::GzipWriter.open('tar.gzファイル名') do |gz|
  Minitar.open(gz, 'w') do |tar|
    Minitar.pack_file('ファイル名', tar)
  end
end
```

※ require 'minitar'、require 'zlib'が必要

　UnixやLinuxでは、複数のファイルをtar形式のファイルにまとめてからgzipファイルとして圧縮するのが一般的です。ここでは、そのようなファイルをtar.gzファイルと呼びます。

　Rubyでtar.gzファイルを作成する方法はいくつかありますが、ここではtar形式のファイルを作成するためにminitar（https://github.com/halostatue/minitar）を、gzip形式のファイルを作成するためにRubyの標準ライブラリであるzlibを使います。

　次のコマンドでminitarをインストールします。

```
$ gem install minitar -v 0.9
```

■ tar.gzファイルを作成する

　複数のファイルを格納しているディレクトリをtar.gzファイルにしたいときは、`Zlib::GzipWriter.open`と`Minitar.pack`を使います。

　`Zlib::GzipWriter.open`を使うと、gzipファイルを書き込みモードでオープンできます。このメソッドにブロックを渡すと、そのブロック内でgzipファイルにデータを書き込むことができます。

　ブロックの中では、tarファイルを作るために`Minitar.pack`を実行します。引数には、対象ディレクトリの名前とブロックパラメータである`Zlib::GzipWriter`クラスのオブジェクトを渡します。これにより、ディレクトリをtarファイルにまとめてから、さらにgzipファイルとして圧縮できます。なお、

`Zlib::GzipWriter.open`でオープンしたgzipファイルは、ブロックを抜けるときに自動でクローズされます。

次のサンプルコードでは、ディレクトリ`input_dir`を`output.tar.gz`に変換しています。

■ samples/chapter-17/246/sample.rb

```
require 'minitar'
require 'zlib'

Zlib::GzipWriter.open('output.tar.gz') do |gz|
  Minitar.pack('input_dir', gz)
end
```

■ 複数のファイルをtar.gzファイルにまとめる

複数のファイルをtar.gzファイルにまとめたいときは、`Minitar.pack_file`を使います。

`Minitar.pack_file`を使うために、あらかじめ`Minitar.open`で作成するtar.gzファイルをオープンします。このとき、`Minitar.open`の引数には`Zlib::GzipWriter`のオブジェクトと書き込みモードを表す文字列`'w'`を渡します。`Minitar.open`に渡したブロックは`Minitar::Output`のオブジェクトをブロックパラメータとして受け取るので、このブロックの中で、`Minitar.pack_file`に個別のファイル名と`Minitar::Output`のオブジェクトを渡し、tar.gzファイルとしてまとめたいファイルを追加します。なお、`Minitar.open`でオープンしたtarファイルはブロックを抜けるときに自動でクローズされます。

次のサンプルコードでは、tar.gzファイルにまとめたいファイルを配列`input_filenames`として用意し、それらのファイルを`pack_file`でtarファイルに追加していくことで、最終的に`output.tar.gz`という1つのファイルに変換しています。

246

tar.gzファイルを作成したい

■ samples/chapter-17/246/sample.rb

```ruby
require 'minitar'
require 'zlib'

input_filenames = %w(foo.txt bar.txt baz.txt)
Zlib::GzipWriter.open('output.tar.gz') do |gz|
  Minitar.open(gz, 'w') do |output_tar|
    input_filenames.each do |input_filename|
      Minitar.pack_file(input_filename, output_tar)
    end
  end
end
```

247 tar.gzファイルを展開したい

> **Syntax**

● **tar.gzファイルの展開**

```
Zlib::GzipReader.open('tar.gzファイル名') do |gz|
  Minitar.unpack(gz, '展開先のディレクトリ名')
end
```

※ require 'minitar'、require 'zlib'が必要

tar.gzファイルを展開したいときは`Zlib::GzipReader.open`と`Minitar.unpack`を使います。

事前に「 ▶▶246 tar.gzファイルを作成したい」と同様の方法でminitarをインストールします。

次のコードでは、tar.gzファイル`input.tar.gz`を`output`ディレクトリに展開しています。`output`ディレクトリを事前に作成していない場合は、`unpack`の実行時に自動で作成されます。

■ samples/chapter-17/247/sample.rb

```
require 'minitar'
require 'zlib'

Zlib::GzipReader.open('input.tar.gz') do |gz|
  Minitar.unpack(gz, 'output')
end
```

（ 関連項目 ）

▶▶246 tar.gzファイルを作成したい

248 zipファイルを作成したい

> **Syntax**

● **zipファイルの作成**

```
Zip::File.open('zipファイル名', create: true) do |zip|
  zip.add('zipファイル内でのファイル名', 'zipファイルに追加するファイル名')
end
```

※ require 'zip'が必要

　zipファイルは、WindowsやmacOSで標準的な圧縮データ形式として利用されています。複数の
ファイルを1つにまとめて圧縮したいとき、zipを使用できます。tar.gzファイルとの違いとして、tar.gzファ
イルはファイルをまとめるtarと圧縮するgzipに役割が分かれているのに対して、zipファイルは両方の役
割を果たす点が挙げられます。

　この項目では、Rubyでzipファイルを作成するためにrubyzip（https://github.com/rubyzip/
rubyzip）を使います。次のコマンドでrubyzipをインストールしてください。

```
$ gem install rubyzip -v 2.3.2
```

■ zipファイルを作成する

　zipファイルを作成するには**Zip::File.open**を使います。引数に、zipファイルの名前とキーワー
ド引数**create: true**を渡すことで、zipファイルを作成できます。**Zip::File.open**にブロック
を渡すと、ブロックパラメータに対して**Zip::File#add**を呼び出すことで、zipファイルにファイルを
追加できます。**Zip::File#add**には引数として圧縮したいファイルのzipファイル内での名前と、
圧縮前のファイルのパスを渡します。

　次のサンプルコードでは、zipファイルにまとめたいディレクトリと、その中に格納されているファイルを
Zip::File#addでzipファイルに追加していくことで、最終的に**archive.zip**というファイルに
変換しています。

■ samples/chapter-17/248/sample.rb

```ruby
require 'zip'

Zip::File.open('archive.zip', create: true) do |zip|
  zip.add('dir', 'dir')

  Dir.children('dir').each do |file|
    zip.add("dir/#{file}", "dir/#{file}")
  end
end
```

249 zipファイルを展開したい

Syntax

● **zipファイルの展開**

```
Zip::File.open('zipファイル名') do |zip|
  zip.each do |entry|
    entry.extract
  end
end
```

※ require 'zip'が必要

事前に「 ▶▶248 zipファイルを作成したい」と同様の方法でrubyzipをインストールします。

zipファイルを展開したいときも**Zip::File.open**を使いますが、このときはキーワード引数**create: true**を指定しません。**Zip::File.open**にブロックを渡すと、**each**を使って、zipファイルに圧縮されていた各ファイルを**Zip::Entry**クラスのオブジェクトとして取り出せます。各ファイルは**Zip::Entry#extract**を呼び出すことでファイルやディレクトリに展開できます。

```
$ gem install rubyzip -v 2.3.2
```

次のサンプルコードでは、zipファイル**archive.zip**の中のファイルを、スクリプトを実行したディレクトリ直下に展開します。

■ **samples/chapter-17/249/sample.rb**

```
require 'zip'

Zip::File.open('archive.zip') do |zip|
  zip.each do |entry|
    entry.extract
  end
end
```

関連項目

▶▶248 zipファイルを作成したい

250 画像を扱いたい

Syntax

● **画像のオープン**

```
MiniMagick::Image.open('ファイル名')
```

● **画像の出力**

```
image.write('ファイル名')
```

※ require 'mini_magick'が必要
※ imageはMiniMagick::Imageのオブジェクト

ImageMagickは、画像の作成や編集を実行できるソフトウェアです。コマンドラインやライブラリから機能を実行するインタフェースを備えています。ImageMagickを使うことで、プログラムから画像を扱うことができます。

RubyではMiniMagick（https://github.com/minimagick/minimagick）というgemを通じて、ImageMagickを使います。まず、次のコマンドでMiniMagickをインストールします。

```
$ gem install mini_magick -v 5.0.1
```

MiniMagickからImageMagickを利用するので、ImageMagickもインストールします。

```
# macOS
$ brew install imagemagick
```

```
# Ubuntu
$ apt-get update -qq && apt-get install -y imagemagick
```

250

画像を扱いたい

■ 画像を開く

画像ファイルを開くには`MiniMagick::Image.open`を使います。引数には開くファイル名を渡します。開いた画像ファイルは`MiniMagick::Image`のオブジェクトとして取得できます。

また、`MiniMagick::Image`のオブジェクトを画像ファイルとして出力するには、`MiniMagick::Image#write`を使います。引数には出力先のファイル名を渡します。

次のサンプルコードでは、カレントディレクトリに存在する`peony.jpg`という画像ファイルを`MiniMagick::Image.open`で開き、`MiniMagick::Image#write`を使って新たに`output.jpg`というファイル名で出力しています。

■ samples/chapter-17/250.rb

```ruby
require 'mini_magick'

p image = MiniMagick::Image.open('peony.jpg')
image.write('output.jpg')
```

▼ 実行結果

```
#<MiniMagick::Image:0x00000001027978b0 @path="/var/
folders/1r/4mdl6b7j7q554gtl_w5zhr_r0000gn/T/mini_magick20240720-
27923-ky9z80.jpg", @tempfile=#<Tempfile:/var/
folders/1r/4mdl6b7j7q554gtl_w5zhr_r0000gn/T/mini_magick20240720-
27923-ky9z80.jpg (closed)>, @info=#<MiniMagick::Image::Info:
0x0000000102797810 @path="/var/folders/1r/4mdl6b7j7q554gtl_
w5zhr_r0000gn/T/mini_magick20240720-27923-ky9z80.jpg", @info={}>>
```

251 画像をリサイズしたい

Syntax

● 画像のリサイズ

```
image.resize('geometry引数')
```

※ require mini_magick'が必要
※ imageはMiniMagick::Imageのオブジェクト

事前に「 ▶▶250 画像を扱いたい」と同様の方法でMiniMagickとImageMagickをインストールします。

画像をリサイズするには`MiniMagick::Image#resize`を使います。引数には、どのようにリサイズするかについての情報を文字列で渡します。この情報はImageMagickの`-resize`オプションで利用する形式（geometry引数）にする必要があります。たとえば、50％縮小したいのであれば`'50%'`という文字列を、アスペクト比（画像の長辺と短辺の比率）を保ったまま幅200ピクセル、高さ100ピクセルに収めたいのであれば`'200x100'`という文字列を渡します。主なgeometry引数の記法を次に示します。

● ImageMagickで使用されるgeometry引数の記法

記法	意味
数値%	指定した数値のパーセンテージで拡大／縮小
幅	指定した幅にアスペクト比を保ってリサイズ
x高さ	指定した高さにアスペクト比を保ってリサイズ
幅x高さ	指定した幅と高さにアスペクト比を保ってリサイズ
長辺：短辺	指定した長辺と短辺に基づくアスペクト比にリサイズ

ImageMagickの`-resize`オプションに渡す引数（geometry引数）の詳細な仕様については、ドキュメント（https://imagemagick.org/script/command-line-processing.php#geometry）を参照してください。

次のサンプルコードでは、画像ファイル`peony.jpg`を`MiniMagick::Image#resize`で幅100ピクセル、高さ100ピクセルに収まるようにリサイズしたあと、`MiniMagick::Image#write`で画像をファイルに出力しています。

251

画像をリサイズしたい

■ samples/chapter-17/251/sample.rb

```ruby
require 'mini_magick'

image = MiniMagick::Image.open('peony.jpg')
image.resize('100x100')
image.write('output.jpg')
```

▼ 実行結果

(関連項目)

▶▶250 画像を扱いたい

252 画像を回転・反転したい

Syntax

● **回転**

```
image.rotate(角度)
```

● **上下に反転**

```
image.flip
```

● **左右に反転**

```
image.flop
```

※ require 'mini_magick'が必要
※ imageはMiniMagick::Imageのオブジェクト

事前に「 ▶▶250 画像を扱いたい」と同様の方法でMiniMagickとImageMagickをインストールします。

画像を回転するには`MiniMagick::Image#rotate`を使います。引数には、回転の角度を渡します。たとえば、右回りに45度回転したいのであれば`45`を渡し、左回りに30度回転したいのであれば`-30`を渡します。

また、画像の上下を反転するには`MiniMagick::Image#flip`を、左右を反転するには`MiniMagick::Image#flop`を使います。

次のサンプルコードでは、画像ファイル`peony.jpg`を`MiniMagick::Image#rotate`で右に90度回転したもの、上下に反転したもの、左右に反転したものをそれぞれ`MiniMagick::Image#write`で画像ファイルとして出力しています。

252

画像を回転・反転したい

■ samples/chapter-17/252/sample.rb

```ruby
require 'mini_magick'

image = MiniMagick::Image.open('peony.jpg')
image.rotate(90)
image.write('rotated.jpg')

image = MiniMagick::Image.open('peony.jpg')
image.flip
image.write('flipped.jpg')

image = MiniMagick::Image.open('peony.jpg')
image.flop
image.write('flopped.jpg')
```

▼ 実行結果

peony.jpg	rotated.jpg	flipped.jpg	flopped.jpg

関連項目

▶▶250 画像を扱いたい

253 画像のExifデータを 参照／削除したい

Syntax

● **Exifデータをハッシュで取得**

```
image.exif
```

● **Exifデータを削除**

```
image.strip
```

※ require 'mini_magick'が必要
※ imageはMiniMagick::Imageのオブジェクト

事前に「 ▸▸250 画像を扱いたい」と同様の方法でMiniMagickとImageMagickをインストールします。

Exifは、主にJPEGやPNGなどの画像に埋め込まれるメタデータの形式です。Exifデータにはカメラの設定、撮影日、撮影場所の位置情報などが含まれます。デジタルカメラやスマートフォンのカメラで写真を撮ると、得られた画像ファイルにはExifデータが埋め込まれています。

■ Exifデータを参照する

画像に埋め込まれているExifデータを参照するには、`MiniMagick::Image#exif`を使います。このメソッドを呼び出すと、Exifデータをハッシュとして取得できます。

■ **samples/chapter-17/253.rb**

```ruby
require 'mini_magick'

image = MiniMagick::Image.open('peony.jpg')
p image.exif
```

▼ **実行結果**

```
# 実行結果
{"ColorSpace"=>"1", "ComponentsConfiguration"=>"...",
"ExifOffset"=>"102", "ExifVersion"=>"0221",
"FlashPixVersion"=>"0100", "Orientation"=>"1",
"PixelXDimension"=>"600", "PixelYDimension"=>"800",
"ResolutionUnit"=>"2", "SceneCaptureType"=>"0",
"XResolution"=>"72/1", "YCbCrPositioning"=>"1",
"YResolution"=>"72/1"}
```

Chap 17

さまざまな形式のデータを扱う

539

253

画像のExifデータを参照／削除したい

▬ Exifデータを削除する

画像に埋め込まれているExifデータを削除するには`MiniMagick::Image#strip`を使います。このメソッドを呼び出すと、Exifデータを含む画像のプロファイル情報は削除されるので、`MiniMagick::Image#exif`は空のハッシュを返します。

次のサンプルコードでは、既存の画像のExifデータを削除してデータが空になったことを確認してから、画像を別名で保存しなおしています。

■ samples/chapter-17/253.rb

```ruby
require 'mini_magick'

image = MiniMagick::Image.open('peony.jpg')
image.strip
p image.exif

image.write('exif-removed.jpg')
```

▼ 実行結果

```
{}
```

（ 関連項目 ）

▶▶250 画像を扱いたい

540

254 PDFを作成したい

Syntax

● **PDFを作成**

```
Prawn::Document.generate('PDFファイル名') do
    Prawn DSLでPDFへの出力を記述
end
```

※ require 'prawn'が必要

　この項目では、次のCSVファイル**users.csv**と**orders.csv**がカレントディレクトリに存在するものとします。

■ **users.csv**

```
id,email
1,alice@example.com
2,bob@example.com
3,carol@example.com
```

■ **orders.csv**

```
id,user_id,total
1,1,1000
2,1,800
3,2,2000
4,3,1500
```

　PDF（Portable Document Format）は、どの環境でも同じレイアウトでドキュメントを閲覧可能にするためのファイル形式です。帳票から電子書籍まで、幅広い分野で使われています。

　RubyでPDFを作成するには、Prawn（https://github.com/prawnpdf/prawn）というgemを使います。また、表の出力機能を使うには、prawn-table（https://github.com/prawnpdf/prawn-table）というgemも必要です。次のコマンドでPrawnとprawn-tableをインストールします[注1]。

```
$ gem install ttfunk -v 1.7.0
$ gem install prawn -v 2.4.0
$ gem install prawn-table -v 0.2.2
```

■ PDFファイルを作成する

　RubyでPDFファイルを作成するには、PrawnのDSL（ドメイン固有言語）を使います。

　PDFファイルに日本語を表示したいときは、日本語に対応したフォントを使う必要があります。今回は

注1　なお、本書執筆時点（2024年7月）では、Prawnが依存しているttfunkの最新バージョンにバグがあるため、先にバグのないバージョンのttfunkをインストールしています。

541

IPAexフォント（https://moji.or.jp/ipafont/ipaex00401/）を使います。あらかじめIPAex明朝のTrueTypeフォントファイル`ipaexm.ttf`をダウンロードします。

次のサンプルコードでは、PrawnのDSLを通じて次の操作を実行し、PDFを出力しています。フォントファイル`ipaexm.ttf`をこのスクリプトと同じディレクトリに置いてから実行してください。

▶ ページのサイズの設定
▶ ページ上の余白（マージン）の設定
▶ フォントの設定
▶ 文字列や表の出力
▶ 出力する位置の移動
▶ 改ページの出力

■ **samples/chapter-17/254/sample.rb**

```ruby
require 'csv'
require 'prawn'
require 'prawn/table'

users = CSV.read('users.csv')
orders = CSV.read('orders.csv')

Prawn::Document.generate(
  'サンプル.pdf',

  # A4サイズを使う
  page_size: 'A4',

  # ページの枠の余白を設定する
  top_margin: 50,
  bottom_margin: 50,
  left_margin: 50,
  right_margin: 50
) do
  font 'ipaexm.ttf'

  # 中央揃え、フォントサイズ18ポイントで文字列を出力する
```

```
    text 'ユーザーの一覧', align: :center, size: 18

    # 出力位置を20ポイント下に移動する
    move_down 20

    # 2次元配列を渡して、ページ中央に表を出力する
    table users, position: :center

    # 改ページする
    start_new_page

    text '注文の一覧', align: :center, size: 18
    move_down 20

    table orders, position: :center
end
```

▼ 実行結果

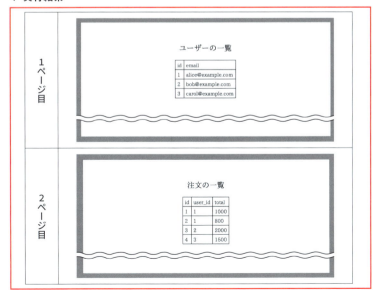

255 Microsoft Excelの XLSXファイルを扱いたい

> **Syntax**

● **XLSXファイルの読み込み**

```
RubyXL::Parser.parse('XLSXファイル名')
```

● **XLSXファイル (ブック) の新規作成**

```
RubyXL::Workbook.new
```

● **ワークシートの取得**

```
workbook.worksheets[ワークシートの番号]
```

● **ワークシート名の設定**

```
worksheet.sheet_name = 'ワークシート名'
```

● **セルへの値の設定**

```
worksheet.add_cell(行番号, 列番号, セルの値, Excelの数式)
```

● **XLSXファイルの出力**

```
workbook.write('XLSXファイル名')
```

※ require 'rubyXL'が必要
※ workbookはRubyXL::Workbookのオブジェクト
※ worksheetはRubyXL::Worksheetのオブジェクト

　XLSXとは、主に表計算ソフトMicrosoft Excelで使われるファイル形式です。RubyでXLSXファイルを扱うには、rubyXL (https://github.com/weshatheleopard/rubyXL) というgemを使います。次のコマンドでrubyXLをインストールします。

```
$ gem install rubyXL -v 3.4.25
```

詳細についてはRubyXLのREADME「▶▶254 PDFを作成したい」のusers.csv、orders.csvとともに、users.csvと同じ内容のXLSXファイルusers.xlsxが存在するものとします。

■ XLSXファイルを読み込む

XLSXファイルを読み込むにはRubyXL::Parser.parseを使います。引数にXLSXファイルの名前を渡すと、そのファイルを表すRubyXL::Workbookのオブジェクトを取得できます。

次のサンプルコードでは、users.xlsxを読み込んでRubyXL::Workbookオブジェクトとして取得しています。

■ samples/chapter-17/255/sample.rb

```ruby
require 'rubyXL'

workbook = RubyXL::Parser.parse('users.xlsx')
```

■ XLSXファイルを作成する

RubyでXLSXファイルを作成するには、RubyXL::WorkbookとRubyXL::Worksheetのメソッドを使います。

新規にXLSXファイルを作成するときはRubyXL::Workbook.newを実行します。これによって取得できるオブジェクトが、1つのXLSXファイルに対応します。デフォルトでは1つのRubyXL::Workbookには、1つのRubyXL::Worksheet（ワークシート）が含まれます。ワークシートを追加するときは、RubyXL::Workbook#add_worksheetにワークシート名を渡して実行します。

ワークシート名を変更したいときは、RubyXL::Worksheet#sheet_name=で新しいシート名を設定します。

ワークシート上のセルに値を入れていくときはRubyXL::Worksheet#add_cellを使います。このメソッドの第1、第2引数には行番号と列番号を整数で渡し、第3引数にはセルの値を渡します。セルに式を設定する場合は、第4引数に式を渡します。

XLSXファイルを出力するときは、RubyXL::Workbook#writeでRubyXL::Workbookのオブジェクトの内容をXLSXファイルとして書き出します。引数には出力先のファイル名を渡します。

次のサンプルコードでは、XLSXファイルを表すワークブックを作成し、その中に「ユーザー」ワークシートと「注文」ワークシートを用意して、users.csvとorders.csvの内容を転記しています。さらに、「注文」ワークシートにはpriceを合計する式を追記しています。

■ samples/chapter-17/255/sample.rb

```ruby
require 'csv'
require 'rubyXL'

# XLSXファイルを表すオブジェクトを新規に作成する
workbook = RubyXL::Workbook.new

users = CSV.read('users.csv')

# 1枚目のシートにusers.csvから読み込んだデータを入力する
worksheet1 = workbook.worksheets[0]
worksheet1.sheet_name = 'ユーザー'
users.each_with_index do |row, i|
  row.each_with_index do |value, j|
    # i番目の行のj番目の列のセルにvalueを入力する
    value = value.to_i if value.match?(/\A\d+\z/)
    worksheet1.add_cell(i, j, value)
  end
end

orders = CSV.read('orders.csv')

# 2枚目のシートにorders.csvから読み込んだデータを入力する
worksheet2 = workbook.add_worksheet('注文')
orders.each_with_index do |row, i|
  row.each_with_index do |value, j|
    # i番目の行のj番目の列にvalueを入力する
    value = value.to_i if value.match?(/\A\d+\z/)
    worksheet2.add_cell(i, j, value)
  end
end
worksheet2.add_cell(orders.size, 2, nil, 'SUM(C2:C5)')

# XLSXファイルを保存する
workbook.write('output.xlsx')
```

255

Microsoft ExcelのXLSXファイルを扱いたい

▼ 実行結果

「ユーザー」シート

+	ユーザー	注文	

id	email	
1	alice@example.com	
2	bob@example.com	
3	carol@example.com	

「注文」シート

+	ユーザー	注文	

id	user_id	total	
1	1	1000	
2	1	800	
3	2	2000	
4	3	1500	
		5300	

関連項目

▶▶254 PDFを作成したい

Chap 17 さまざまな形式のデータを扱う

使いやすい
コマンドラインツールを
作る

Chapter

18

256 コマンドラインオプションのある プログラムを作りたい

Syntax

● **オプションの設定**

```
opt.on('-ショートオプション') { |trueまたはfalseのオプション値| ... }
opt.on('--ロングオプション') { |trueまたはfalseのオプション値| ... }
```

● **VALをプレースホルダーとして必須の引数を受け取るオプションの設定**

```
opt.on('-ショートオプション VAL') { |引数のオプション値| ... }
opt.on('--ロングオプション VAL') { |引数のオプション値| ... }
```

● **VALをプレースホルダーとして任意の引数を受け取るオプションの設定**

```
opt.on('-ショートオプション [VAL]') { |引数またはnilのオプション値| ... }
opt.on('--ロングオプション [VAL]') { |引数またはnilのオプション値| ... }
```

● **コマンドライン引数の解析**

```
opt.parse!(ARGV)
```

※ require 'optparse'が必要
※ optはOptionParserのインスタンス

コマンドラインインタフェース（CLI）を持つプログラムでは、オプションを設定するため、コマンドラインから引数を受け取りたい場合があります。オプションとは、たとえば再帰的にファイルやディレクトリを削除するコマンドrm -rにおける-rのように、コマンドの実行時の振る舞いを変えるための仕組みです。rmコマンドが持つ再帰的な削除というオプション機能を有効にするために、rmにコマンドライン引数として-rを渡しているわけです。

■ optparseでCLIのプログラムを作る

RubyでCLIのプログラムのオプションを定義して、渡されるコマンドライン引数を解析するには、optparseライブラリが利用できます。

optparseを使うときは、はじめにOptionParserクラスのオブジェクトを作り、そのオブジェクトのメソッドを通じてオプションの定義とコマンドライン引数の解析を実行します。

まず、オプションを定義するにはOptionParser#onを使います。onの第1引数には、次のショートオプションもしくはロングオプションの形式でオプション名を文字列で渡します。

● **ショートオプション形式とロングオプション形式の例**

形式	例
ショートオプション	`'-i'`
ロングオプション	`'--input'`

また、オプション値には、「必須にする」「任意にする」「要求しない」という3通りの選択肢があります。値を受け取る場合は、onメソッドに渡す文字列の中にプレースホルダーとなる文字列（次の表における VAL）を含めます。値が任意のときはプレースホルダーを[ ]で囲みます。プレースホルダーの文字列はなんでもかまいません（詳しくは ▶▶ 257 も参照）。

● **オプション値の指定形式**

形式	例
必須にする	`'-i VAL'`
任意にする	`'-i [VAL]'`
要求しない	`'-i'`

次のサンプルコードのようにオプション名とオプション値で構成した文字列をonメソッドに渡すことでオプションを定義します。

オプションが有効なときに実行したい処理は、onメソッドにブロックとして渡します。オプション値はブロックパラメータとして渡されます。

```ruby
# ショート、ロングオプションを別々に定義する
opt.on('-e') { |v| @input = v }
opt.on('--enabled') { |v| @input = v }

# ショート、ロングオプションを同時に定義する
opt.on('-e', '--enabled') { |v| @input = v }

# 必須引数を定義する
opt.on('-i FILE') { |file| @file = file }

# 任意引数を定義する
opt.on('-i [FILE]') { |file| @file = file || '/path/to/default' }
```

定義したオプションに基づいてコマンドライン引数を解析するには、`OptionParser#parse!`を使います。コマンドライン引数の配列は`ARGV`で取得できるので、`OptionParser#parse!`(`ARGV`)を実行するだけで、コマンドライン引数を解析して`OptionParser#on`で定義したオプションに応じたブロックが実行されます。

■ サンプルコード

次のサンプルコードでは、あいさつを出力するCLIプログラムに次のオプションを定義しています。

● 次のサンプルコードにおけるオプション定義

オプション	意味
-u, --upcase	あいさつを大文字にする
-m 文字列, --message 文字列	あいさつを指定した文字列で置き換える
-r 回数, --repeat 回数	あいさつを繰り返す回数を指定する。デフォルトは2回

■ samples/chapter-18/256.rb

```ruby
require 'optparse'

opt = OptionParser.new

upcase = false
opt.on('-u', '--upcase') { upcase = true }

message = 'hello'
opt.on('-m VAL', '--message VAL') { |v| message = v }

repeat = 1
opt.on('-r [VAL]', '--repeat [VAL]') { |v| repeat = v&.to_i || 2 }

opt.parse!(ARGV)

result = "#{message}, world"
result.upcase! if upcase
repeat.times { puts result }
```

256

コマンドラインオプションのあるプログラムを作りたい

```
$ ruby 256.rb
hello, world
$ ruby 256.rb -u
HELLO, WORLD
$ ruby 256.rb --upcase -m こんにちは
こんにちは, WORLD
$ ruby 256.rb --upcase -m こんにちは -r
こんにちは, WORLD
こんにちは, WORLD
$ ruby 256.rb --upcase -m こんにちは -r 4
こんにちは, WORLD
こんにちは, WORLD
こんにちは, WORLD
こんにちは, WORLD
```

関連項目

▶▶257 コマンドラインオプションの利用方法を表示したい

257 コマンドラインオプションの利用方法を表示したい

> Syntax

● オプションの説明の設定

```
opt.on('-オプション', '説明') { |オプション値| ... }
opt.on('-オプション', '--オプション', '説明') { |オプション値| ... }
```

※ require 'optparse'が必要
※ optはOptionParserのインスタンス

optparseでは、オプション-hと--helpについては、「OptionParser#onで定義されたオプションの利用方法を出力する」というデフォルトの処理が用意されています。

オプションの説明は、それぞれのオプションの定義でonの最後の引数に文字列として渡します。前項「 ▶▶256 コマンドラインオプションのあるプログラムを作りたい」でオプション値を定義するために利用したプレースホルダーもここで表示されます。

次のコードは前項のサンプルコードにオプションの説明を加えたものです。コマンドラインで--helpオプションを渡すと、利用方法が出力されます。

■ samples/chapter-18/257.rb

```ruby
require 'optparse'

opt = OptionParser.new

upcase = false
opt.on('-u', '--upcase', 'メッセージを大文字に変換') { upcase = true }

greeting = 'hello'
opt.on('-g VAL', '--greeting VAL', 'あいさつのメッセージを指定') { |v|
greeting = v }

repeat = 1
opt.on('-r [VAL]', '--repeat [VAL]', '指定回数あいさつを出力。
デフォルト2回') { |v| repeat = v&.to_i || 2 }

opt.parse!(ARGV)
```

```
result = "#{greeting}, world"
result.upcase! if upcase
repeat.times { puts result }
```

```
$ ruby 257.rb --help
Usage: greeting [options]
    -u, --upcase                    メッセージを大文字に変換
    -g, --greeting VAL              あいさつのメッセージを指定
    -r, --repeat [VAL]              指定回数あいさつを出力。デフォルト2回
```

(関連項目)

▶▶256 コマンドラインオプションのあるプログラムを作りたい

258 サブコマンドを持つ CLIプログラムを作りたい

> **Syntax**

● サブコマンドの定義

```
class CLIクラス名 < Thor
  desc 'サブコマンド名', '説明'
  def サブコマンド
    ...
  end
end
```

● サブコマンドを含むコマンドライン引数の解析

```
CLIクラス名.start(ARGV)
```

※ require 'thor'が必要

CLIプログラムには、サブコマンドが用意されていることがあります。たとえば、**gem**における**gem install**や**gem list**では**install**や**list**がサブコマンドです。多くの機能を持つCLIプログラムの場合、サブコマンドを提供することで利用者にとって使いやすくなります。

■ Thorによるサブコマンドを持つCLIプログラムの作成

Rubyでサブコマンドを持つCLIツールを作るには、Thor（https://github.com/rails/thor）というgemを利用するとよいでしょう。次のコマンドでThorをインストールします。

```
$ gem install thor -v 1.3.1
```

まず、**Thor**クラスを継承したクラスを定義し、その中で**desk 'サブコマンド名', '説明'**の形式でサブコマンドの名前と説明を定義します。そして、定義の直後にサブコマンドに対応するメソッドを定義します。これにより、CLIでサブコマンドが入力されると、そのメソッドが実行できるようになります。

Thorクラスを継承したクラスを定義した後、そのクラスに対し引数**ARGV**を渡して**start**メソッドを呼び出すと、コマンドライン引数が解析されてサブコマンドが実行されます。

次のサンプルコードでは、指定されたサブコマンドに応じて異なるあいさつを出力するCLIプログラムを定義しています。仕様は次のとおりです。

● 次のサンプルコードにおけるサブコマンドの仕様

サブコマンド	動作
daytime	"こんにちは"を出力する
evening	"こんばんは"を出力する

■ samples/chapter-18/258.rb

```ruby
require 'thor'

class Greeting < Thor
  desc 'daytime', '昼のあいさつ'
  def daytime
    puts 'こんにちは'
  end

  desc 'evening', '夜のあいさつ'
  def evening
    puts 'こんばんは'
  end
end

Greeting.start(ARGV)
```

258

サブコマンドを持つCLIプログラムを作りたい

```
$ ruby 258.rb
Commands:
  258.rb daytime          # 昼のあいさつ
  258.rb evening          # 夜のあいさつ
  258.rb help [COMMAND]   # Describe available commands or one
specific command

$ ruby 258.rb daytime
こんにちは

$ ruby 258.rb evening
こんばんわ
```

259 Rakeでタスクを実行したい

Syntax

● Rakefileにおけるタスク定義

```
task :タスク名 do
  タスク処理
end
```

● Rakeタスクの実行

```
rake タスク名
```

Rakeは、**make**コマンドのようなビルド作業自動化のためのツールです。

Rakeの特徴として、ひとかたまりの作業を「タスク」として、Rubyを利用したDSL（ドメイン固有言語）で定義できることが挙げられます。このDSLを記述したファイルには**Rakefile**というファイル名を付けます。Rakeはこの**Rakefile**を自動で読み込んでタスクを実行します。また、**Rakefile**では、**make**における**Makefile**のように、タスク間の依存関係も定義できます（ ▶ 261 ）。

■ RakeでCLIプログラムを作成する

Rakeでひとまとまりの処理に名前を付けることでCLIプログラムを簡単に作成できます。

コマンドラインツールとしてRakeを使うには、コマンドラインから実行したい処理を**Rakefile**の中でタスクとして定義します。タスク定義では、**task**のあとにシンボルとしてタスク名を渡します。タスクの実際の処理は**task**にブロックとして渡します。

次の**Rakefile**では、**hello**と**goodbye**というタスクを定義し、**puts**によるあいさつの出力をブロックとして渡しています。

■ samples/chapter-18/259/Rakefile

```
task :hello do
  puts 'hello'
end

task :goodbye do
  puts 'goodbye'
end
```

Chap 18　使いやすいコマンドラインツールを作る

559

259 Rakeでタスクを実行したい

```
$ rake hello
hello
$ rake goodbye
goodbye
```

関連項目

▶261 Rakeタスクの間で依存関係を作りたい

260 Rakeタスクを
名前空間でまとめたい

Syntax

● **Rakeタスクの名前空間の定義**

```
namespace :名前空間
  task :タスク名 do
    ...
  end
end
```

Rakefile上で多くのタスクを定義していくと、類似する機能のタスクを1つにまとめたくなることがあります。また、タスクが増えるとともに、既存のタスク名との重複を避けるのが困難になることもあります。

namespaceを使うと、Rakefile上に名前空間を定義して、類似する機能を1つにまとめることができます。また、複数の名前空間を作成することで、それぞれの下に同じ名前のタスクを定義できるようになります。

名前空間の下にあるタスクを実行するときは、コマンドラインで「**名前空間：タスク名**」のように指定します。

次のRakefileでは、名前空間としてgreetingとaskを定義しています。そして、それぞれの名前空間の下にrunというタスクを定義しています。

■ **samples/chapter-18/260/Rakefile**

```
namespace :greeting do
  task :run do
    puts 'こんにちは'
  end

  task :morning do
    puts 'おはようございます'
  end
end

namespace :ask do
  task :run do
    puts '調子はどうですか？'
  end
end
```

561

260

Rakeタスクを名前空間でまとめたい

```
$ rake greeting:run
こんにちは

$ rake ask:run
調子はどうですか?

$ rake greeting:morning
おはようございます
```

Rakeタスクの間で依存関係を作りたい

Syntax

- **タスク間の依存関係の定義**

  ```
  task タスク: [:依存タスク1, :依存タスク2, ...] do
    ...
  end
  ```

makeで利用するMakefileには、タスク間の依存関係を定義できます。たとえば、「プログラムのコンパイル後にリンクするタスクを実行する」のようなワークフローを、タスク間の依存関係を用いて表現できます。

Rakeにも、タスク間の依存関係を定義するための機能が備わっています。依存関係を定義するには、タスク名とそのタスクが依存するタスク名の配列からなるハッシュをtaskに渡します。このとき、構文は次のようになります。

```
task({ タスク: [:依存タスク1, :依存タスク2, ...] })
```

Rubyではメソッドに渡す最後の引数がハッシュならば、ハッシュリテラルの{ }を省略できます。さらに、引数を括弧で囲むかわりにメソッド名と引数の間を空白で区切ることでもメソッドを呼び出せます。これらの仕組みを利用して、次の形式でtaskを呼び出すのが一般的です。

```
task タスク: [:依存タスク1, :依存タスク2, ...]
```

依存タスクが1つなら配列ではなくシンボルをそのまま渡してもかまいません。タスクを実行すると、依存するタスクがまず実行された後に、目当てのタスクが実行されます。

次のRakefileでは、次の条件

▶ process1タスクの実行前にprepareタスクを実行する必要がある
▶ batch_processタスクの実行前にprocess1タスク、process2タスクを実行する必要がある

を満たしつつタスクを実行できるように、タスクの依存関係を定義しています。

261

Rakeタスクの間で依存関係を作りたい

■ samples/chapter-18/261/Rakefile

```ruby
task process1: :prepare do
  puts '処理1完了'
end

task :prepare do
  puts '準備中'
end

task :process2 do
  puts '処理2完了'
end

task batch_process: [:process1, :process2] do
  puts 'バッチ処理完了'
end
```

```
$ rake process1
準備中
処理1完了

$ rake batch_process
準備中
処理1完了
処理2完了
バッチ処理完了
```

さまざまなデータベース
システムを扱う

Chapter

19

262 SQLiteデータベースに接続したい

> Syntax

● **データベース接続のオープン**

```
SQLite3::Database.new('データベースファイル名')
```

※ require 'sqlite3'が必要

　SQLiteは、SQLを通じてデータを保存／取得するリレーショナルデータベース（RDB）を扱うためのソフトウェアの1つです。ライブラリとして他のソフトウェアから使うことを想定した設計になっています。SQLiteでは、データベースは単一のファイルとして扱うことができます。この軽量性がMySQLやPostgreSQLのようなサーバー／クライアント型のRDBと異なる点であり、SQLiteがさまざまなアプリケーションに組み込まれて利用される理由となっています。

■ sqlite3 gemをインストールする

　RubyでSQLiteを使いたいときは、sqlite3 gemを使います。

　sqlite3のインストールにSQLiteのライブラリが必要なので、あらかじめSQLiteのライブラリをインストールしておきます。

```
# macOS
$ brew install sqlite
```

```
# Ubuntu
$ apt-get update -qq && apt-get install -y libsqlite3-dev
```

　SQLiteをインストールしたあと、sqlite3 gemをインストールします。

```
$ gem install sqlite3 -v 1.7.3
```

SQLite3データベースに接続する

データベースに接続するには**SQLite3::Database.new**を使います。引数としてファイル名を渡すと、そのファイルにデータベースが保存されます。返り値としてデータベースを操作するための**SQLite3::Database**オブジェクトを取得できます。

■ samples/chapter-19/262.rb

```
require 'sqlite3'

db = SQLite3::Database.new('test.db')
```

また、**SQLite3::Database.new**にブロックを渡すと、データベースを開いて操作するために、ブロックパラメータとして**SQLite3::Database**のオブジェクトを受け取ります。ブロックを抜けると、データベースへの接続は自動でクローズされます。

■ samples/chapter-19/262.rb

```
require 'sqlite3'

SQLite3::Database.new('test.db') do |db|
  # dbを使った処理を実行
end
```

SQLite特有の機能として、データベースファイルの名前を**:memory:**にすると、ファイルを作成せず、メモリ上にデータベースを作成できます。この場合、プログラムが終了するとデータベースは消えます。

■ samples/chapter-19/262.rb

```
require 'sqlite3'

db = SQLite3::Database.new(':memory:')
```

263 SQLiteデータベースに レコードを書き込みたい

> **Syntax**

• CREATE TABLEの実行

```
db.execute('CREATE TABLE ...)
```

• INSERTの実行

```
db.execute('INSERT INTO ...')
```

※ require 'sqlite3'が必要
※ dbはSQLite3::Databaseのオブジェクト

■ テーブルを作成する

SQLiteデータベースにテーブルを作成するには、**SQLite3::Database#execute**でテーブル作成のSQLを発行します。

次のサンプルコードでは、カラム**id**と**email**を持つテーブル**users**を作成しています。

■ samples/chapter-19/263.rb

```ruby
require 'sqlite3'

SQLite3::Database.new('test.db') do |db|
  db.execute(<<~SQL)
    CREATE TABLE IF NOT EXISTS users (
      id INTEGER PRIMARY KEY AUTOINCREMENT,
      email TEXT NOT NULL UNIQUE
    )
  SQL
end
```

■ レコードを挿入する

テーブルにレコードを挿入するには、**SQLite3::Database#execute**でレコード挿入のSQLを発行します。

次のサンプルコードでは、すでに存在するテーブル**users**にレコードを3件挿入しています。

■ samples/chapter-19/263.rb

```ruby
require 'sqlite3'

SQLite3::Database.new('test.db') do |db|
  db.execute(
    'INSERT INTO users (email) VALUES ("alice@example.com")'
  )
  db.execute(
    'INSERT INTO users (email) VALUES ("bob@example.com")'
  )
  db.execute(
    'INSERT INTO users (email) VALUES ("carol@example.com")'
  )
end
```

　また、SQLite3::Database.newにブロックを渡すと、データベースを開いて操作するために、ブロックパラメータとしてSQLite3::Databaseのオブジェクトを受け取ります。ブロックを抜けると、データベースへの接続は自動でクローズされます。

```
# 実行後
# sqliteコマンドからSQLを実行
sqlite> select * from users;
1|alice@example.com
2|bob@example.com
3|carol@example.com
```

　Webアプリケーションなどで外部からの悪意のある入力をそのままSQLの一部として利用すると、SQLが改竄され、データベース内の情報を盗まれたり内容が意図せず書き換えられたりする可能性があります（SQLインジェクション）。この脆弱性を防ぐにはプリペアドステートメントというデータベースの機能を使い、SQLの構造を確定させたあとに外部入力の値をバインドする必要があります。

　SQL中の変数に値をバインドしたいときは変数?を使い、バインドするパラメータをexecuteの第2引数以降に渡します。

569

263

SQLiteデータベースにレコードを書き込みたい

■ samples/chapter-19/263.rb

```ruby
require 'sqlite3'

emails = %w(
  alice@example.com
  bob@example.com
  carol@example.com
)

SQLite3::Database.new('test.db') do |db|
  emails.each do |email|
    db.execute('INSERT INTO users (email) VALUES (?)', email)
  end
end
```

```
# 実行後
# sqliteコマンドからSQLを実行
sqlite> select * from users;
1|alice@example.com
2|bob@example.com
3|carol@example.com
```

264 SQLiteデータベースから レコードを取得したい

Syntax

● **クエリの実行**

```
db.execute('クエリ')
```

※ require 'sqlite3'が必要
※ dbはSQLite3::Databaseのオブジェクト

この項目では、次のテーブル**users**がカレントディレクトリの**test.db**に作成されているものとします。

● **このサンプルで使用するテーブルusersのデータ**

id	email
1	"alice@example.com"
2	"bob@example.com"
3	"carol@example.com"

■ レコードを取得する

SQLiteデータベースからデータを取得するには、**SQLite3::Database#execute**でレコードを取得するSQLである**SELECT**文を発行します。その結果であるレコードの集合は、**SQLite3::ResultSet**のオブジェクトとして取得できます。このオブジェクトは**Enumerable**なので、**each**をはじめとする**Enumerable**のメソッドを使って得られた各レコードを操作できます。

次のサンプルコードでは、**users**テーブルのすべてのレコードを取得しています。

■ **samples/chapter-19/264.rb**

```ruby
require 'sqlite3'

SQLite3::Database.new('test.db') do |db|
  db.execute('SELECT * FROM users').each do |row|
    p row
  end
end
```

▼ 実行結果

```
[1, "alice@example.com"]
[2, "bob@example.com"]
[3, "carol@example.com"]
```

あらかじめ**results_as_hash**に**true**を設定すると、結果をハッシュとして取得できます。この
ハッシュは、キーがカラム名、値がカラムの値になっています。

■ samples/chapter-19/264.rb

```
require 'sqlite3'

SQLite3::Database.new('test.db') do |db|
  db.results_as_hash = true
  db.execute('SELECT * FROM users').each do |row|
    p row
  end
end
```

▼ 実行結果

```
{"id"=>1, "email"=>"alice@example.com"}
{"id"=>2, "email"=>"bob@example.com"}
{"id"=>3, "email"=>"carol@example.com"}
```

　SQLインジェクションの防止のためにプリペアドステートメントを通じて変数に値をバインドしたいときは、
SQLの中で変数**?**を使い、バインドするパラメータを**execute**の第2引数以降に渡します。
　次のサンプルコードでは、**IN**句に渡す2つの変数の値を**execute**の第2、第3引数として渡すこと
で、条件に当てはまるレコードだけを取得しています。

572

264

SQLiteデータベースからレコードを取得したい

■ samples/chapter-19/264.rb

```ruby
require 'sqlite3'

SQLite3::Database.new('test.db') do |db|
  db.execute("SELECT * FROM users WHERE id IN (?, ?)", [1, 3]).
each do |row|
    p row
  end
end
```

▼ 実行結果

```
[1, "alice@example.com"]
[3, "carol@example.com"]
```

また、変数に名前を与えたいときは、クエリの中で**:変数名**の形式で変数を使い、**execute**の第2引数にハッシュで変数名とその値の対応を渡します。

次のサンプルコードでは、**WHERE**句に渡すemailの値の条件を**execute**の第2引数にハッシュとして渡すことで、条件に当てはまるレコードだけを取得しています。

■ samples/chapter-19/264.rb

```ruby
require 'sqlite3'

SQLite3::Database.new('test.db') do |db|
  db.execute("SELECT * FROM users WHERE email = :email", email:
'bob@example.com').each do |row|
    p row
  end
end
```

▼ 実行結果

```
[2, "bob@example.com"]
```

573

265 MySQLデータベースに接続したい

> Syntax

● **データベース接続のオープン**

```
Mysql2::Client.new(
  host: 'MySQLサーバーのホスト名',
  username: 'データベースのユーザ名',
  password: 'パスワード',
  database: 'データベース名'
)
```

※ require 'mysql2'が必要

　MySQLは、SQLを通じてデータを保存／取得するリレーショナルデータベース（RDB）を扱うためのソフトウェアの1つです。主にWebアプリケーションのためのRDBとして多くの利用実績があります。PostgreSQLと同様にサーバー／クライアント型のRDBであり、アプリケーションからはクライアントライブラリを利用してデータベースサーバーへ接続し、クエリを発行したり結果を取得したりします。

■ mysql2 gemをインストールする

　RubyでMySQLを使いたいときは、mysql2 gemを使います。
　mysql2のインストールにはMySQLのライブラリが必要なので、あらかじめ必要なMySQLのパッケージをインストールしておきます。

```
# macOS
$ brew install mysql
```

```
# Ubuntu
$ apt-get update -qq && apt-get install -y libmysqlclient-dev
```

　システムにMySQLのパッケージをインストールしたあと、mysql2 gem（https://github.com/brianmario/mysql2）をインストールします[注1]。

注1　mysql2のインストールの詳細についてはhttps://github.com/brianmario/mysql2/blob/0.5.6/README.md#installingを参照してください。

```
$ gem install mysql2 -v 0.5.6
```

MySQLサーバーへ接続する

RubyからMySQLサーバーに接続するには、次のように`Mysql2::Client.new`でクライアント
オブジェクトを作成します。

■ samples/chapter-19/265.rb

```
client = Mysql2::Client.new(host: 'localhost', username: 'root', ⏎
password: 'passw0rd', database: 'test')
```

266 MySQLデータベースに レコードを書き込みたい

> Syntax

● CREATE TABLEの実行

```
client.query('CREATE TABLE ...')
```

● INSERTの実行

```
client.query('INSERT INTO ...')
```

※ require 'mysql2'が必要
※ clientはMysql2::Clientのオブジェクト

■ データベースを作成する

MySQLのデータベースを作成するには、**Mysql2::Client#query**でデータベース作成のSQLを発行します。

次のサンプルコードでは、**test**という名前のデータベースを作成しています。

■ samples/chapter-19/266.rb

```
require 'mysql2'

client = Mysql2::Client.new(host: 'localhost', username: 'root',
password: 'passw0rd')
client.query('CREATE DATABASE IF NOT EXISTS test')
```

■ テーブルを作成する

MySQLのテーブルを作成するには、**Mysql2::Client#query**でテーブル作成のSQLを発行します。

次のサンプルコードでは、カラム**id**と**email**を持つテーブル**users**を作成しています。

■ samples/chapter-19/266.rb

```ruby
require 'mysql2'

client = Mysql2::Client.new(host: 'localhost', username: 'root',
password: 'passw0rd', database: 'test')
client.query(<<~SQL)
  CREATE TABLE IF NOT EXISTS users (
    id INTEGER PRIMARY KEY AUTO_INCREMENT,
    email VARCHAR(50) NOT NULL UNIQUE
  )
SQL
```

```
# 実行後
# mysqlコマンドからSQLを実行
mysql> show create table users \G
*************************** 1. row ***************************
       Table: users
Create Table: CREATE TABLE `users` (
  `id` int NOT NULL AUTO_INCREMENT,
  `email` varchar(50) NOT NULL,
  PRIMARY KEY (`id`),
  UNIQUE KEY `email` (`email`)
) ENGINE=InnoDB AUTO_INCREMENT=4 DEFAULT CHARSET=utf8mb4
COLLATE=utf8mb4_0900_ai_ci
1 row in set (0.00 sec)
```

■ レコードを挿入する

テーブルにレコードを挿入するには、MySQL2::Client#queryでレコード挿入のSQLを発行します。

次のサンプルコードでは、すでに存在するテーブルusersにレコードを3件挿入しています。

■ samples/chapter-19/266.rb

```ruby
require 'mysql2'

client = Mysql2::Client.new(host: 'localhost', username: 'root',
password: 'passw0rd', database: 'test')
client.query('INSERT INTO users (email) VALUES ("alice@example.
com")')
client.query('INSERT INTO users (email) VALUES ("bob@example.
com")')
client.query('INSERT INTO users (email) VALUES ("carol@example.
com")')
```

```
# 実行後
# mysqlコマンドからSQLを実行
mysql> select * from users;
+----+-------------------+
| id | email             |
+----+-------------------+
|  1 | alice@example.com |
|  2 | bob@example.com   |
|  3 | carol@example.com |
+----+-------------------+
3 rows in set (0.00 sec)
```

　また、SQLインジェクションの防止のために、プリペアドステートメントを通じて変数に値をバインドしたいときは、prepareを使います。prepareに変数?を含むクエリ文字列を渡すと、Mysql2::Statementオブジェクトを取得できます。このオブジェクトに対して、バインドする変数を引数として渡してexecuteを呼び出すと、変数へ値をバインドしながらクエリを実行できます。

266

MySQLデータベースにレコードを書き込みたい

■ samples/chapter-19/266.rb

```ruby
require 'mysql2'

emails = %w(
  alice@example.com
  bob@example.com
  carol@example.com
)

client = Mysql2::Client.new(host: 'localhost', username: 'root', 
password: 'passw0rd', database: 'test')
statement = client.prepare('INSERT INTO users (email) VALUES (?)')
emails.each do |email|
  statement.execute(email)
end
```

267 MySQLデータベースから
レコードを取得したい

> **Syntax**

● **クエリの実行**

```
client.query('クエリ文字列')
```

※ require 'mysql2'が必要
※ clientはMysql2::Clientのオブジェクト

　MySQLデータベースからデータを取得するには、SQLでクエリを書き、データベースにクエリを送信する必要があります。**Mysql2::Client**のオブジェクトを使ってクエリを発行するには、**query**メソッドを使います。

　クエリの結果として得られるレコードの集合は**Mysql2::Result**のオブジェクトとして取得できます。このオブジェクトは**Enumerable**なので、**each**をはじめとする**Enumerable**のメソッドを使って得られた各レコードを操作できます。

　次のサンプルコードでは、**users**テーブルのすべてのレコードを取得するクエリをデータベースに対して送信しています。各レコードは、キーがカラム名、値がカラム値のハッシュとして取得できます。なお、MySQLの**test**データベースには「 ▶▶266 MySQLデータベースにレコードを書き込みたい」と同じデータが格納されているものとします。

■ **samples/chapter-19/267.rb**

```ruby
require 'mysql2'

client = Mysql2::Client.new(host: 'localhost', username: 'root',
password: 'passw0rd', database: 'test')
client.query('SELECT * FROM users').each do |row|
  p row
end
```

▼ **実行結果**

```
{"id"=>1, "email"=>"alice@example.com"}
{"id"=>2, "email"=>"bob@example.com"}
{"id"=>3, "email"=>"carol@example.com"}
```

また、**each**のキーワード引数**as**に値として**:array**を渡すと、結果を配列で取得できます。

■ samples/chapter-19/267.rb

```ruby
require 'mysql2'

client = Mysql2::Client.new(username: 'root', password:
'passw0rd', database: 'test')
client.query("SELECT * FROM users").each(as: :array) do |row|
  p row
end
```

▼ 実行結果

```
[1, "alice@example.com"]
[2, "bob@example.com"]
[3, "carol@example.com"]
```

■ 変数への値のバインド

　SQLインジェクションの防止のために、プリペアドステートメントを通じて変数に値をバインドしたいときは、**prepare**を使います。**prepare**に変数**?**を含むクエリ文字列を渡すと、**Mysql2::Statement**オブジェクトを取得できます。このオブジェクトに対して、バインドする変数を引数として渡して**execute**を呼び出すと、変数へ値をバインドしながらクエリを実行できます。

　次のサンプルコードでは、**IN**句に渡す2つの変数の値を**execute**の第1、第2引数として渡すことで、その条件に当てはまるレコードだけを取得しています。

267

MySQLデータベースからレコードを取得したい

■ samples/chapter-19/267.rb

```ruby
require 'mysql2'

client = Mysql2::Client.new(username: 'root', password:
'passw0rd', database: 'test')
stmt = client.prepare("SELECT * FROM users WHERE id IN (?, ?)")
stmt.execute(1, 3).each do |row|
  p row
end
```

▼ 実行結果

```
{"id"=>1, "email"=>"alice@example.com"}
{"id"=>3, "email"=>"carol@example.com"}
```

（ 関連項目 ）

▶▶266 MySQLデータベースにレコードを書き込みたい

268 PostgreSQLデータベースに接続したい

Syntax

● データベース接続のオープン

```
PG.connect(
  host: 'PostgreSQLサーバーのホスト名',
  username: 'データベースのユーザ名',
  password: 'パスワード',
  dbname: 'データベース名'
)
```

※ require 'pg'が必要

　PostgreSQLは、SQLを通じてデータを保存／取得するリレーショナルデータベース（RDB）を扱うためのソフトウェアの1つです。Webアプリケーションのための RDBとして多くの利用実績があります。たとえば、Webアプリケーションを簡単にデプロイできるサービスであるHerokuでは、デフォルトで利用できるデータベースとしてPostgreSQLを提供しています。MySQLと同様にサーバー／クライアント型のRDBであり、アプリケーションからはクライアントライブラリを利用してデータベースサーバーへ接続し、クエリを発行したり結果を取得したりします。

pg gemをインストールする

　RubyでPostgreSQLを使いたいときはpg gemを使います。
　pgのインストールにはPostgreSQLのライブラリが必要なので、あらかじめPostgreSQLのパッケージをインストールしておきます。

```
# macOS
$ brew install postgresql
```

```
# Ubuntu
$ apt-get update -qq && apt-get install -y libpq-dev
```

　システムにPostgreSQLのライブラリをインストールしたあと、pg gem（https://github.com/ged/ruby-pg）をインストールします。

268

PostgreSQLデータベースに接続したい

```
$ gem install pg -v 1.5.6
```

PostgreSQLデータベースに接続する

RubyからPostgreSQLサーバーに接続するには、次のように**PG.connect**でサーバーへの接続を表す**PG::Connection**のオブジェクトを作成します。

■ samples/chapter-19/268.rb

```
require 'pg'

conn = PG.connect(host: 'localhost', user: 'postgres', password: 2
'passw0rd', dbname: 'test')
```

269 PostgreSQLデータベースに レコードを書き込みたい

> Syntax

● **CREATE TABLEの実行**

```
conn.exec('CREATE TABLE ...')
```

● **INSERTの実行**

```
conn.exec('INSERT INTO ...')
```

※ require 'pg'が必要
※ connはPG.connectで得られるPG::Connectionのオブジェクト

■ データベースを作成する

PostgreSQLのデータベースを作成するには、**PG::Connection#exec**でデータベース作成のSQLを発行します。

次のサンプルコードでは、**test**という名前のデータベースを作成しています。

■ **samples/chapter-19/269.rb**

```
require 'pg'

PG.connect(host: 'localhost', user: 'postgres', password:
'passw0rd') do |conn|
  conn.exec('CREATE DATABASE test')
end
```

■ テーブルを作成する

PostgreSQLのテーブルを作成するには、**PG::Connection#exec**でテーブル作成のSQLを発行します。

次のサンプルコードでは、カラム**id**と**email**を持つテーブル**users**を作成しています。

■ samples/chapter-19/269.rb

```ruby
require 'pg'

PG.connect(host: 'localhost', user: 'postgres', password:
'passw0rd', dbname: 'test') do |conn|
  conn.exec(<<~SQL)
    CREATE TABLE IF NOT EXISTS users (
      id SERIAL PRIMARY KEY,
      email VARCHAR(50) NOT NULL UNIQUE
    )
  SQL
end
```

```
# 実行後
# psqlコマンドでテーブル定義を表示
test=# \d users
                   Table "public.users"
 Column |         Type          | Collation | Nullable | Default
--------+-----------------------+-----------+----------+---------
 id     | integer               |           | not null | <省略>
 email  | character varying(50) |           | not null |
Indexes:
    "users_pkey" PRIMARY KEY, btree (id)
    "users_email_key" UNIQUE CONSTRAINT, btree (email)
```

■ レコードを挿入する

テーブルにレコードを挿入するには、**PG::Connection#exec**でレコード挿入のSQLを発行します。

次のサンプルコードでは、すでに存在するテーブル**users**にレコードを3件挿入しています。

269

PostgreSQLデータベースにレコードを書き込みたい

■ samples/chapter-19/269.rb

```ruby
require 'pg'

PG.connect(host: 'localhost', user: 'postgres', password:
'passw0rd') do |conn|
  conn.exec("INSERT INTO users (email) VALUES ('alice@example.
com')")
  conn.exec("INSERT INTO users (email) VALUES ('bob@example.
com')")
  conn.exec("INSERT INTO users (email) VALUES ('carol@example.
com')")
end
```

```
# 実行後
# psqlコマンドからSQLを実行
postgres=# select * from users;
 id |       email
----+-------------------
  1 | alice@example.com
  2 | bob@example.com
  3 | carol@example.com
(3 rows)
```

　また、SQLインジェクションの防止のために、プリペアドステートメントを通じて変数に値をバインドしたいときは、`PG::Connection#exec_params`メソッドを使い、1つ目の引数にクエリ文字列、2つ目の引数にバインドする値の配列を渡します。配列の0番目、1番目の要素がクエリ文字列の中の変数$1、$2にそれぞれ対応します。

Chap 19

さまざまなデータベースシステムを扱う

587

269

PostgreSQLデータベースにレコードを書き込みたい

■ samples/chapter-19/269.rb

```ruby
require 'pg'

emails = %w(
  alice@example.com
  bob@example.com
  carol@example.com
)

PG.connect(host: 'localhost', user: 'postgres', password:
'passw0rd', dbname: 'test') do |conn|
  emails.each do |email|
    conn.exec_params('INSERT INTO users (email) VALUES ($1)',
[email])
  end
end
```

270 PostgreSQLデータベースから レコードを取得したい

Syntax

● **クエリの実行**

```
conn.exec('SELECT ...')
conn.exec_params('プレースホルダーが存在するクエリ', [パラメータ1, ...])
```

※ require 'pg'が必要
※ connはPG.connectで得られるPG::Connectionのオブジェクト

　PG::Connectionのオブジェクトを使ってクエリを発行するには、**exec**メソッドを使います。クエリの結果として得られるレコードの集合は**PG::Result**のオブジェクトとして取得できます。このオブジェクトは**Enumerable**なので、**each**をはじめとする**Enumerable**のメソッドを使って得られた各レコードを操作できます。

　次のサンプルコードでは、**users**テーブルのすべてのレコードを取得するクエリをデータベースに対して送信しています。各レコードはキーがカラム名、値がカラム値のハッシュとして取得できます。なお、PostgreSQLの**test**データベースには「 ▶▶269 PostgreSQLデータベースにレコードを書き込みたい」と同じデータが格納されているものとします。

■ samples/chapter-19/270.rb

```ruby
require 'pg'

conn = PG.connect(host: 'localhost', user: 'postgres', password: ⏎
'passw0rd', dbname: 'test')
conn.exec('SELECT * FROM users').each do |row|
  p row
end
```

▼ 実行結果

```
{"id"=>"1", "email"=>"alice@example.com"}
{"id"=>"2", "email"=>"bob@example.com"}
{"id"=>"3", "email"=>"carol@example.com"}
```

また、execで取得したPG::Resultに対してvaluesを呼び出すと、結果を配列で取得できます。

■ samples/chapter-19/270.rb

```ruby
require 'pg'

conn = PG.connect(host: 'localhost', user: 'postgres', password:
'passw0rd', dbname: 'test')
conn.exec("SELECT * FROM users").values.each do |row|
  p row
end
```

▼ 実行結果

```
["1", "alice@example.com"]
["2", "bob@example.com"]
["3", "carol@example.com"]
```

変数への値のバインド

SQLインジェクションの防止のために、プリペアドステートメントを通じて変数に値をバインドしたいときは、exec_paramsメソッドを使い、1つ目の引数にクエリ文字列、2つ目の引数にバインドする値の配列を渡します。配列の0番目、1番目の要素がクエリ文字列の中の変数$1、$2にそれぞれ対応します。

■ samples/chapter-19/270.rb

```ruby
require 'pg'

conn = PG.connect(host: 'localhost', user: 'postgres', password:
'passw0rd', dbname: 'test')
conn.exec_params("SELECT * FROM users WHERE id IN ($1, $2)", [1,
3]).each do |row|
  p row
end
```

270

PostgreSQLデータベースからレコードを取得したい

▼ 実行結果

```
{"id"=>"1", "email"=>"alice@example.com"}
{"id"=>"3", "email"=>"carol@example.com"}
```

関連項目

▶▶269 PostgreSQLデータベースにレコードを書き込みたい

271 オブジェクトからデータベースを操作したい（Active Record）

Rubyスクリプトからデータベースへのアクセスには、「データベースの各テーブルに対応するRubyのクラスを作成して、そのクラスやオブジェクトのメソッド経由でデータベースにアクセスする」という方法があります。これを実現するライブラリはいくつかありますが、この項目では、WebアプリケーションフレームワークRuby on Railsの構成コンポーネントの1つであるActive Record（https://github.com/rails/rails/tree/main/activerecord）というライブラリを使い、オブジェクト経由でデータベースを操作します。

■ Active Recordをインストールする

次のコマンドでActive Recordをインストールします。データベースとしてSQLiteを使うので、sqlite3 gemもあわせてインストールします。

```
$ gem install activerecord -v 7.1.3.4
$ gem install sqlite3 -v 1.7.3
```

■ Active Recordでデータベースを操作する

Active Recordを使うには、データベースへ接続したあと、テーブルに対応するクラスを作成しますが、このクラスは**ActiveRecord::Base**というクラスを継承する必要があります。今回は**users**テーブルに対応する**User**クラスを作成します（このようなクラスのことをモデルと呼びます）。なお、Active Recordでは、**id**という名前のカラムをデフォルトで主キーとみなします。

次のサンプルコードでは、**ActiveRecord::Base.establish_connection**を使ってSQLiteの**test.db**データベースにクライアントライブラリのsqlite3で接続しています。そして、**users**テーブルに対応する**User**クラスをモデルとして定義しています。なお、SQLiteの**test**データベースには571ページと同じデータが格納されているものとします

■ samples/chapter-19/271.rb

```
require 'active_record'
require 'sqlite3'

ActiveRecord::Base.establish_connection(adapter: 'sqlite3',
database: 'test.db')

class User < ActiveRecord::Base
end
```

モデルを定義すると、モデルのクラスメソッドや、そのオブジェクトのメソッドを通じて、データベースにアクセスできます。利用できるメソッドの一部を紹介します。

● **モデルで使用できる主なクラスメソッド**

メソッド名	動作	対応するSQL
find	引数の主キーに一致するレコードを探し、オブジェクトとして返す	SELECT * FROM users WHERE id = ID
where	引数の条件に一致するレコードの集合を探し、オブジェクトのリストとして返す	SELECT * FROM users WHERE 条件
create	引数のハッシュのカラム値を持つレコードを保存し、オブジェクトとして返す	INSERT INTO users VALUES (カラムの値のリスト)
count	レコード数を取得する	SELECT COUNT(*) FROM users

● **モデルで使用できる主なインスタンスメソッド**

メソッド名	動作	対応するSQL
update	引数のハッシュのカラム値でレコードを更新する	UPDATE users SET (カラムの値のリスト) WHERE id = ID
destroy	レコードを削除する	DELETE FROM users WHERE id = ID

次のサンプルコードでは、上で紹介したメソッドを使って、usersテーブルに対して

▶ **レコードの取得**
▶ **レコードの作成**
▶ **レコードの更新**
▶ **レコードの削除**

を実行しています。

■ samples/chapter-19/271.rb

```ruby
require 'active_record'
require 'sqlite3'

ActiveRecord::Base.establish_connection(adapter: 'sqlite3',
database: 'test.db')

class User < ActiveRecord::Base
end

SEPARATOR = '---'.freeze

puts "aliceのemailを取得"
alice = User.find(1)
puts alice.email

puts SEPARATOR

puts "bobのレコードを取得"
bob = User.where(email: 'bob@example.com')[0]
p bob

puts SEPARATOR

puts "daveのレコードを作成"
dave = User.create(email: 'dave@example.com')
p dave

puts SEPARATOR

puts "daveのemailを更新"
dave.update(email: 'dave@new.example.com')
p dave

puts SEPARATOR
```

271

オブジェクトからデータベースを操作したい（Active Record）

```ruby
puts "総ユーザ数: #{User.count}"
puts "daveの削除"
dave.destroy
puts "総ユーザ数: #{User.count}"
```

▼ 実行結果

```
aliceのemailを取得
alice@example.com
---
bobのレコードを取得
#<User id: 2, email: "bob@example.com">
---
daveのレコードを作成
#<User id: 4, email: "dave@example.com">
---
daveのemailを更新
#<User id: 4, email: "dave@new.example.com">
---
総ユーザ数: 4
daveの削除
総ユーザ数: 3
```

272 Redisを使いたい

> **Syntax**

- **Redisサーバーへの接続のオープン**

```
Redis.new(host: 'Redisサーバーのホスト名', db: DB番号)
```

- **キーと値の保存**

```
redis.set('キーの名前', '値')
```

- **値の取得**

```
redis.get('キーの名前')
```

※ require 'redis'が必要
※ redisはRedisクラスのオブジェクト

　Redisはキーとそれにひも付く値を保存、取得できるキーバリューストア（KVS）の1つです。データを
メモリ上に持つインメモリデータストアなので、高速にキーの保存や取得が可能です。保存できる値として、
文字列、リスト、集合、ハッシュテーブル、ソート済み集合の計5種類のデータ型をサポートしています。
　Redisは、多くの場合、集計済みデータやWebアプリケーションが扱うセッション、キャッシュ、ジョ
ブキューなど、永続的に保存する必要がなく、高速に取得したいデータを保存するときに利用されます。

■ redis gemをインストールする

　RubyでRedisを使いたいときはredis gem（https://github.com/redis/redis-rb）を使います。
次のコマンドでredis gemをインストールします。

```
$ gem install redis -v 5.0.6
```

■ Redisに文字列を保存する

　Redisに文字列を保存するには**set**を使います。これはRedisのコマンド**SET**に対応します。また、
保存したキーに紐づく値を取得するには**get**を使います。これはRedisのコマンド**GET**に対応します。
　次のサンプルコードでは、**set**で**"hello"**というキーに紐づく文字列**"world"**をRedisに保存し、
getでキー **"hello"**の値を取得しています。

■ samples/chapter-19/272.rb

```ruby
require 'redis'

redis = Redis.new(host: 'localhost')
redis.set("hello", "world")
p redis.get("hello")
```

▼ 実行結果

```
"world"
```

■ Redisにリストを保存する

　Redisは文字列以外のデータ構造もサポートしています。たとえば、リストを扱うときは、**RPUSH**でリスト末尾に要素を追加したり、**LRANGE**でリストのインデックスを指定して要素を取得したりできます。
　次のサンプルコードでは、**rpush**で**"queue"**というキーにリストの要素として**"foo"**と**"bar"**を末尾に追加したあと、**lpop**でリストの先頭から要素を取り出すことで、**"queue"**というリストをキューとして扱っています。

■ samples/chapter-19/272.rb

```ruby
require 'redis'

redis = Redis.new(host: 'localhost')
redis.rpush("queue", "foo")
redis.rpush("queue", "bar")
p redis.lpop("queue")
p redis.lpop("queue")
```

▼ 実行結果

```
"foo"
"bar"
```

273 RedisにJSONを保存したい

> **Syntax**

● **JSONの保存**

```
redis.set('キーの名前', JSON.dump(ハッシュ))
```

● **JSONの復元**

```
JSON.parse(redis.get('キーの名前'))
```

※ require 'json'、require 'redis'が必要
※ redisはRedisクラスのオブジェクト

　JSONは文字列で表現できるので、Redisに保存できます。よって、RubyのハッシュをJSONとしてRedisに保存したいときは、**JSON.dump**でハッシュをJSON文字列に変換します。また、Redisから**get**で取得したJSON文字列を**JSON.parse**でハッシュに変換することで、Redisに保存したJSONを再びハッシュとして扱うことができます。

　次のサンプルコードでは、住所データのハッシュをJSONとしてRedisに保存して、そのあとRedisからJSONを取得してハッシュに復元しています。

■ **samples/chapter-19/273.rb**

```ruby
require 'json'
require 'redis'

h = [
  {"id" => 1, "name" => "桜丘町", "postal" => "150-0031"},
  {"id" => 2, "name" => "市谷左内町", "postal" => "162-0864"}
]
redis = Redis.new(host: 'localhost')
redis.set("addresses", JSON.dump(h))
p JSON.parse(redis.get("addresses"))
```

▼ **実行結果**

```
[{"id"=>1, "name"=>"桜丘町", "postal"=>"150-0031"}, {"id"=>2,
"name"=>"市谷左内町", "postal"=>"162-0864"}]
```

598

274 RedisにRubyオブジェクトを保存したい

Syntax

● **オブジェクトの保存**

```
redis.set('キーの名前', Marshal.dump(オブジェクト))
```

● **オブジェクトの復元**

```
Marshal.load(redis.get('キーの名前'))
```

※ require 'redis'が必要
※ redisはRedisクラスのオブジェクト

　Rubyのオブジェクトは`Marshal.dump`を使うと文字列として表現できます（これをシリアライズといいます）。よって、RubyのオブジェクトをRedisに保存したいときは、オブジェクトを`Marshal.dump`で文字列に変換すれば可能です。また、Redisから`get`で取得した文字列を`Marshal.load`でオブジェクトに変換することで、保存した文字列を再びオブジェクトとして扱うことができます。

　次のサンプルコードでは、`Foo`クラスのオブジェクトをシリアライズしてからRedisに保存したあと、シリアライズしたデータをRedisから取得してオブジェクトとして復元しています。

■ **samples/chapter-19/274.rb**

```ruby
require 'redis'

class Foo
  attr_accessor :bar, :baz

  def initialize(bar, baz)
    @bar, @baz = bar, baz
  end
end

foo = Foo.new("hi", "ho")
redis = Redis.new(host: 'localhost')
redis.set("foo", Marshal.dump(foo))
p Marshal.load(redis.get("foo"))
```

▼ **実行結果**

```
#<Foo:0x0000000105a155a8 @bar="hi", @baz="ho">
```

Webから情報を
取得する

Chapter

20

275 WebサイトからHTMLを取得したい（スクレイピングしたい）

> **Syntax**

● **net/httpライブラリでHTMLを取得する**

```
Net::HTTP.get(URI.parse('URL'))
```

※ require 'net/http'が必要

● **NokogiriでHTMLをパースする**

```
Nokogiri::HTML5('HTML文字列')
```

※ require 'nokogiri'が必要

　WebサイトからHTMLを取得したいときは、net/httpのようなHTTPクライアントライブラリを使用します。`require`でnet/httpライブラリを読み込んだ後、**Net::HTTP.get**メソッドにURIオブジェクトを渡すことでHTMLを取得できます。このとき取得できるHTMLは単なる文字列の状態です。HTMLの特定のタグを取り出すなどの抽出／加工処理（いわゆるスクレイピング）を文字列クラスのメソッドのみで行うのは難しいため、そのような処理が必要な場合はHTML／XMLパーサーライブラリを併用すると便利です。

　RubyのHTML／XMLパーサーライブラリとしては、Nokogiri（https://github.com/sparklemotion/nokogiri）が有名です。Nokogiriはgemとしてインストールできます。

```
$ gem install nokogiri -v 1.17.6
```

　サンプルコードではnet/httpとNokogiriを用いて、RubyのWebサイトから情報を取得しています。**Nokogiri::HTML5**メソッドに引数として文字列を渡すと、それがHTMLとしてパースされて、HTMLに対するさまざまな操作が行える**Nokogiri::HTML5::Document**クラスのインスタンスが作成されます。

　次のサンプルコードでは、作成したインスタンスに対してメソッドを呼び出し、**title**タグと、**h1**タグのうち最初に登場する要素の内容を取得しています。なお、特定のタグを取り出す方法については「 277 HTML／XMLの特定のタグを取り出したい」で詳しく解説します。

■ samples/chapter-20/275.rb

```ruby
require 'net/http'
require 'nokogiri'

response = Net::HTTP.get(URI.parse('https://www.ruby-lang.org/ja/'))
doc = Nokogiri::HTML5(response)
# titleタグの内容を取得する
puts doc.title
# h1タグのうち最初に登場する要素の内容を取得する
puts doc.css('h1').first.text
```

▼ 実行結果

```
オブジェクト指向スクリプト言語 Ruby
Ruby
```

※ Webサイトの更新により結果が変わる可能性がある

(関連項目)

▶▶277 HTML／XMLの特定のタグを取り出したい

276 WebサイトからRSSを取得したい

Syntax

● **net/httpライブラリでRSSを取得する**

```
Net::HTTP.get(URI.parse('URL'))
```

※ require 'net/http'が必要

● **rssライブラリでRSSをパースする**

```
RSS::Parser.parse('RSS文字列')
```

※ require 'rss'が必要

RSSはWebサイトの更新情報を配信するためのデータ形式の1つです。単にRSSと呼ぶ場合はこのようなデータ形式の総称を指すことが多く、本書でもその意味で利用しますが、具体的な仕様としてはRSS 1.0、RSS 2.0、Atom 1.0などがあります。これらのデータ形式はいずれもXMLをベースとしていて、XMLパーサーでパースできます。そのため「▶▶275 WebサイトからHTMLを取得したい（スクレイピングしたい）」で紹介したNokogiriでもRSSをパースして処理できます。しかし、RSSの処理に特化した専用のRSSパーサーライブラリを利用した方が便利です。

Rubyには、次の機能を備えたRSSを扱うためのrssライブラリが標準添付されています。

▶ **RSSをパースしてRubyのオブジェクトに変換する（指定した要素の取り出し、配列構造の要素のeachメソッドでの繰り返し処理などが可能）**

▶ **指定した形式でRSSを作成する**

▶ **RSSの各形式（RSS 1.0、RSS 2.0、Atom 1.0）の間で変換する**

▬ WebサイトからRSSを取得する

次のサンプルコードでは、net/httpとrssライブラリを用いて、RubyのWebサイトのRSSを取得しています。

RSS::Parser.parseメソッドに引数として文字列を渡すと、それがRSSとしてパースされ、さまざまな操作が行えるようになります。データ形式によって作成されるオブジェクトは異なり、RSS 1.0では**RSS::RDF**クラス、RSS 2.0では**RSS::Rss**クラス、Atom 1.0では**RSS::Atom::Feed**クラスとなります。本書執筆時点でのRubyのWebサイトのRSSはRSS 2.0形式のため、今回は**RSS::Rss**クラスのインスタンスが作成されます。

作成したインスタンスでは、RSSに含まれる各要素をRubyのメソッドで参照できるようになっています。たとえば**channel**メソッドを呼ぶことで**channel**要素の内容が、**title**メソッドを呼ぶことで**channel**要素の子要素である**title**要素の内容が取得できます。ここでは、さらに**items**メソッド

でitem要素（個別の記事を表す要素）を取得し、eachメソッドでループすることで、各記事のタイトルを出力しています。

■ samples/chapter-20/276.rb

```ruby
require 'net/http'
require 'rss'

response = Net::HTTP.get(URI.parse('https://www.ruby-lang.org/ja/feeds/news.rss'))
feed = RSS::Parser.parse(response)
# RSSのタイトルを取得する
puts feed.channel.title
# 各記事のタイトルを出力する
feed.channel.items.each do |item|
  puts item.title
end
```

▼ 実行結果

```
ruby-langの最新ニュース
Ruby 3.3.0-preview1 リリース
Ruby 3.2.2 リリース
Ruby 3.1.4 リリース
Ruby 3.0.6 リリース
Ruby 2.7.8 リリース
CVE-2023-28756: Time における ReDoS 脆弱性について
CVE-2023-28755: URI における ReDoS 脆弱性について
Ruby 3.2.1 リリース
Ruby 3.2.0 リリース
Ruby 3.2.0 RC 1 リリース
```

※ Webサイトの更新により結果が変わる可能性がある

（ 関連項目 ）

▶▶275 WebサイトからHTMLを取得したい（スクレイピングしたい）

277 HTML／XMLの特定のタグを取り出したい

Syntax

- **NokogiriでHTMLをパース**

```
html = Nokogiri::HTML5('HTML文字列')
```

- **CSSセレクターにマッチする要素をすべて取得**

```
html.css('CSSセレクター')
```

- **CSSセレクターにマッチする要素のうち最初の1件を取得**

```
html.at_css('CSSセレクター')
```

- **XPathにマッチする要素をすべて取得**

```
html.xpath('XPath')
```

- **XPathにマッチする要素のうち最初の1件を取得**

```
html.at_xpath('XPath')
```

※ require 'nokogiri'が必要
※ htmlはNokogiri::HTML5::Documentのオブジェクト

　HTML／XMLの特定のタグを取り出すには、取り出したい要素を明確に指定するための構文が必要です。現在、広く使われているものとしては、CSSセレクターとXPath（XML Path Language）があります。

　CSSセレクターはその名のとおり、CSSにおいて一連のCSSのルールが適用される要素を指定するための構文です。たとえば次のようなCSSを書くと、「postという**class**属性を持つ**div**要素の子孫である**h2**要素」を対象に、フォントサイズが20pxになります。

```
# CSSセレクターによる要素の指定
div.post h2 {
    font-size: 20px;
}
```

XPathはXMLの特定の要素を指し示すための構文ですが、HTMLでも利用可能です。先ほどの
CSSセレクターの例をXPathで書き直すと次のようになります。

```
# XPathによる要素の指定
//div[@class="post"]//h2
```

CSSセレクターとXPathの主な構文を以下に示します。

● **CSSセレクターとXPathの主な構文**

抽出対象	CSSセレクター	XPath
すべての要素	*	//*
A要素	A	//A
idがAである要素	#A	//*[@id="A"]
classがAであるすべての要素	.A	//*[@class="A"]
classがBであるA要素	A.B	//A[@class="B"]
B属性を持つA要素	A[B]	//A[@B]
B属性の値がCであるA要素	A[B="C"]	//A[@B="C"]
A要素の子孫であるB要素	A B	//A//B
A要素の直接の子であるB要素	A > B	//A/B
ルート要素の直接の子であるA要素	:root > A	/A
N番目のA要素	A:nth-of-type(N)	//A[N]
A要素またはB要素	A, B	//A | //B
A要素の親要素		//A/..
A要素のB属性の値を抽出		//A/@B

CSSセレクターは**class**や**id**属性を用いた参照を簡潔に記述可能で、CSSやJavaScriptをすで
に学んでいれば使い慣れた構文を利用できます。一方で、XPathはHTML／XMLを木構造のように

607

参照するのが得意で、「ある要素の子要素／親要素を1つずつたどる」「n番目の要素を参照する」など
を簡潔に記述できます。XPathでは属性値の抽出も行えますし、さらに定義されている関数を用いた複
雑な操作も可能です。通常のWebサイトのHTMLであればCSSセレクターを使い、CSSセレクターでは
対応できない複雑な構文や、設定ファイルや外部APIなどのXMLを処理したいときにはXPathを利用
するとよいでしょう。

HTML ／ XMLの特定のタグを取り出す

　ここではHTML ／ XMLパーサーライブラリとしてNokogiriを使用します。NokogiriではCSSセレク
ターとXPathの両方に対応しており、これらを用いて特定の要素の抽出が行えます。Nokogiriのインス
トール方法は ▶▶275 を参照してください。

　サンプルコードではnet/httpとNokogiriを用いて、RubyのWebサイトから情報を取得しています。
特定のCSSセレクターにマッチする要素をすべて取得するには、**css**メソッドを呼び出し、引数に文字
列でCSSセレクターを指定します。また、**at_css**メソッドを使用すると、CSSセレクターにマッチする
要素のうち最初の1件だけを取得します。一方、特定のXPathにマッチする要素をすべて取得するには、
xpathメソッドを呼び出し、引数に文字列でXPathを指定します。こちらも、XPathにマッチする要素
のうち最初の1件だけを取得する**at_xpath**メソッドが用意されています。

■ **samples/chapter-20/277.rb**

```ruby
require 'net/http'
require 'nokogiri'

response = Net::HTTP.get(URI.parse('https://www.ruby-lang.org/
ja/'))
doc = Nokogiri::HTML5(response)

# idがintroであるdiv要素の子孫であるh1タグのうち、
# 最初に登場する要素のテキストを取得する
# これらはすべて同様の結果になる
puts doc.css('div#intro h1').first.text
puts doc.at_css('div#intro h1').text
puts doc.xpath('//div[@id="intro"]//h1').first.text
puts doc.at_xpath('//div[@id="intro"]//h1').text

# classがsite-linksである要素の子孫で、3番目のa要素のhref属性を取得する
```

608

277

HTML／XMLの特定のタグを取り出したい

```
puts doc.at_css('.site-links a:nth-of-type(3)').attr('href')
puts doc.at_xpath('//*[@class="site-links"]//a[3]/@href').value
```

▼ 実行結果

```
Rubyとは...
Rubyとは...
Rubyとは...
Rubyとは...
/ja/documentation/
/ja/documentation/
```

※ Webサイトの更新により結果が変わる可能性がある

CSSセレクターとXPathには、ほかにもさまざまな構文が用意されています。詳しくは次のドキュメントを参照してください。

https://developer.mozilla.org/ja/docs/Web/CSS/CSS_Selectors
https://developer.mozilla.org/ja/docs/Web/XPath

（ 関連項目 ）

▶▶275 WebサイトからHTMLを取得したい（スクレイピングしたい）

Chap 20 Webから情報を取得する

278 HTML／XMLのimgタグに指定されている画像をダウンロードしたい

Syntax

● HTML／XMLのimgタグの画像をダウンロード

```
# NokogiriでHTMLをパースする
html = Nokogiri::HTML5('HTML文字列')

# src属性が存在するimgタグを抽出する
html.css('img[src]').each do |ブロックパラメータ|
  # src属性に指定されている画像をダウンロードする
  image = Net::HTTP.get(URI.parse(ブロックパラメータ.attr('src')))
  File.binwrite('ファイル名', image)
end
```

※ require 'net/http'とrequire 'nokogiri'が必要
※ htmlはNokogiri::HTML5::Documentのオブジェクト

　HTML／XMLのimgタグに指定されている画像をダウンロードしたいときは、WebサイトからのHTMLの取得（ ▶▶275 ）と、特定のタグの抽出（ ▶▶277 ）を組み合わせます。一般に画像のURLはimgタグのsrc属性に入っています。そこでCSSセレクターまたはXPathを用いて、src属性を持っているimgタグを取り出します。CSSセレクターではimg[src]、XPathでは//img[@src]となります。

　昨今のWebページでは、解像度や画面のサイズに応じて表示する画像を変更するために、srcset属性に値が指定されている場合もあります。srcset属性では複数の要素がカンマ区切りで指定されているため、srcset属性にある画像をダウンロードしたいときは文字列処理が必要になります。「277 HTML／XMLの特定のタグを取り出したい」を参考にして、対象のWebサイトに応じて適宜構文を変更してください。

■ HTML／XMLのimgタグに指定されている画像をダウンロードする

　サンプルコードでは、Wikimedia Commonsで「Ruby」というキーワードで検索した結果のHTMLを取得し、その中からimgタグに指定されている画像をダウンロードしています。具体的には、まず、HTMLを取得してNokogiriでパースした後、ダウンロードしたい範囲のimgタグをCSSセレクターやXPathで指定します。今回はclass属性がsdms-search-resultsである要素の子孫である、src属性を持ったimgタグを抽出しました。指定されているURLは相対パスであったりスペースが含まれている可能性もあるため、いくつか前処理をしてからNet::HTTP.getでダウンロードします。

　このとき、URI.parseやNet::HTTP.getで例外が発生しても処理を続けられるように、begin～rescueで囲んでいることに注意してください。例外が発生したらエラーの内容を出力した上で、nextを用いてスキップし、次の要素に進みます。

　最後にFile.binwriteでファイルをバイナリモードで開いて保存しています。Windowsの場合、

610

ファイルへ書き込むときに改行コードを自動的に変換して保存するテキストモードと、変換しないバイナリモードの2つのモードがあり、テキストモードのままバイナリデータを保存しようとすると、バイナリ内に改行文字と同じバイト列が含まれていたときに自動的に変換され、ファイルが壊れてしまう可能性があります。モード指定はWindowsにしか影響しませんが、Windowsへの移植性を高めるため、バイナリデータを書き込む際はバイナリモードを利用するようにしましょう。

■ samples/chapter-20/278/sample.rb

```ruby
require 'net/http'
require 'nokogiri'

# ダウンロードファイルを保存するディレクトリを作成する
download_dir = 'images'
Dir.mkdir(download_dir) unless Dir.exist?(download_dir)
# ダウンロードディレクトリに移動する
Dir.chdir(download_dir) do
  # Wikimedia Commonsで「Ruby」というキーワードで検索した結果のURL
  url = URI.parse('https://commons.wikimedia.org/w/index.php?
search=Ruby&title=Special:MediaSearch&go=Go&type=image')
  doc = Nokogiri::HTML5(Net::HTTP.get(url))

  # class属性がsdms-search-resultsである要素の子孫である、
    # src属性を持ったimgタグを抽出する
  doc.css('.sdms-search-results img[src]').each do |element|
    begin
      # URLにスペースが含まれているとURI.parseでエラーになるため、+に置換
      image_url = URI.parse(element.attr('src').gsub(' ', '+'))
      # URLが相対パスの場合、元のWebサイトのURLに連結する
      unless image_url.absolute?
        image_url = url + image_url
      end

      puts "ダウンロード中: #{image_url}"
      image = Net::HTTP.get(image_url)
    rescue => e
      # URI.parseやNet::HTTP.getで例外が発生したらスキップして次に進む
```

611

278 HTML／XMLのimgタグに指定されている画像をダウンロードしたい

```ruby
      puts "ダウンロードに失敗しました：#{e.message}"
      next
    end

    # URLの一番最後にある/以降の部分をファイル名とする
    filename = File.basename(image_url.path)
    # ファイルをバイナリモードで開いて保存する
    File.binwrite(filename, image)
    puts "保存完了：#{filename}"
  end
end
```

▼ 実行結果

```
ダウンロード中：https://upload.wikimedia.org/wikipedia/commons/
thumb/7/73/Ruby_logo.svg/180px-Ruby_logo.svg.png
保存完了：180px-Ruby_logo.svg.png
...省略...
```

※ Webサイトの更新により結果が変わる可能性がある

Column

 画像をダウンロードするときは負荷に注意

　上記のサンプルコードでは、Wikimedia Commonsの検索結果ページから、サイズの小さいサムネイル画像をダウンロードするようにしています。高解像度の画像をダウンロードしたり、Webクローラーのように複数のページをたどって順次画像をダウンロードする際は、接続先のWebサイトに負荷がかからないよう十分注意して実行しましょう。
　たとえば、試行回数を抑制する、ダウンロードを並行処理で行わない（または同時実行数を制限する）、連続でダウンロードするときは時間を空けて実行するなどの方法があります。

■ 関連項目
▶▶275　WebサイトからHTMLを取得したい（スクレイピングしたい）
▶▶277　HTML／XMLの特定のタグを取り出したい

279 URL文字列を編集したい

Syntax

● **URLのオブジェクトの作成**

```
URI.parse(URL文字列)
```

● **URLのクエリパラメータ文字列の作成**

```
URI.encode_www_form(ハッシュ)
```

● **クエリパラメータ、フラグメントの設定**

```
u.query = クエリパラメータ
u.fragment = フラグメント
```

● **URL文字列に変換**

```
u.to_s
```

※ require 'uri'が必要
※ uはURIのオブジェクト

　URL文字列はuriライブラリが提供する**URI**モジュールを用いて編集できます。
　`URI.parse`を使うと、URL文字列からURLのオブジェクトを作成できます。このオブジェクトを通じて、URLの各部分を取り出したり、値を設定したりできます。

● **URL文字列の取得／設定メソッド**

メソッド名	機能
scheme、scheme=	`https`などのスキームの取得と設定
host、host=	`www.example.com`などのホストの取得と設定
path、path=	`/index.html`などのパスの取得と設定
query、query=	`key=value`などのクエリパラメータの取得と設定
fragment、fragment=	`#fragment`などのフラグメントの取得と設定

279

URL文字列を編集したい

また、URIモジュールには、ハッシュをクエリパラメータ文字列に変換したり、その逆を実行できる特異メソッドが定義されています。

● 配列／ハッシュとクエリパラメータの変換メソッド

メソッド名	機能
encode_www_form	キーと値のペアの配列やハッシュをクエリパラメータ文字列に変換
decode_www_form	クエリパラメータ文字列をキーと値のペアの配列に変換

次のサンプルコードでは、URL文字列からオブジェクトを作成し、ハッシュをクエリパラメータ文字列に変換したものとフラグメント文字列を設定した後、URL文字列に戻しています。

■ samples/chapter-20/279.rb

```ruby
require 'uri'

u = URI.parse('https://www.example.com/')

u.query = URI.encode_www_form({ key: 'value', num: 10 })
u.fragment = "foo"

puts u.to_s
```

▼ 実行結果

```
https://www.example.com/?key=value&num=10#foo
```

280 公開されているWeb APIを利用したい

Syntax

● **公開されているWeb API（レスポンスはJSON）を利用する**

```
response = Net::HTTP.get('APIのURL')
JSON.parse(response)
結果のハッシュを用いた処理
```

※ require 'net/http'とrequire 'json'が必要

　公開されているWeb APIをRubyから利用したいときは、HTTPクライアントライブラリとレスポンスの形式に応じたパーサーライブラリを組み合わせます。RubyにはHTTPクライアントライブラリとしてnet/httpが同梱されています。ほかのgemではFaradayやTyphoeusなどが有名です。

　パーサーライブラリとしては、json（JSONパーサー）（▶▶238）とrexml（XMLパーサー）が同梱されています。ほかにも、JSONパーサーとしてはOj、XMLパーサーとしてはNokogiri（▶▶275）などが存在します。これらのHTTPクライアントライブラリとパーサーライブラリを組み合わせることで、Web APIから情報を取得できます。

■ 公開されているWeb APIを利用する

　ここでは例としてGitHubのREST API[注1]にアクセスしてみます。このAPIにはHTTPでリクエストし、APIはJSONをレスポンスするので、次のような流れとなります。

▶ **net/httpでAPIのURLにリクエストする**
▶ **レスポンスボディをjsonライブラリでパースする**
▶ **返り値のハッシュにアクセスし、情報を取得する**

　サンプルコードでは、RubyのGitHubリポジトリのPull Requestのうち、直近でマージされたものを取得し、タイトルなどの要約をMarkdown形式で出力しています。

注1　https://docs.github.com/ja/rest

615

■ samples/chapter-20/280.rb

```ruby
require 'net/http'
require 'json'
require 'time'

repo = 'ruby/ruby'
api_url = URI.parse("https://api.github.com/repos/#{repo}/pulls")
# クエリ文字列でオプションを指定する
# クローズされているものを、更新日時の降順でソートし、50件取得
api_url.query = 'state=closed&sort=updated&direction=desc&per_
page=50'
response = Net::HTTP.get(api_url)
JSON.parse(response)
  # クローズされたPull Requestはマージされていないものも含むため、マージ時刻が
存在するもののみを抽出する
  .select { |pr| pr['merged_at'] }
  .each { |pr|
    puts <<~EOS
      # [#{pr['title']}](#{pr['html_url']})
      ##{pr['number']} by #{pr['user']['login']} merged at
#{Time.parse(pr['merged_at']).strftime('%Y-%m-%d %H:%M')}
      > #{pr['body'] ? pr['body'].split(/\R/).first : 'No
description provided.'}

    EOS
  }
```

280

公開されているWeb APIを利用したい

▼ 実行結果

```
# [Don't install bundled gems for test-bundled-gems and test-
syntax-suggest](https://github.com/ruby/ruby/pull/7937)
#7937 by hsbt merged at 2023-06-13 10:49
> We should reduce installation files for testing.

# [Fix test-bundled-gems for Ruby 3.2](https://github.com/ruby/
ruby/pull/7934)
#7934 by hsbt merged at 2023-06-13 05:01
> No description provided.
...(省略)...
```

■ APIクライアントライブラリを利用する

ここまではnet/httpと各種データ形式のパーサを用いてデータの取得とパースを行っていましたが、主要なWeb APIであればすでにAPIクライアントライブラリがリリースされていることも少なくありません。

APIクライアントとは、上記のサンプルコードにあるようなHTTPリクエストとレスポンスのパースを一手に引き受け、メソッドの形でAPIを簡単に呼び出せるようにしたライブラリのことです。

GitHubのAPIクライアントとしてはOctokit (https://github.com/octokit/octokit.rb) が有名です。Octokitはgemとしてインストールできます。

```
$ gem install octokit -v 9.1.0
```

先ほどのサンプルコードをOctokitを用いて書き直したものを次に示します。`Octokit::Client.new`でインスタンスを作成し、`pull_requests`メソッドを呼び出すと指定したリポジトリのPull Requestを取得できます。リクエストパラメータをRubyのキーワード引数で指定できるのに加え、レスポンスも`pr.title`のようにメソッドの形式でアクセス可能で、使い勝手が向上しています。

Chap.**20** Webから情報を取得する

617

280

公開されているWeb APIを利用したい

■ samples/chapter-20/280.rb

```ruby
require 'octokit'

repo = 'ruby/ruby'
client = Octokit::Client.new
client
  .pull_requests(repo, state: 'closed', sort: 'updated',
direction: 'desc', per_page: 50)
  .select { |pr| pr.merged_at? }
  .each { |pr|
    puts <<~EOS
      # [#{pr.title}](#{pr.html_url})
      ##{pr.number} by #{pr.user.login} merged at #{pr.merged_
at.strftime('%Y-%m-%d %H:%M')}
      > #{pr.body? ? pr.body.split(/\R/).first : 'No description
provided.'}

    EOS
  }
```

このように、APIクライアントを用いればWeb APIを利用するプログラムを簡潔に書けます。ドキュメントの充実度やメンテナンスが続いているかなどを確認した上で、適切なAPIクライアントを採用できればより便利に開発を進められます。

（ 関連項目 ）

▶▶238 JSONを読み込んでRubyで扱いたい
▶▶275 WebサイトからHTMLを取得したい（スクレイピングしたい）

基本的な
Webアプリケーションの
機能を実現する

Chapter

21

281 簡単なWebアプリケーションを作りたい

> **Syntax**
>
> ● HTTPサーバーを起動
>
> ```
> $ rackup Rack設定ファイル
> ```

　RubyでWebアプリケーションを作りたいときは、Rack（https://github.com/rack/rack）を利用するのが一般的です。Rackとは、RubyでWebアプリケーションを作成するためのインタフェース仕様と、それを実現するためのgemのことです。RackではHTTPリクエストとレスポンスが簡単なインタフェースで抽象化されており、この仕様に沿って実装されたWebアプリケーションはRackアプリケーションと呼ばれます。Rackアプリケーションであれば、WEBrick、Puma、UnicornといったRack対応のサーバーのいずれでも動作します。

　このような利点があるため、Ruby on RailsをはじめとしたRubyのWebアプリケーションフレームワークの多くは、Rackをベースにして開発されています。本章では、Webアプリケーションフレームワークを使わず、Rackのみを用いて簡単なWebアプリケーションを作成する方法を説明します。

■ 簡単なRackアプリケーションを作る

　Rackは**gem**コマンドを用いてインストールします。ここでは、Rackに加えて、Rackアプリケーションを起動するための**rackup**コマンドと、Rack対応のサーバーであるWEBrick（https://github.com/ruby/webrick）もインストールします。

```
$ gem install rack -v 3.0.11
$ gem install rackup -v 2.1.0
$ gem install webrick -v 1.8.1
```

　rackupコマンドに引数として設定ファイルを渡すと、その設定に基づいたHTTPサーバーが起動します。

　設定ファイルのデフォルト名は**config.ru**です。現在のディレクトリに**config.ru**がある場合、**rackup**コマンドの引数は省略できます。

■ samples/chapter-21/281/config.ru

```ruby
require 'rack'
require_relative 'sample_app'

run SampleApp.new
```

runメソッドはRackが提供する構文(DSL)の1つであり、引数として起動したいRackアプリケーション(Rubyのオブジェクト)を指定します。なお、`require_relative`は現在のファイルからの相対パスでRubyファイルを読み込むためのメソッドです。`require_relative 'sample_app'`とすると、同じディレクトリにある`sample_app.rb`が読み込まれます。

この`sample_app.rb`にRackアプリケーションを実装します。Rackアプリケーションは次の3つの規約に基づいた、単なるRubyのオブジェクトです。

1. `call`という名前のメソッドを持つオブジェクトである
2. `call`メソッドの引数として、リクエストの内容をハッシュで受け取る
3. `call`メソッドの返り値は配列であり、ステータスコード(整数)、レスポンスヘッダー(ハッシュ)、レスポンスボディ(配列)の順で格納する

■ samples/chapter-21/281/sample_app.rb

```ruby
class SampleApp
  def call(env)
    [200, {'content-type' => 'text/plain'}, ['Hello, Rack!!']]
  end
end
```

今回はSampleAppクラスのインスタンスメソッドとして`call`メソッドを実装したので、`config.ru`では`SampleApp.new`でインスタンスを作成して`run`メソッドに渡しています。

■ サーバーを起動する

本章では`curl`コマンド(https://curl.se/)を用いてHTTPリクエストを送信します。お使いのOSのパッケージマネージャーを利用し、`curl`をインストールしてください。

`rackup`コマンドを実行すると、デフォルトでは9292番ポートを使ってサーバーが起動します。使用するポートは-pオプションで変更できます。

その後、curlコマンドでhttp://localhost:9292/にアクセスします。次のように、実装したとおり「`Hello, Rack!!`」というテキストが返ってくることが確認できます。

```
$ rackup config.ru
[2023-07-04 12:03:57] INFO  WEBrick 1.8.1
[2023-07-04 12:03:57] INFO  ruby 3.2.2 (2023-03-30) [arm64-
darwin22]
[2023-07-04 12:03:57] INFO  WEBrick::HTTPServer#start: pid=91412
port=9292
127.0.0.1 - - [04/Jul/2023:12:04:47 +0900] "GET / HTTP/1.1" 200
13 0.0042
```

```
# rackup config.ruでサーバーを起動後、別のターミナル画面で実行する
$ curl http://localhost:9292/
Hello, Rack!!
```

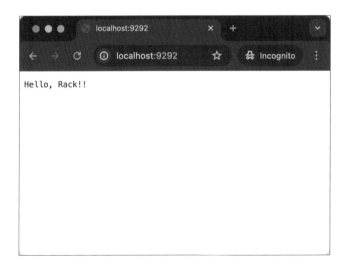

簡単なWebアプリケーションを作りたい

Column

 Ruby on RailsとRack

Ruby on RailsもRackをベースにして構築されたWebアプリケーションフレームワークです。`rails new`コマンドで作成したRailsアプリケーションには`config.ru`ファイルが存在します。その内容は次のようになっており、Railsでは`run`メソッドに`Rails.application`を渡してサーバーを起動していることがわかります。

```
require_relative "config/environment"

run Rails.application
Rails.application.load_server
```

Railsでは通常`rails server`コマンドでサーバーを起動しますが、次のように`rackup`コマンドでも起動できてしまいます。

```
$ rackup config.ru
Puma starting in single mode...
* Puma version: 5.6.6 (ruby 3.2.2-p53) ("Birdie's Version")
*  Min threads: 5
*  Max threads: 5
*  Environment: development
*          PID: 94326
* Listening on http://127.0.0.1:9292
* Listening on http://[::1]:9292
Use Ctrl-C to sto
```

このように、RailsアプリケーションはまさにRackアプリケーションでもあります。Rackアプリケーションへの理解を深めると、Railsもより深く理解できることでしょう。

282 URLのクエリ文字列 (URLパラメータ) を扱いたい

Syntax

● **Rack::Requestを用いてクエリ文字列を処理**

```
class クラス名
  def call(env)
    変数 = Rack::Request.new(env)
    変数.params['クエリ文字列']
  end
end
```

Rackアプリケーションは**call**メソッドの引数としてリクエストの内容を受け取ります。これをRack environmentと呼びます。引数名を**env**としたとき、クエリ文字列は**env['QUERY_STRING']**に格納されています。ここには**foo=bar&baz=qux**のように、クエリ文字列の**?**以降の文字列がそのまま入っているため、実際に利用するには**=**や**&**で分割して値を取り出す一手間が必要になります。

■ Rack::Requestでクエリ文字列を扱う

Rack::Requestを利用するとクエリ文字列を便利に扱えます。**Rack::Request.new**の引数としてRack environmentを渡すと、Rack environmentをラップして便利なインタフェースを提供してくれるRack::Requestオブジェクトが作成されます。クエリ文字列はRack::QueryParserにより自動的にパースされ、**Rack::Request#params**メソッドでハッシュとして取り扱えます。ハッシュのため**[]**で値を取り出したり、**each**や**map**などの便利なメソッドを利用できます。

■ **samples/chapter-21/282/config.ru**

```
require 'rack'
require_relative 'sample_app'

run SampleApp.new
```

■ samples/chapter-21/282/sample_app.rb

```ruby
class SampleApp
  def call(env)
    request = Rack::Request.new(env)
    body = <<~EOS
      env['QUERY_STRING']: #{env['QUERY_STRING']}
      request.params['ruby']: #{request.params['ruby']}
      request.params['rails']: #{request.params['rails']}
    EOS

    [200, {'content-type' => 'text/plain'}, [body]]
  end
end
```

rackupコマンドでサーバーを起動し、curlコマンドでクエリ文字列を追加したURL（次の例では http://localhost:9292/?ruby=matz&rails=dhh）にアクセスします。リクエストしたクエリ文字列がレスポンスに表示されていることが確認できます。

```
$ rackup config.ru
[2023-07-04 12:37:32] INFO  WEBrick 1.8.1
[2023-07-04 12:37:32] INFO  ruby 3.2.2 (2023-03-30) [arm64-
darwin22]
[2023-07-04 12:37:32] INFO  WEBrick::HTTPServer#start: pid=2569
port=9292
127.0.0.1 - - [04/Jul/2023:12:37:40 +0900] "GET
/?ruby=matz&rails=dhh HTTP/1.1" 200 99 0.0097
```

```
# rackup config.ruでサーバーを起動後、別のターミナル画面で実行する
$ curl 'http://localhost:9292/?ruby=matz&rails=dhh'
env['QUERY_STRING']: ruby=matz&rails=dhh
request.params['ruby']: matz
request.params['rails']: dhh
```

283 HTTPレスポンスの生成を簡単に行いたい

> Syntax

● **Rack::Responseを用いてレスポンスを生成**

```
class クラス名
  def call(env)
    変数 = Rack::Response.new(
      レスポンスボディ,
      ステータスコード,
      レスポンスヘッダー
    )
    変数.finish
  end
end
```

　RackにおけるHTTPレスポンス（**call**メソッドの返り値）は配列で作成し、「ステータスコード（整数）、レスポンスヘッダー（ハッシュ）、レスポンスボディ（配列）」の順で格納します。素朴に配列を使ってもかまいませんが、**Rack::Response**クラスを利用するとレスポンスの生成がより便利になります。

　Rack::Responseはレスポンスの生成を簡単に行うためのクラスで、**Rack::Response.new**メソッドの第1引数にレスポンスボディ、第2引数にステータスコード、第3引数にレスポンスヘッダーを取ります。**Rack::Response**オブジェクトを操作してレスポンスを構築し、最後に**Rack::Response#finish**メソッドを呼び出すと、実際のレスポンス（ステータスコード、レスポンスヘッダー、レスポンスボディの配列）が作成されます。

■ Rack::Responseを用いてレスポンスを生成する

　サンプルコードでは、**Rack::Request**（ ▶282 ）を用いて変数**text**にURLのパスに応じて異なる文字列を格納し、それを**Rack::Response.new**の引数として渡し、レスポンスを生成しています。

　なお、一部のレスポンスヘッダー（Content-TypeやCache-Controlなど）はメソッド呼び出しの形で設定できます。また、**add_header**メソッドを用いて任意のヘッダーを追加することもできます。

■ samples/chapter-21/283/config.ru

```ruby
require 'rack'
require_relative 'sample_app'

run SampleApp.new
```

■ samples/chapter-21/283/sample_app.rb

```ruby
class SampleApp
  def call(env)
    request = Rack::Request.new(env)
    text =
      if request.path == '/ja'
        'おはよう、Rack!!'
      else
        'Hello, Rack!!'
      end

    response = Rack::Response.new(
      text, 200, {'content-type' => 'text/plain'}
    )
    # メソッド呼び出しの形でCache-Controlを設定する
    response.cache_control = 'max-age=300'
    # 任意のヘッダーを追加する
    response.add_header 'x-test-header', 'foobar'
    # レスポンスを生成する
    response.finish
  end
end
```

　rackupコマンドでサーバーを起動し、curlコマンドでhttp://localhost:9292/にアクセスします。設定のとおり、URLのパスが/jaのときは日本語が、それ以外のときは英語のレスポンスが返ります。また、追加したCache-ControlとX-Test-Headerがレスポンスヘッダーに含まれていることも確認できます。

283

HTTPレスポンスの生成を簡単に行いたい

```
$ rackup config.ru
[2023-07-04 12:40:43] INFO  WEBrick 1.8.1
[2023-07-04 12:40:43] INFO  ruby 3.2.2 (2023-03-30) [arm64-
darwin22]
[2023-07-04 12:40:43] INFO  WEBrick::HTTPServer#start: pid=3786
port=9292
127.0.0.1 - - [04/Jul/2023:12:40:50 +0900] "GET / HTTP/1.1" 200
13 0.0081
127.0.0.1 - - [04/Jul/2023:12:40:55 +0900] "GET /ja HTTP/1.1" 200
21 0.0009
```

```
# rackup config.ru でサーバーを起動後、別のターミナル画面で実行する
$ curl -i http://localhost:9292/
HTTP/1.1 200 OK
Content-Type: text/plain
Cache-Control: max-age=300
X-Test-Header: foobar
Content-Length: 13
Server: WEBrick/1.8.1 (Ruby/3.2.2/2023-03-30)
Date: Tue, 04 Jul 2023 03:40:50 GMT
Connection: Keep-Alive

Hello, Rack!!

$ curl http://localhost:9292/ja
おはよう、Rack!!
```

関連項目

▶▶282 URLのクエリ文字列（URLパラメータ）を扱いたい

284 テンプレートを使って
レスポンスを返したい

Syntax

● テンプレートを使ってレスポンスを生成

```
変数 = ERB.new(
  File.read('テンプレートファイル'),
  trim_mode: '整形モード'
).result_with_hash(ハッシュ)
```

※ require 'erb'が必要

　Rackアプリケーションでテンプレートを使ってレスポンスを返したいときは「eRuby」を利用します。eRubyは任意のテキストにRubyスクリプトを埋め込むためのフォーマットです。プログラム内でeRubyテンプレートを読み込んでデータを流し込むことで、文字列を用いて組み立てるよりも簡単にHTMLやXMLなどのテキストデータが生成できます。

　eRubyテンプレートエンジンには実装がいくつかありますが、代表的なものはRubyに標準添付されているERBライブラリです。

　eRubyでは<% %>に囲まれた部分がテンプレート構文となり、Rubyの処理対象となります。主な構文は次のとおりです。

● eRubyで使用可能なテンプレート構文

構文	説明
<% 式 %>	式を実行する
<%= 式 %>	式を評価した結果を出力する
<%# コメント %>	コメント。結果には出力されない
<%%	<%そのものを出力する
%%>	<% %>内で%>を記述できる
<%- 式 %>	trim_modeが'-'のとき、行頭の空白文字を削除する。コメントでも利用可能
<% 式 -%>	trim_modeが'-'のとき、行末の改行を削除する。コメントでも利用可能

　<% %>で囲まれていない部分はそのまま出力されます。そのためeRubyは、HTMLに限らず、メールの文章などの任意のテキストデータの生成に利用できます。それに対してHamlやSlimなど、HTML／XMLの生成に特化したテンプレートエンジンも存在します。

ERBを用いてテキストを生成するには、**ERB.new**の第1引数にeRubyテンプレートを文字列として指定します。このとき、キーワード引数として**trim_mode**を指定すると、整形についての挙動を変更できます。**trim_mode**のデフォルトは**nil**であり、整形を行いません。**'-'**を指定すると、<%-と-%>によって、行頭の空白文字や行末の改行を削除できるようになります。

そして、テキストを生成するには、**ERB#result_with_hash**メソッドを、引数にハッシュを渡して呼び出します。このハッシュのキーは、変数名としてeRubyテンプレート内で参照できます。

■ eRubyテンプレートを使ってレスポンスを返す

次のサンプルコードでは、Rackアプリケーションのレスポンスを生成するためにeRubyを利用しています。ここでは、**ERB#result_with_hash**の引数として**name**、**ip**、**user_agent**の3つの要素を持つハッシュを渡しました。これをeRubyテンプレートの**index.html.erb**内で<%= %>を用いて出力します。

なお、サンプルコード内の**name**、**ip**、**user-agent**の表示箇所では**ERB::Util.h**メソッドを使用しています。HTMLにおいて外部から入力された内容を出力する際は、**ERB::Util.h**メソッドを用いてエスケープしないとXSS脆弱性を作り込んでしまいます。Ruby on RailsなどのWebアプリケーションフレームワークであれば自動的にエスケープしてくれる機能を持っていますが、ERBを単独で使う場合は自分で実施する必要があるため注意してください。最後に**Rack::Response**（ **▶▶283** ）を用いて、生成したHTMLを含んだレスポンスを返します。

■ samples/chapter-21/284/config.ru

```ruby
require 'rack'
require_relative 'sample_app'

run SampleApp.new
```

284

テンプレートを使ってレスポンスを返したい

■ samples/chapter-21/284/sample_app.rb

```ruby
require 'erb'

class SampleApp
  def call(env)
    request = Rack::Request.new(env)
    html = ERB.new(File.read('index.html.erb'), trim_mode: '-')
      .result_with_hash(
        name: request.params['name'],
        ip: request.ip,
        user_agent: request.user_agent
      )

    response = Rack::Response.new(html)
    response.content_type = 'text/html'
    response.finish
  end
end
```

■ samples/chapter-21/284/index.html.erb

```
<html>
  <head>
    <meta charset='utf-8'>
  </head>
  <body>
    <h1>Hello, <% if name %><%= ERB::Util.h name %><% else
%>Guest<% end %>!!</h1>
    <table>
      <tr><td>IPアドレス</td><td><%= ERB::Util.h ip %></td></tr>
      <tr><td>User-Agent</td><td><%= ERB::Util.h user_agent %>
        </td></tr>
    </table>
  </body>
</html>
```

```
$ rackup config.ru
[2023-07-04 14:01:31] INFO  WEBrick 1.8.1
[2023-07-04 14:01:31] INFO  ruby 3.2.2 (2023-03-30) [arm64-
darwin22]
[2023-07-04 14:01:31] INFO  WEBrick::HTTPServer#start: pid=22585
port=9292
127.0.0.1 - - [04/Jul/2023:14:01:40 +0900] "GET / HTTP/1.1" 200
265 0.0043
127.0.0.1 - - [04/Jul/2023:14:01:51 +0900] "GET
/?name=%3Cscript%3E HTTP/1.1" 200 269 0.0014
```

テンプレートを使ってレスポンスを返したい

関連項目

▶▶283 HTTPレスポンスの生成を簡単に行いたい

285 URLに応じた処理の切り替え（ルーティング）を設定したい

> **Syntax**

● **URLに応じて処理を切り替え**

```
map '/パスA' do
  run RackアプリケーションA
end

map '/パスB' do
  run RackアプリケーションB
end
```

※ Rack設定ファイル（config.ru）に記述する

　RackアプリケーションでURLに応じて処理を切り替えたい（ルーティングを設定したい）ときは、Rackミドルウェアの`Rack::URLMap`を利用します。`Rack::URLMap`はRackに含まれており、Rack以外のgemのインストールは必要ありません。

　`Rack::URLMap`はRack設定ファイル（`config.ru`）で`map`メソッドを用いて設定を行います。引数にはURLのパスを指定し、ブロック内で`run`や`use`メソッドを呼び出すことで、それぞれのRackアプリケーションを対応付けます。サンプルコードでは`/`、`/evening`、`/secret`の3つのパスを用意しました。`/secret`には`Rack::Auth::Basic`によるBasic認証（▶286）を設定しています。

■ **samples/chapter-21/285/config.ru**

```
require 'rack'
require_relative 'morning'
require_relative 'evening'

map '/' do
  run Morning.new
end

map '/evening' do
  run Evening.new
end

map '/secret' do
  use Rack::Auth::Basic do |username, password|
```

```ruby
  username_verified = Rack::Utils.secure_compare(
    Digest::SHA256.digest('foo'),
    Digest::SHA256.digest(username)
  )

  password_verified = Rack::Utils.secure_compare(
    Digest::SHA256.digest('bar'),
    Digest::SHA256.digest(password)
  )

  username_verified && password_verified
end

run Evening.new
end
```

■ samples/chapter-21/285/morning.rb

```ruby
class Morning
  def call(env)
    [200, {'content-type' => 'text/plain'}, ['Good morning!!']]
  end
end
```

■ samples/chapter-21/285/evening.rb

```ruby
class Evening
  def call(env)
    [200, {'content-type' => 'text/plain'}, ['Good evening!!']]
  end
end
```

rackupコマンドでサーバーを起動し、curlコマンドでhttp://localhost:9292に次のパスを付けてアクセスすると、ルーティングを適切に設定できていることが確認できます。

▸ /と/eveningにリクエストすると、設定したとおりにそれぞれ別のレスポンスが返る

▸ /secretにリクエストするとBasic認証に阻まれ、ステータスコード401が返る

▸ --userオプションでユーザー名とパスワードを指定して/secretにリクエストすると認証が通り、Good evening!!が返る

```
$ rackup config.ru
[2023-07-04 13:54:16] INFO  WEBrick 1.8.1
[2023-07-04 13:54:16] INFO  ruby 3.2.2 (2023-03-30) [arm64-
darwin22]
[2023-07-04 13:54:16] INFO  WEBrick::HTTPServer#start: pid=19995
port=9292
127.0.0.1 - - [04/Jul/2023:13:54:23 +0900] "GET / HTTP/1.1" 200
14 0.0020
127.0.0.1 - - [04/Jul/2023:13:54:27 +0900] "GET /evening HTTP/
1.1" 200 14 0.0003
127.0.0.1 - - [04/Jul/2023:13:54:32 +0900] "GET /secret HTTP/
1.1" 401 - 0.0002
127.0.0.1 - foo [04/Jul/2023:13:54:36 +0900] "GET /secret
HTTP/1.1" 200 14 0.0026
```

```
# rackup config.ru でサーバーを起動後、別のターミナル画面で実行する
$ curl http://localhost:9292/
Good morning!!

$ curl http://localhost:9292/evening
Good evening!!

$ curl -i http://localhost:9292/secret
HTTP/1.1 401 Unauthorized
Content-Type: text/plain
```

285

URLに応じた処理の切り替え（ルーティング）を設定したい

```
Content-Length: 0
WWW-Authenticate: Basic realm=""
Server: WEBrick/1.8.1 (Ruby/3.2.2/2023-03-30)
Date: Tue, 04 Jul 2023 04:54:32 GMT
Connection: Keep-Alive

$ curl -i --user foo:bar http://localhost:9292/secret
HTTP/1.1 200 OK
Content-Type: text/plain
Content-Length: 14
Server: WEBrick/1.8.1 (Ruby/3.2.2/2023-03-30)
Date: Tue, 04 Jul 2023 04:54:36 GMT
Connection: Keep-Alive

Good evening!!
```

関連項目

▶▶ 286 Basic認証を使いたい

286 Basic認証を使いたい

> Syntax

● **RackアプリケーションでBasic認証を使用**

```
use Rack::Auth::Basic do |username, password|
  username_verified = Rack::Utils.secure_compare(
    Digest::SHA256.digest('ユーザー名'),
    Digest::SHA256.digest(username)
  )

  password_verified = Rack::Utils.secure_compare(
    Digest::SHA256.digest('パスワード'),
    Digest::SHA256.digest(password)
  )

  username_verified && password_verified
end
```

※ Rack設定ファイル（config.ru）に記述する
※ require 'digest'が必要

　RackにはRackミドルウェアという仕組みがあり、Rackアプリケーションに簡単に機能を追加できるようになっています。Rackに同梱されているミドルウェアとしては、ファイルをそのまま配信するための**Rack::Static**（ ▶▶287 ）や、レスポンスを圧縮して送信する**Rack::Deflater**などがあります。さらに、外部gemとしても、条件に基づいてアクセス制限を行える**Rack::Attack**（ ▶▶289 ）など、多数のRackミドルウェアが存在します。このようにRackの仕様に準拠することで、さまざまなRackミドルウェアの恩恵を受けながらWebアプリケーションを開発できます。

■ Basic認証を使う

　RackアプリケーションでBasic認証を使いたいときは、Rackミドルウェアの**Rack::Auth::Basic**を利用します。**Rack::Auth::Basic**はRackに含まれており、Rack以外のgemのインストールは必要ありません。

　Rackミドルウェアを使うには、Rack設定ファイル（**config.ru**）に**use**メソッドを記述し、引数にそのRackミドルウェアを指定します。

　Rack::Auth::Basicでは、ブロックを用いてBasic認証の設定を行います。具体的には、ブロックパラメータとしてBasic認証のユーザー名とパスワードを受け取り、ブロック内でこれらの認証情報を利用した式を評価します。そして、ブロックの返り値が真であれば認証を通し、Rackアプリケーションの処理を続けます。一方、偽であれば認証を通さず、ステータスコード401を返してそこで処理を終了します。

なお、サンプルコードでは==演算子を使わず、**Rack::Utils.secure_compare**を用いて
ユーザー名とパスワードを比較しています。単純な文字列比較では、タイミング攻撃（比較にかかる処理
時間から機密情報を推測する攻撃手法）に脆弱である可能性があります。そのため、セキュアな文字
列比較を行うためのメソッドである**Rack::Utils.secure_compare**を利用するのが安全です。
引数には固定長の文字列を渡す必要があるため、digestライブラリを利用してSHA-256のハッシュ値
を取得し、その値を使って比較します。

■ samples/chapter-21/286/config.ru

```ruby
require 'rack'
require 'digest'
require_relative 'sample_app'

use Rack::Auth::Basic do |username, password|
  username_verified = Rack::Utils.secure_compare(
    Digest::SHA256.digest('ruby'),
    Digest::SHA256.digest(username)
  )

  password_verified = Rack::Utils.secure_compare(
    Digest::SHA256.digest('rails'),
    Digest::SHA256.digest(password)
  )

  username_verified && password_verified
end

run SampleApp.new
```

■ samples/chapter-21/286/sample_app.rb

```ruby
class SampleApp
  def call(env)
    [200, {'content-type' => 'text/plain'}, ['Hello, Rack!!']]
  end
end
```

rackupコマンドでサーバーを起動し、curlコマンドでhttp://localhost:9292/にアクセスします。次の実行例のように、ユーザー名とパスワードを指定していないときは、SampleApp#callで指定したレスポンスを返さずにステータスコード401を返しており、Basic認証によるアクセス制限を確認できます。--userオプションでユーザー名とパスワードを指定すると、ステータスコード200とともにHello, Rack!!のレスポンスが返ることも確認できます。

```
$ rackup config.ru
[2023-07-04 12:24:46] INFO  WEBrick 1.8.1
[2023-07-04 12:24:46] INFO  ruby 3.2.2 (2023-03-30) [arm64-
darwin22]
[2023-07-04 12:24:46] INFO  WEBrick::HTTPServer#start: pid=97289
port=9292
127.0.0.1 - - [04/Jul/2023:12:24:56 +0900] "GET / HTTP/1.1" 401
- 0.0081
127.0.0.1 - ruby [04/Jul/2023:12:25:07 +0900] "GET / HTTP/1.1"
200 13 0.0045
```

```
# rackup config.ruでサーバーを起動後、別のターミナル画面で実行する
$ curl -i http://localhost:9292/
HTTP/1.1 401 Unauthorized
Content-Type: text/plain
Content-Length: 0
WWW-Authenticate: Basic realm=""
Server: WEBrick/1.8.1 (Ruby/3.2.2/2023-03-30)
Date: Tue, 04 Jul 2023 03:24:56 GMT
Connection: Keep-Alive

$ curl -i --user ruby:rails http://localhost:9292/
HTTP/1.1 200 OK
Content-Type: text/plain
Content-Length: 13
Server: WEBrick/1.8.1 (Ruby/3.2.2/2023-03-30)
Date: Tue, 04 Jul 2023 03:25:07 GMT
```

286

Basic認証を使いたい

```
Connection: Keep-Alive

Hello, Rack!!
```

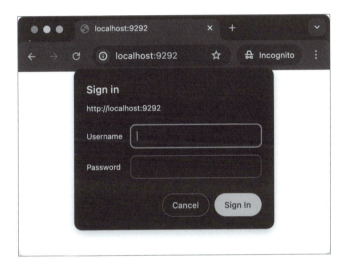

関連項目
- ▶▶287 ファイルをそのまま配信したい
- ▶▶289 条件に基づいてアクセス制限をしたい

287 ファイルをそのまま配信したい

Syntax

● **Rackアプリケーションでファイルをそのまま配信**

```
use Rack::Static, urls: ['/パス名'], root: ['ディレクトリ名']
```

※ Rack設定ファイル（config.ru）に記述する

Rackアプリケーションでファイルをそのまま配信したいときは、Rackミドルウェアの`Rack::Static`を利用します。`Rack::Static`はRackに含まれており、Rack以外のgemのインストールは必要ありません。

Rackミドルウェアを使うにはRack設定ファイル（`config.ru`）に`use`メソッドを記述し、引数にそのRackミドルウェアを指定します。

`Rack::Static`では、URLにおけるパスと、実際に配信されるディレクトリの対応関係を次のように記述します。

● **Rack::StaticにおけるURLパスとディレクトリの対応関係**

記法	URLにおけるパス	配信されるディレクトリ
`urls: ['/A']`	/A	./A
`urls: ['/A'], root: 'B'`	/A	./B/A
`urls: ['/A', '/B'], root: 'C'`	/Aおよび/B	./C/Aおよび./C/B

たとえば、`urls: ['/static']`とした場合、現在のディレクトリの配下にある`static`ディレクトリの内容が、`/static`以下のパスで配信されます。さらに、`root`を設定することで、パスとは異なるディレクトリ名で配信できます。

また、配信するディレクトリに対して、`root`以外のオプションも追加で設定できます。

● Rack::Staticにおける配信用のオプション

記法	説明
`index: 'index.html'`	/にアクセスされたときは`index.html`を返す
`cascade: true`	ファイルが存在しないとき、404を返す代わりに次のミドルウェアの処理を続ける

■ Rack::Staticを使ってファイルをそのまま配信する

　次のサンプルコードでは、`urls:`に複数のパスを指定し、さらに`root: 'public'`を設定しています。こうすることで、`/css`以下にアクセスすると`./public/css`以下のファイル、`/js`以下にアクセスすると`./public/js`以下のファイルが配信されるようになります。

　この設定のとおりに`public/css`と`public/js`ディレクトリを作成し、`public/css`の中には`main.css`を設置し、`public/js`の中には`main.js`を設置します。その上で、`SampleApp#call`では先ほど設置したCSS、JavaScriptを読み込むHTMLを作り、`Content-Type`を`text/html`に設定して、ブラウザがHTMLとして解釈できるようにします。

■ samples/chapter-21 / 287 / config.ru

```
require 'rack'
require_relative 'sample_app'

use Rack::Static, urls: ['/css', '/js'], root: 'public'

run SampleApp.new
```

■ samples/chapter-21 / 287 / sample_app.rb

```
class SampleApp
  def call(env)
    html = <<~HTML
      <html>
        <head>
          <link rel="stylesheet" href="/css/main.css">
```

⟩⟩

643

```
        <script src="/js/main.js"></script>
      </head>
      <body>
        <p>Hello, Rack!!</p>
      </body>
    </html>
  HTML

  [200, {'content-type' => 'text/html'}, [html]]
  end
end
```

■ samples/chapter-21/287/public/css/main.css

```css
p {
  font-size: 3em;
}
```

■ samples/chapter-21/287/public/js/main.js

```javascript
alert("Hello!!");
```

rackupコマンドでサーバーを起動し、ブラウザでhttp://localhost:9292/にアクセスすると、読み込んだJavaScriptが実行され、Hello!!というアラートが表示されます。[OK]を押すとアラートは閉じてHTMLが表示されます。

287

ファイルをそのまま配信したい

```
$ rackup config.ru
[2023-07-04 12:30:20] INFO  WEBrick 1.8.1
[2023-07-04 12:30:20] INFO  ruby 3.2.2 (2023-03-30) [arm64-
darwin22]
[2023-07-04 12:30:20] INFO  WEBrick::HTTPServer#start: pid=99459
port=9292
127.0.0.1 - - [04/Jul/2023:12:30:29 +0900] "GET / HTTP/1.1" 200
167 0.0036
127.0.0.1 - - [04/Jul/2023:12:30:34 +0900] "GET /css/main.css
HTTP/1.1" 200 50 0.0062
127.0.0.1 - - [04/Jul/2023:12:30:38 +0900] "GET /js/main.js
HTTP/1.1" 200 39 0.0011
```

288 Rackアプリケーションの ログ出力をフォーマットしたい

> Syntax

● **Rack::Loggerを使用する設定**

```
use Rack::Logger, ログレベル
```

※ Rack設定ファイル（config.ru）に記述する

● **Rackアプリケーションのログを出力**

```
env['rack.logger'].debug('メッセージ')
```

● **Rackアプリケーションのログを出力（ブロックを取る場合）**

```
env['rack.logger'].debug('タイトル') { 'メッセージ' }
```

　Rackアプリケーションのログ出力をフォーマットしたいときは、Rackミドルウェアの**Rack::Logger**を利用します。**Rack::Logger**はRackに含まれており、Rack以外のgemのインストールは必要ありません[注1]。Rackミドルウェアを使うにはRack設定ファイル（**config.ru**）に**use**メソッドを記述し、引数にそのRackミドルウェアを指定します。

　Rack::Loggerミドルウェアを有効にすると、**call**メソッドの引数env内にロガーオブジェクトが挿入され、Rackアプリケーションから**env['rack.logger']**で参照できるようになります。

　このオブジェクトはRubyの標準添付ライブラリであるLoggerクラス（▶227）のインスタンスです。ログレベルに応じて**info**や**warn**といったメソッドが用意されており、これらのメソッドを用いてログを出力します。また、引数とブロックを同時に渡すと、「**引数: ブロックの返り値**」の形でログが出力されます。これを利用して引数部分にプログラムや機能の名前などを書いておくことでログの見分けが付きやすくなります。

■ Rack::Loggerのログレベルについて

　Rack::Loggerの引数としてログレベルを設定すると、そのログレベルよりも低いログは出力されなくなります。設定を変更する際は、**Logger::WARN**のように**Logger**クラスの定数を指定します。warnの場合、debugとinfoレベルのログは出力されず、それ以上のレベルのログのみ出力されます。ログレベルのデフォルトはinfo（**Logger::INFO**）です。

注1　2024年6月現在、将来的にRackからRack::Loggerは削除される予定です。本章ではRack 3.0.11を利用していますが、Rack 3.1以降を使う場合、Webアプリケーションフレームワークなどが提供するログ出力用ミドルウェアを利用できないか検討してください。

■ Rack::Loggerを使ってログを出力する

次のサンプルコードでは、ログレベルをinfoに設定した上で、さまざまなログレベルでログを出力しています。

■ samples/chapter-21 / 288 / config.ru

```
require 'rack'
require_relative 'sample_app'

use Rack::Logger, Logger::INFO
run SampleApp.new
```

■ samples/chapter-21 / 288 / sample_app.rb

```
class SampleApp
  def call(env)
    env['rack.logger'].debug('デバッグ')
    env['rack.logger'].info('参考')
    env['rack.logger'].warn('警告')
    env['rack.logger'].error('エラー')
    env['rack.logger'].fatal('致命的エラー')
    env['rack.logger'].unknown('エラー')
    env['rack.logger'].info('タイトル') { '参考情報' }

    [200, {'content-type' => 'text/plain'}, ['Hello, Rack!!']]
  end
end
```

rackupコマンドでサーバーを起動し、curlコマンドで http://localhost:9292/ にアクセスします。ログメッセージの前にログレベルや日時などの情報が追加され、よりログ出力時の状況が把握しやすくなっています。また、ログレベルがinfoに設定されているため、debugレベルのログは出力されていないことがわかります。

288

Rackアプリケーションのログ出力をフォーマットしたい

```
$ rackup config.ru
[2024-04-06 12:47:24] INFO  WEBrick 1.8.1
[2024-04-06 12:47:24] INFO  ruby 3.3.0 (2023-12-25) [arm64-
darwin23]
[2024-04-06 12:47:24] INFO  WEBrick::HTTPServer#start: pid=79113
port=9292

# rackup config.ru でサーバーを起動後、別のターミナル画面で実行する
$ curl http://localhost:9292/
Hello, Rack!!
```

```
# curlでアクセスしたときのRackアプリのログ
I, [2024-04-06T12:47:29.792252 #79113]  INFO -- : 参考情報
W, [2024-04-06T12:47:29.792336 #79113]  WARN -- : 警告
E, [2024-04-06T12:47:29.792359 #79113] ERROR -- : エラー
F, [2024-04-06T12:47:29.792368 #79113] FATAL -- : 致命的エラー
A, [2024-04-06T12:47:29.792377 #79113]   ANY -- : エラー
I, [2024-04-06T12:47:29.792384 #79113]  INFO -- タイトル: 参考情報
```

関連項目

▶▶227 ログを標準出力に出力したい

289 条件に基づいてアクセス制限をしたい

Syntax

● **Rack::Attackを利用したリクエストの拒否**

```
use Rack::Attack

Rack::Attack.blocklist_ip('IPアドレス')
Rack::Attack.blocklist('設定名') do |request|
  requestを用いて条件を記述
end
```

● **Rack::Attackを利用したリクエストの許可**

```
use Rack::Attack

Rack::Attack.safelist_ip('IPアドレス')
Rack::Attack.safelist('設定名') do |request|
  requestを用いて条件を記述
end
```

※ require 'rack/attack'が必要
※ Rack設定ファイル（config.ru）に記述する

　Rackアプリケーションで、条件に基づいたリクエストの許可／拒否といったアクセス制限を行いたいときは、RackミドルウェアのRack::Attack（https://github.com/rack/rack-attack）を利用します。Rack::AttackはRackには含まれていない外部gemです。gemコマンドを用いてインストールします。

```
$ gem install rack-attack -v 6.7.0
```

　Rack::Attackを使うにはRack設定ファイル（config.ru）内でrequireでライブラリを読み込んだあと、use Rack::Attackと記述します。Rack::Attackはいくつかのアクセス制限方法を提供しています。主なものを次に示します。

- **Rack::Attackによるアクセス制限で使用するメソッド**

メソッド	挙動
safelist_ip('A')	IPアドレスAのリクエストを許可
blocklist_ip('A')	IPアドレスAのリクエストを拒否
safelist('設定名') do ... end	ブロックの返り値が真であればリクエストを許可
blocklist('設定名') do ... end	ブロックの返り値が真であればリクエストを拒否

　Rack::Attack.safelist_ipとRack::Attack.blocklist_ipは、IPアドレスによる単純な許可／拒否設定です。単一のIPアドレス、もしくはCIDR表記によるIPアドレスの範囲を指定できます（例：'192.0.2.0'、'192.0.2.0/24'）。

　Rack::Attack.safelistとRack::Attack.blocklistは、ブロックの返り値が真のときに当該のリクエストを許可／拒否するメソッドです。引数には設定を区別するための名前（任意の文字列）を渡します。ブロック内では、ブロックパラメータとしてRack::Requestクラス（ ▶ 282 ）を継承したRack::Attack::Requestクラスのインスタンスが使用できるので、このオブジェクトからリクエストのパスやIPアドレスを取得し、これらを用いて条件を設定します。

　safelistはblocklistに比べて優先順位が高く、blocklistの条件にマッチしていても、safelistの条件にマッチしていればリクエストが許可されます。

　リクエストが許可された場合はRackアプリケーションの処理を継続しますが、拒否された場合はステータスコード403を返して処理を終了します。

■ Rack::Attackを使ってアクセス制限を行う

　次のサンプルコードでは、Rack::Attackを用いて以下の設定を行っています。

▶ /useragentへのリクエストで、User-Agentにcurlが含まれていたらリクエストを拒否する
▶ /adminへのリクエストを拒否する
▶ /adminへのリクエストで、localhostからのアクセスであればリクエストを許可する

289

条件に基づいてアクセス制限をしたい

■ samples/chapter-21/289/config.ru

```ruby
require 'rack'
require 'rack/attack'
require_relative 'sample_app'

use Rack::Attack

Rack::Attack.blocklist('block curl') do |request|
  request.path == '/useragent' &&
    request.user_agent.match?(/curl/)
end

Rack::Attack.blocklist('block admin access') do |request|
  request.path == '/admin'
end

Rack::Attack.safelist('allow localhost') do |request|
  request.path == '/admin' && ['127.0.0.1', '::1'].
include?(request.ip)
end

run SampleApp.new
```

■ samples/chapter-21/289/sample_app.rb

```ruby
class SampleApp
  def call(env)
    [200, {'content-type' => 'text/plain'}, ['Hello, Rack!!']]
  end
end
```

rackupコマンドでサーバーを起動し、curlコマンドでアクセスします。/useragentにアクセスすると、User-Agentにcurlが含まれており、1つ目のblocklistで指定した条件に合致するため403が返りますが、--user-agentオプションを用いてUser-Agentを変更すると、リクエストが許可されます。

また、/adminにアクセスすると、リクエストが拒否されずに許可されます。2つ目の条件で/adminへのアクセスをすべて拒否していますが、3つ目のRack::Attack.safelistの条件にマッチしているため、そちらが優先されてリクエストが許可されたことがわかります。

```
$ rackup config.ru
[2023-07-04 12:50:02] INFO  WEBrick 1.8.1
[2023-07-04 12:50:02] INFO  ruby 3.2.2 (2023-03-30) [arm64-
darwin22]
[2023-07-04 12:50:02] INFO  WEBrick::HTTPServer#start: pid=6288
port=9292
127.0.0.1 - - [04/Jul/2023:12:50:15 +0900] "GET /useragent
HTTP/1.1" 403 10 0.0019
127.0.0.1 - - [04/Jul/2023:12:50:22 +0900] "GET /useragent
HTTP/1.1" 200 13 0.0002
127.0.0.1 - - [04/Jul/2023:12:50:28 +0900] "GET /admin HTTP/1.1"
200 13 0.0003
```

```
# rackup config.ru でサーバーを起動後、別のターミナル画面で実行する
$ curl http://localhost:9292/useragent
Forbidden

$ curl --user-agent foo http://localhost:9292/useragent
Hello, Rack!!

$ curl http://localhost:9292/admin
Hello, Rack!!
```

条件に基づいてアクセス制限をしたい

Rack::Attackでは、これ以外にもいくつかのアクセス制限方法が用意されています。詳しくは以下のドキュメントを参照してください。

https://github.com/rack/rack-attack#usage

キャッシュストアが必要なRack::Attackの機能

　ここで解説したアクセス制限方法のほかに、Rack::Attackには規定の時間内にn回まではリクエストを許可し、それを上回るリクエストは拒否する「スロットリング」の機能もあります。スロットリングではリクエストの内容を記録しておく必要があるため、キャッシュを保存するストレージ（キャッシュストア）の設定が必要です。設定方法についてはRack::Attackのドキュメントを参照してください。

https://github.com/rack/rack-attack#cache-store-configuration

　たとえば以下のように設定すると、/loginへのPOSTリクエストのとき、同じIPアドレスからのリクエストを60秒以内に10回までは許可します。そして、それを上回るリクエストを送信されたときは拒否し、ステータスコード429を返します。

```
Rack::Attack.throttle('login limit', limit: 10, period: 60) do |req|
  if request.path == '/login' && request.post?
    request.ip
  end
end
```

関連項目

▶▶282　URLのクエリ文字列（URLパラメータ）を扱いたい

290 Rackミドルウェアを作成してリクエストやレスポンスを加工したい

Syntax

- **Rackミドルウェアを作成**

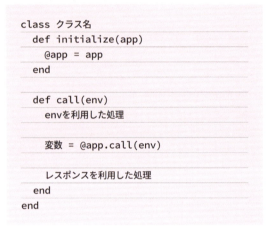

RackにはRackミドルウェアという仕組みがあり、Rackアプリケーションに簡単に機能を追加できるようになっています。本章ではここまで、Basic認証を提供する`Rack::Auth::Basic`（▶286）や、ファイルをそのまま配信するための`Rack::Static`（▶287）といった既存のRackミドルウェアを利用してきましたが、Rackミドルウェアを自作することもできます。

まずRackミドルウェアもRackアプリケーションの一種であるため、次の1～3の規約に基づいたRubyのオブジェクトを用意するところまでは同様です（▶281）。Rackミドルウェアはこれに加えて、4つ目の規約を満たす必要があります。

1. `call`という名前のメソッドを持つオブジェクトである
2. `call`メソッドの引数として、リクエストの内容をハッシュで受け取る
3. `call`メソッドの返り値は配列であり、ステータスコード（整数）、レスポンスヘッダー（ハッシュ）、レスポンスボディ（配列）の順で格納する
4. `new`メソッドの引数としてほかのRackアプリケーションを受け取る

4つ目の規約にしたがうことで、Rack設定ファイル（`config.ru`）で`use`メソッドを用いてRackミドルウェアを適用できるようになります。このため、Rackミドルウェアはクラスである必要があります（Rackアプリケーションの場合は`call`メソッドを持っていればよいので、必ずしもクラスである必要はありません）。

■ Rackミドルウェアの処理の流れ

Rackミドルウェアは、後続のRackミドルウェアまたはRackアプリケーションをnewメソッドの引数として受け取る、入れ子のような構造になっています。useはこのメソッド呼び出しを簡潔にするための構文で、次のコードはどちらも同じ意味になります。

```
# useを使った構文
use A
use B
use C
run Rackアプリケーション
```

```
# useを使わない構文
run A.new(B.new(C.new(Rackアプリケーション)))
```

このように定義したとき、リクエストはA→B→C→Rackアプリケーションの順、レスポンスはRackアプリケーション→C→B→Aの順に流れていきます。これを利用すると、リクエストがRackアプリケーションへ到達する前にミドルウェアでリクエストを加工できます。また逆に、Rackアプリケーションから送られてきたレスポンスをミドルウェアで加工することもできます。具体的な処理は次のようになります。

▶ newメソッドの引数としてほかのRackアプリケーションを受け取り、インスタンス変数 (@app) に格納する
▶ @app.callを呼び出す前にenvを用いた処理を行う (リクエストを加工する)
  ▶ このとき、@app.callを呼ばずにその場でレスポンスを返すと、後続のRackアプリケーションの処理がキャンセルされ、そこでアプリケーションが終了する
▶ 処理したenvを引数にして@app.callを呼び出す
▶ @app.callの返り値を用いた処理を行う (レスポンスを加工する)
▶ レスポンスを返す

■ リクエストを加工するRackミドルウェアを作成する

ここでは、リクエストを加工する例として、特定のトークンが送信されたときにのみリクエストを許可するTokenAuthenticationミドルウェアを実装します。TokenAuthenticationミドルウェアは次の処理を行います。

655

- ▶ 送信されたトークンをAuthorizationヘッダーから取り出す
- ▶ トークンが設定した文字列と一致していたら@app.callを呼び出して処理を続ける
- ▶ 一致していない場合はcallを呼ばずに、その場でステータスコード401を返して処理を終了する

　Rackではリクエストヘッダーをenv['HTTP_ヘッダー名']で取得できます。Authorizationヘッダーであればenv['HTTP_AUTHORIZATION']となります。このヘッダーからトークンを取り出し、Rack::Utils.secure_compareで比較します。また、ステータスコード401を返す際のレスポンスの生成には、Rack::Responseクラス（▶283）を利用しています。

■ samples/chapter-21/290/token_authentication.rb

```ruby
require 'digest'

class TokenAuthentication
  HASHED_TOKEN = Digest::SHA256.digest('foobarbazqux')

  def initialize(app)
    @app = app
  end

  def call(env)
    token = env['HTTP_AUTHORIZATION'].to_s.delete_prefix('Bearer ')

    if Rack::Utils.secure_compare(
       HASHED_TOKEN, Digest::SHA256.digest(token))
      @app.call(env)
    else
      response = Rack::Response.new('Unauthorized', 401)
      response.content_type = 'text/plain'
      response.finish
    end
  end
end
```

290

Rackミドルウェアを作成してリクエストやレスポンスを加工したい

■ レスポンスを加工するRackミドルウェアを作成する

次に、レスポンスを加工する例として、レスポンスボディに含まれる特定のワードを置き換える ReplaceHelloミドルウェアを実装します。ReplaceHelloミドルウェアは次の処理を行います。

▶ @app.callを呼ぶ

▶ @app.callの返り値のうち、レスポンスボディをgsub!メソッドを用いて置換する

▶ X-Replace-Helloレスポンスヘッダーを追加し、レスポンスの書き換えが行われたかどうかを出力する

▶ 加工したレスポンスを返す

■ samples/chapter-21/290/replace_hello.rb

```ruby
class ReplaceHello
  def initialize(app)
    @app = app
  end

  def call(env)
    status, headers, body = @app.call(env)
    replaced = false

    body.each do |b|
      if b.gsub!(/hello/i, 'こんにちは')
        replaced = true
      end
    end

    headers['x-replace-hello'] = replaced.to_s
    response = Rack::Response.new(body.join, status, headers)
    response.finish
  end
end
```

657

■ Rackミドルウェアを組み合わせて利用する

config.ruでは、自作したTokenAuthenticationとReplaceHelloミドルウェアを
useメソッドで適用します。さらに、Rack::Runtimeミドルウェアも適用しました。
Rack::Runtimeは処理にかかった時間を記録し、X-Runtimeレスポンスヘッダーに出力します。
既存のものと自作のものを組み合わせて意図どおりに動作するかどうか確認してみましょう。

■ samples/chapter-21/290/config.ru

```
require 'rack'
require_relative 'token_authentication'
require_relative 'replace_hello'
require_relative 'sample_app'

use Rack::Runtime
use TokenAuthentication
use ReplaceHello

run SampleApp.new
```

■ samples/chapter-21/290/sample_app.rb

```
class SampleApp
  def call(env)
    request = Rack::Request.new(env)
    text =
      if request.path == '/ja'
        'おはよう、Rack!!'
      else
        'Hello, Rack!!'
      end

    response = Rack::Response.new(text)
    response.content_type = 'text/plain'
    response.finish
  end
end
```

290

Rackミドルウェアを作成してリクエストやレスポンスを加工したい

　rackupコマンドでサーバーを起動し、curlコマンドでhttp://localhost:9292/にアクセスします。
Authorizationヘッダーを送信しない場合は、TokenAuthenticationミドルウェアによりステータスコード401が返ってきますが、--headerオプションを用いて正しいトークンを送信した場合は、リクエストが許可され、Rackアプリケーションからのレスポンスが返ります。

　このとき、ReplaceHelloミドルウェアによって、レスポンスの「Hello」が「こんにちは」に書き換えられ、書き換えが行われたことを示すX-Replace-Hello: trueレスポンスヘッダーが追加されます。一方、URLの末尾に/jaを付けた場合のレスポンスにはHelloが含まれていないため書き換えが行われず、X-Replace-Hello: falseになります。なお、Rack::Runtimeにより、X-Runtimeレスポンスヘッダーも出力されていることが確認できます。

```
$ rackup config.ru
[2023-07-04 13:47:03] INFO  WEBrick 1.8.1
[2023-07-04 13:47:03] INFO  ruby 3.2.2 (2023-03-30) [arm64-
darwin22]
[2023-07-04 13:47:03] INFO  WEBrick::HTTPServer#start: pid=16377
port=9292
127.0.0.1 - - [04/Jul/2023:13:47:08 +0900] "GET / HTTP/1.1" 401
12 0.0047
127.0.0.1 - - [04/Jul/2023:13:47:24 +0900] "GET / HTTP/1.1" 200
23 0.0029
127.0.0.1 - - [04/Jul/2023:13:47:33 +0900] "GET /ja HTTP/1.1"
200 21 0.0002
```

```
# rackup config.ru でサーバーを起動後、別のターミナル画面で実行する
$ curl -i http://localhost:9292/
HTTP/1.1 401 Unauthorized
Content-Type: text/plain
X-Runtime: 0.002646
Content-Length: 12
Server: WEBrick/1.8.1 (Ruby/3.2.2/2023-03-30)
Date: Tue, 04 Jul 2023 04:47:08 GMT
Connection: Keep-Alive
```

659

```
Unauthorized

$ curl -i --header 'Authorization: Bearer foobarbazqux' http:// ⮐
localhost:9292/
HTTP/1.1 200 OK
Content-Type: text/plain
X-Replace-Hello: true
X-Runtime: 0.002735
Content-Length: 23
Server: WEBrick/1.8.1 (Ruby/3.2.2/2023-03-30)
Date: Tue, 04 Jul 2023 04:47:24 GMT
Connection: Keep-Alive

こんにちは, Rack!!

$ curl -i --header 'Authorization: Bearer foobarbazqux' http:// ⮐
localhost:9292/ja
HTTP/1.1 200 OK
Content-Type: text/plain
X-Replace-Hello: false
X-Runtime: 0.000057
Content-Length: 21
Server: WEBrick/1.8.1 (Ruby/3.2.2/2023-03-30)
Date: Tue, 04 Jul 2023 04:47:33 GMT
Connection: Keep-Alive

おはよう、Rack!!
```

290 Rackミドルウェアを作成してリクエストやレスポンスを加工したい

Ruby on RailsとRackミドルウェア

　Ruby on RailsもRackをベースにして構築されたWebアプリケーションフレームワークです。`rails middleware`コマンドを実行すると、そのRailsアプリケーションで適用されているRackミドルウェアの一覧を表示できます。たとえば作成直後のRailsアプリケーションでは、次のようになります。

```
$ rails middleware
use ActionDispatch::HostAuthorization
use Rack::Sendfile
use ActionDispatch::Static

…省略…
use Rack::TempfileReaper
run SampleApp::Application.routes
```

　`ActionDispatch`などRails側に用意されたRackミドルウェアも多いですが、`Rack::Sendfile`や`Rack::Runtime`など、Rackが提供するミドルウェアをそのまま使っているものもあります。RailsアプリケーションがRackアプリケーションでもあり、さまざまなRackミドルウェアの恩恵を受けていることがわかるでしょう。Rackアプリケーションであるということは、Railsアプリケーションにも、「▶▶289　条件に基づいてアクセス制限をしたい」で紹介した`Rack::Attack`など、gemとして提供されているRackミドルウェアを組み込むことができます。

　リクエストの内容を見てアクセス制限を行ったり、レスポンスヘッダーを追加したりなど、アプリケーションから切り離せる汎用的な機能はRackミドルウェアとして実装するのも1つの選択肢です。そうすればRailsアプリケーションだけでなく、他のWebアプリケーションフレームワークであるSinatraなどのすべてのRackアプリケーションで利用できるようになります。

関連項目

- ▶▶281　簡単なWebアプリケーションを作りたい
- ▶▶283　HTTPレスポンスの生成を簡単に行いたい
- ▶▶286　Basic認証を使いたい
- ▶▶287　ファイルをそのまま配信したい
- ▶▶289　条件に基づいてアクセス制限をしたい

参考文献一覧

全般

- 「プログラミング言語 Ruby リファレンスマニュアル」
Ruby開発チーム
https://docs.ruby-lang.org/ja/

- 「Documentation for Ruby」
Ruby開発チーム
https://docs.ruby-lang.org/en/

- 『プログラミング言語Ruby』
David Flanagan、まつもとゆきひろ 著、卜部昌平 監訳、長尾高弘 訳、オライリー・ジャパン、2009年
https://www.oreilly.co.jp/books/9784873113944/

- 『改訂2版 パーフェクトRuby』
Rubyサポーターズ 著、技術評論社、2017年
https://gihyo.jp/book/2017/978-4-7741-8977-2

Chapter 5

- 『暗号技術入門 第3版』
結城浩 著、SBクリエイティブ、2015年
https://www.sbcr.jp/product/4797382228/

Chapter 8

- 『メタプログラミングRuby 第2版』
Paolo Perrotta 著、角征典 訳、オライリー・ジャパン、2015年
https://www.oreilly.co.jp/books/9784873117430/

Chapter 11

- 『[改訂新版] プログラマのための文字コード技術入門』
矢野啓介 著、技術評論社、2018年
https://gihyo.jp/book/2019/978-4-297-10291-3

Chapter 13

- 『Everyday Rails - RSpecによるRailsテスト入門』
Aaron Sumner 著、伊藤淳一 訳
https://leanpub.com/everydayrailsrspec-jp

- 『単体テストの考え方/使い方』
Vladimir Khorikov 著、須田智之 訳、マイナビ出版、2022年
https://book.mynavi.jp/ec/products/detail/id=134252

INDEX

記号・数字

#	20
'	62
"	62
!	74,75
!!	74
%	24,62,207
&	107
&&	75
&.	119
*	24
**	24,114
+	24,204
-	24,235
..	89
...	89
/	24,232
:	69,81,100,103,136
<	26,286
<<	66,204,271
<=>	169
=	88
==	26
===	197
?	136
?!	242
@	261,266
@@	263
[]	27,235
\	63,237
^	142
_	21,23
`	127
|	107,247
||	75
~	389
2進数	59
8進数	59
10進数	59
16進数	59

A

absメソッド（Numeric）	359
accumulator	180
Active Recordライブラリ	592
Active Support（gem）	339,351,359
addメソッド（Set）	198

addメソッド（Zip::File） — 530
all?メソッド（Array） — 177
allowメソッド（RSpec） — 447
Alternativeパターン — 140
ancestorsメソッド — 300
and — 75
any?メソッド（Array） — 178
APIクライアントライブラリ — 617
ARGV — 35,552
Arrayクラス — 28
Arrayパターン — 140
Arrayメソッド — 171
attr_accessorメソッド — 283
attr_readerメソッド — 283
attr_writerメソッド — 283

B

Base64 — 183
Base64.encode64メソッド — 226
Base64.strict_encode64メソッド — 224
Base64.urlsafe_encode64メソッド — 224
Base64文字列 — 223
BasicObjectクラス — 300
Basic認証 — 634,638
beforeフック — 450
begin — 422,425
benchmarkライブラリ — 478
Benchmark.bmメソッド — 478
BigDecimal — 53
Bindingクラス — 467
binding.irb — 467
block_given?メソッド — 109
break — 152
bundle init — 494
bundle install — 494
Bundler — 494
bundleコマンド — 494
Bundler.require — 496
bundler/inline — 501

C

callメソッド — 107
callメソッド（Rack） — 621
capitalizeメソッド（String） — 213
case — 138
case-in — 140
case-when — 138
ceilメソッド — 55
centerメソッド（String） — 214
class — 257
CLI — 550

cloneメソッド ⋯⋯⋯⋯⋯⋯⋯⋯⋯⋯⋯ 124
closeメソッド（File）⋯⋯⋯⋯⋯⋯⋯⋯ 400
combinationメソッド（Array）⋯⋯⋯ 377
compactメソッド（Array）⋯⋯⋯⋯⋯ 166
Complexクラス ⋯⋯⋯⋯⋯⋯⋯⋯⋯⋯ 366
concatメソッド（String）⋯⋯⋯ 122,204
config.ruファイル ⋯⋯⋯⋯⋯⋯⋯⋯ 621
contextメソッド（RSpec）⋯⋯⋯⋯⋯ 455
countメソッド（Array）⋯⋯⋯⋯⋯⋯ 160
cover?メソッド ⋯⋯⋯⋯⋯⋯⋯⋯⋯⋯⋯ 90
CSSセレクター ⋯⋯⋯⋯⋯⋯⋯⋯⋯⋯ 606
CSV ⋯⋯⋯⋯⋯⋯⋯⋯⋯⋯⋯⋯⋯⋯⋯⋯ 507
CSVライブラリ ⋯⋯⋯⋯⋯⋯⋯⋯⋯⋯ 507
　　CSV.foreachメソッド ⋯⋯⋯⋯⋯ 507
　　CSV.generateメソッド ⋯⋯⋯⋯ 511
　　CSV.parseメソッド ⋯⋯⋯⋯⋯⋯ 507
　　CSV.readメソッド ⋯⋯⋯⋯⋯⋯ 507
curlコマンド ⋯⋯⋯⋯⋯⋯⋯⋯⋯⋯⋯ 621

D

Data ⋯⋯⋯⋯⋯⋯⋯⋯⋯⋯⋯⋯⋯⋯⋯⋯ 97
Data.defineメソッド ⋯⋯⋯⋯⋯⋯⋯ 97
Date.leap? ⋯⋯⋯⋯⋯⋯⋯⋯⋯⋯⋯⋯ 333
dateライブラリ ⋯⋯⋯⋯⋯⋯⋯⋯⋯⋯ 326
Dateクラス ⋯⋯⋯⋯⋯⋯⋯⋯⋯⋯⋯⋯ 326
debugライブラリ ⋯⋯⋯⋯⋯⋯⋯⋯⋯ 472
def ⋯⋯⋯⋯⋯⋯⋯⋯⋯⋯⋯⋯⋯⋯⋯⋯⋯ 31
define_methodメソッド ⋯⋯⋯⋯⋯ 314
deleteメソッド ⋯⋯⋯⋯⋯ 163,187,199
delete_atメソッド（Array）⋯⋯⋯⋯ 163
delete_ifメソッド（Set）⋯⋯⋯⋯⋯⋯ 199
denominatorメソッド ⋯⋯⋯⋯⋯⋯⋯ 50
describeメソッド（RSpec）⋯⋯ 441,455
digestメソッド ⋯⋯⋯⋯⋯⋯⋯⋯⋯⋯ 228
digestライブラリ ⋯⋯⋯⋯⋯⋯ 227,639
Dir.chdirメソッド ⋯⋯⋯⋯⋯⋯⋯⋯ 411
Dir.childrenメソッド ⋯⋯⋯⋯⋯⋯⋯ 380
Dir.entriesメソッド ⋯⋯⋯⋯⋯⋯⋯ 380
Dir.exist?メソッド ⋯⋯⋯⋯⋯⋯⋯⋯ 385
Dir.globメソッド ⋯⋯⋯⋯⋯⋯⋯⋯⋯ 387
Dir.pwdメソッド ⋯⋯⋯⋯⋯⋯⋯⋯⋯ 411
divideメソッド（Set）⋯⋯⋯⋯⋯⋯⋯ 201
do ⋯⋯⋯⋯⋯⋯⋯⋯⋯⋯⋯⋯⋯⋯⋯⋯⋯ 146
downcaseメソッド（String）⋯⋯⋯ 213
downtoメソッド（Integer）⋯⋯⋯⋯ 150
dup ⋯⋯⋯⋯⋯⋯⋯⋯⋯⋯⋯⋯⋯⋯⋯⋯ 122

E

eachメソッド ⋯⋯⋯⋯⋯ 91,96,146,192
eachメソッド（File）⋯⋯⋯⋯⋯⋯⋯⋯ 408
each_lineメソッド（String）⋯⋯⋯ 216

each_lineメソッド（File）⋯⋯⋯⋯⋯ 408
each_pairメソッド ⋯⋯⋯⋯⋯⋯⋯⋯⋯ 96
each_with_indexメソッド（Array）⋯ 147
each_with_objectメソッド（Array）⋯ 182
elsif ⋯⋯⋯⋯⋯⋯⋯⋯⋯⋯⋯⋯⋯⋯⋯⋯ 134
empty?メソッド（Pathname）⋯⋯⋯ 414
encodeメソッド（String）⋯⋯⋯⋯⋯ 222
encodingメソッド（String）⋯⋯⋯⋯ 222
Encoding.name_listメソッド ⋯⋯⋯ 222
end ⋯⋯⋯⋯⋯⋯⋯⋯⋯⋯⋯⋯⋯⋯⋯⋯⋯ 31
ensure ⋯⋯⋯⋯⋯⋯⋯⋯⋯⋯⋯⋯⋯⋯ 433
Enumerable ⋯⋯⋯⋯⋯⋯⋯⋯⋯⋯⋯ 196
Enumerableモジュール ⋯⋯⋯⋯⋯⋯ 91
ENVオブジェクト ⋯⋯⋯⋯⋯⋯⋯⋯ 349
eof?メソッド（File）⋯⋯⋯⋯⋯⋯⋯⋯ 405
EOS（End Of String）⋯⋯⋯⋯⋯⋯ 65
equal?メソッド ⋯⋯⋯⋯⋯⋯⋯⋯⋯⋯ 70
ERBライブラリ ⋯⋯⋯⋯⋯⋯⋯⋯⋯ 629
eRuby ⋯⋯⋯⋯⋯⋯⋯⋯⋯⋯⋯⋯⋯⋯ 629
EUC-JP ⋯⋯⋯⋯⋯⋯⋯⋯⋯⋯ 222,404
Example ⋯⋯⋯⋯⋯⋯⋯⋯⋯⋯⋯⋯⋯ 437
Exif ⋯⋯⋯⋯⋯⋯⋯⋯⋯⋯⋯⋯⋯⋯⋯⋯ 539
expectメソッド（RSpec）⋯⋯⋯⋯⋯ 437
extend ⋯⋯⋯⋯⋯⋯⋯⋯⋯⋯⋯⋯⋯⋯ 292
extractメソッド（Zip::Entry）⋯⋯⋯ 532

F

FALSE ⋯⋯⋯⋯⋯⋯⋯⋯⋯⋯⋯⋯⋯ 26,72
FalseClassクラス ⋯⋯⋯⋯⋯⋯⋯⋯⋯ 72
fdivメソッド ⋯⋯⋯⋯⋯⋯⋯⋯⋯⋯⋯⋯ 24
Fileクラス ⋯⋯⋯⋯⋯⋯⋯⋯⋯⋯⋯⋯ 400
fileutilsライブラリ ⋯⋯⋯⋯⋯⋯⋯⋯ 391
filterメソッド（Array）⋯⋯⋯⋯⋯⋯ 175
filter_mapメソッド（Array）⋯⋯⋯ 179
Floatクラス ⋯⋯⋯⋯⋯⋯⋯⋯⋯⋯⋯⋯ 48
floorメソッド ⋯⋯⋯⋯⋯⋯⋯⋯⋯⋯⋯ 55
freezeメソッド ⋯⋯⋯⋯⋯⋯⋯⋯ 98,125

G

gem ⋯⋯⋯⋯⋯⋯⋯⋯⋯⋯⋯⋯⋯⋯⋯⋯ 485
gemコマンド ⋯⋯⋯⋯⋯⋯⋯⋯⋯⋯⋯ 485
Gemfile ⋯⋯⋯⋯⋯⋯⋯⋯⋯⋯⋯⋯⋯⋯ 494
getter ⋯⋯⋯⋯⋯⋯⋯⋯⋯⋯⋯⋯⋯⋯ 283
gimei（gem）⋯⋯⋯⋯⋯⋯⋯⋯⋯⋯⋯ 485
glob ⋯⋯⋯⋯⋯⋯⋯⋯⋯⋯⋯⋯⋯⋯⋯⋯ 387
gsubメソッド（String）⋯⋯ 209,252,255

H

has_key?メソッド（Hash）⋯⋯⋯⋯ 191
Hashクラス ⋯⋯⋯⋯⋯⋯⋯⋯⋯⋯⋯⋯ 29
Hashパターン ⋯⋯⋯⋯⋯⋯⋯⋯⋯⋯ 140

Hash.new	193
hexdigestメソッド	228
HTML ／ XMLパーサー	602
HTTPクライアント	602,615
HTTPリクエスト	459
HTTPレスポンス	626

I

if	33
if修飾子	135
ifブロック	137
imagメソッド（Complex）	366
ImageMagick	533
in	140
include	290
include?メソッド	90,197,210
indexメソッド（String）	248
initializeメソッド	257
injectメソッド	91,162,180
inspectメソッド	464
instance_of?メソッド	303
Integerクラス	59
internメソッド（String）	70
interpolation	206
IRB	39,467
is_a?メソッド	303
itメソッド（RSpec）	441

J

joinメソッド（Array）	174
JSON	504
jsonライブラリ	504

K

keysメソッド（Hash）	191
kind_of?メソッド	303

L

leap?メソッド（Date）	334
lengthメソッド	160,190,205
letメソッド（RSpec）	443
linenoメソッド（File）	408
linesメソッド（String）	216,218
ljustメソッド（String）	214
localtimeメソッド（Time）	350
loggerライブラリ	481
loop	148
lstripメソッド（String）	212

M

make	559

Makefile	559
mapメソッド（Array）	172
mapメソッド（Rack）	634
Markdown	522
MatchDataクラス	233
matchメソッド（Regexp）	233,254
matchメソッド（String）	233,254
Mathクラス	365
Math::E	372
Math::PI	372
maxメソッド	363
MD5	229
member?メソッド（Set）	197
mergeメソッド（Set）	198
methodsメソッド	298
method_missingメソッド	316
Microsoft Excel	544
minメソッド	363
MiniMagick（gem）	533
minitar（gem）	526
Minitar.packメソッド	526
Minitar.unpackメソッド	529
minitest	434
Mix-in	290
module	288
module_functionメソッド	295
MySQL	574
mysql2（gem）	574

N

namespace（Rake）	561
net/httpライブラリ	602
Net::HTTP.getメソッド	602
next	153
next_dayメソッド（Date）	336,341
next_monthメソッド（Date）	336
next_yearメソッド（Date）	336
nil	74,78,90,119,166
NilClassクラス	79
nkfライブラリ	220
NKF.nkfメソッド	220
Nokogiri（gem）	602
Nokogiri::HTML5メソッド	602
not	75
null	78
numeratorメソッド	50
Numericクラス	359

O

Objectクラス	287,300
object_id	70

665

object_idメソッド 70
Octokit（gem） 617
onメソッド（OptionParser） 550
open3ライブラリ 128
optparseライブラリ 550
or 75

P

pメソッド 464
packメソッド（Array） 183
parse!メソッド（OptionParser） 552
pathnameライブラリ 414
PDF 541
PerfectTOML（gem） 520
permutationメソッド（Array） 377
pg（gem） 583
popメソッド（Array） 159,163
post_matchメソッド（MatchData） 257
PostgreSQL 583
ppメソッド 465
Prawn（gem） 541
prawn-table（gem） 541
pre_matchメソッド（MatchData） 257
prepend 311
prependメソッド（String） 122
prev_dayメソッド（Date） 336
prev_monthメソッド（Date） 336
prev_yearメソッド（Date） 336
private 272,278
private_class_method 272
private_constantメソッド 80
Process::Statusクラス 127
protected 278
PST 349
public 278
pushメソッド（Array） 125,162
puts 19
putsメソッド（File） 410

R

Rack 620
　Rack::Attack 649
　Rack::Auth::Basic 638
　Rack::Deflater 638
　Rack::Logger 646
　Rack::Request 626
　Rack::Response 624
　Rack::Static 642
　Rack::URLMap 634
rackupコマンド 620
Rackアプリケーション 620

Rackミドルウェア 638,661
raise 422
Rake 559
Rakefile 559
randメソッド 373
Rangeクラス 89
Range.newメソッド 89
Rationalオブジェクト 50
rbenv 43
readメソッド（File） 405
readlineメソッド（File） 405
readlinesメソッド（File） 405
realメソッド（Complex） 366
Redcarpet（gem） 522
Redis 596
redis（gem） 596
reduceメソッド（Array） 180
refine 306
Refinements 306
Regexp.unionメソッド 247
Regexpクラス 232
rejectメソッド（Array） 176,218
REPL 467
replaceメソッド（String） 125
require 41
require_relative 443
rescue 424,429
respond_to?メソッド 304,318
respond_to_missing?メソッド 318
retry 432
return 31,155
reverseメソッド（Array） 170
rindexメソッド（String） 248
rjustメソッド（String） 214
roundメソッド 55
RSpec 434
RSpec.configureメソッド 451
RSpec.describeメソッド 437
rspecコマンド 439
rspec-mocks 447
RSS 604
rssライブラリ 604
rstripメソッド（String） 212
rubyコマンド 18
Rubyスクリプト 18,35,36
ruby-build 43
Ruby on Rails 623,661
RubyGems 485
rubyXL（gem） 544
rubyzip（gem） 530
runメソッド（Rack） 620,634

666

S

scanメソッド（String） 235,249
securerandomライブラリ 38,375
selectメソッド（Array） 175
self 269,271
sendメソッド 320
setライブラリ 195
setter 283
SHA-1 229
shallow copy 123
shebang 36
shiftメソッド（Array） 159,163
Shorthand Syntax 189
singleton_methodsメソッド 293
sizeメソッド 160,190,205
sliceメソッド（String） 211
sortメソッド（Array） 168
sort_byメソッド（Array） 170
splitメソッド（String） 253
sprintf 207
SQLite 566
sqlite3（gem） 566
SQLインジェクション 569
srand 374
strftimeメソッド（Date） 344
strftimeメソッド（Time） 344
stripメソッド（String） 212
Structクラス 94
subメソッド（String） 209,251
sumメソッド（Array） 364
superclassメソッド 300
symbolize_namesオプション 505,515
systemメソッド 128

T

tapメソッド 116
tar.gzファイル 526
task（Rake） 559
test-unit 434
thenメソッド 117
Thor（gem） 556
Timeクラス 324
Timecop（gem） 355
timesメソッド（Integer） 145
to_dateメソッド（Time） 353
to_iメソッド（String） 215
to_sメソッド 19,53,61
to_symメソッド（String） 70
to_timeメソッド（Date） 352
TOML 520
trメソッド（String） 209,220

U

TRUE 26,72
TrueClassクラス 72
truncateメソッド 55

Unicodeプロパティ 245
uniqメソッド（Array） 165
unless 132
unpackメソッド 183
unshiftメソッド（Array） 162
upcaseメソッド（String） 213
uptoメソッド（Integer） 150
uriライブラリ 613
URI.parseメソッド 613
URL 613
URLセーフ 224
useメソッド（Rack） 655
using 306
UTC 325,349
UTF-8 222,402

V

values_atメソッド（Hash） 185
Valueパターン 140
Variableパターン 140

W

wdayメソッド 329,330
WebMock（gem） 459
WEBrick（gem） 620
Webアプリケーション 620
when 138
while 149
writeメソッド（File） 409

X

XLSX 544
XPath 606
XSS 630

Y

YAML 513
yamlライブラリ 513
yieldメソッド 108

Z

zipファイル 530
Zip::Entryクラス 532
Zip::File.openメソッド 530
zlibライブラリ 526
zoneメソッド（Time） 349

あ行

アクセサメソッド	94,285
アクセス制限	649
浅いコピー	123
圧縮	526
アンカー	232,238
位置引数	103
イミュータブル	97
インクリメント演算子	88
インクルード	290
インスタンス変数	261,283
インスタンスメソッド	268,290
インデックス	27,147
うるう年	333
エイリアス	160
エスケープ	63,237
エラーメッセージ	423
エンコーディング	222,402
演算子	25,75,335
円周率	372
エンドレスメソッド定義	111
大文字	213
オプション	243,550
親クラス	286
親ディレクトリ	380
オープンクラス	313

か行

改行	216
返り値	31
角括弧	27
隠しファイル	384
拡張子	18,384
加算	24
可視性	278
数え上げ	150
カタカナ	244
括弧	101
可変長引数	113
仮引数	103,107
カレントディレクトリ	380,411
環境変数	349
外部エンコーディング	402
画像	533
ガード節	135
基数	61,215
キャッシュ	653
キャプチャ	255
切り上げ	55
切り捨て	55
キー	29

キーワード引数	95,103
空白行	218
空白文字	212,253
クエリパラメータ	613
クエリ文字列	624
組合せ	377
クラス	257
クラスインスタンス変数	266
クラスオブジェクト	270
クラス変数	263
クラスメソッド	100,269,292
繰り返し処理	145,147
グロブ	387
グローバル	311
グローバル変数	22
継承	286
継承関係	291,300
ゲッターメソッド	283
減算	24
公開範囲	278
構造体	94
後置if	135
後方互換性	485
コピー	122,395
コマンド呼び出し	126
コマンドライン	18
コマンドラインインタフェース	550
コマンドライン引数	35,550
コメント	20
小文字	213
コンストラクタ	257
合計値	364
子クラス	286
誤差	48,53
後読み	242

さ行

最小値	363
最小量指定子	240
最大値	363
再代入	80
先読み	242
作業自動化	559
サブクラス	286
サブコマンド	556
サブルーチン	31
三角関数	368
三項演算子	136
サーバー	621
シェルスクリプト	126
式展開	62,206

識別子	65	相対パス	389
四捨五入	55		
指数関数	370	**た行**	
指数表記	48	対称差	201
システムコマンド	126	対数関数	371
自然対数	371	タイムゾーン	325,349
四則演算	24	対話形式	39
集合	195	多重代入	85
集合演算	201	タスク	559,561
商	24	単体テスト	441
昇順	169	代入	21,85
小数	48	ダウンロード	610
処理性能	478	ダミーオブジェクト	94
ショートオプション	550	置換	209
真偽値	72,75	中置記法	25
シンボル	29,68,505	底	371
シード	373	定数	80
時刻	324	テスト	434
自己代入	87,262	テストケース	437,455
自己代入演算子	88	テストダブル	447
実行可能ファイル	36	展開	529
自動テスト	434	テンプレート	183,629
重複する要素	165	ディレクトリ	380
述語メソッド	331	デクリメント演算子	88
順列	377	デコード	225
条件式	33	デバッガ	467
乗算	24	デフォルト値	83,105
剰余	24	データ構造	27
除算	24	凍結	125
スクレイピング	602	特異クラス	270,275
スタブ	447	特異メソッド	270,275,293
ステータスコード	621		
スレッドセーフ	97	**な行**	
スロットリング	653	内部エンコーディング	402
スーパークラス	286	名前空間	296
正規表現	232,236	名前空間（Rake）	561
正規表現リテラル	232,246	ネイピア数	372
整形	207		
正弦関数	368	**は行**	
整数	23	配信	645
整数リテラル	23	配列	27
正接関数	368	破壊的メソッド	159
精度	53	端数処理	55
整列	169	ハッシュ	29,114
セッターメソッド	283	ハッシュ関数	227
接頭辞	59	ハッシュ値	227
セマンティックバージョニング	485	ハッシュロケット	30
セミコロン	111	範囲	89
絶対値	359	範囲演算子	89
絶対パス	389	半角文字	220
全角文字	220	バイナリ文字列	183

バックスラッシュ記法	62
バックトレース	474
バージョン	43,485
パイプ	37
パイプライン形式	117
パスセパレータ	386
パターン	234
パターンマッチ	140
パーセント記法	62,173,246
ヒアドキュメント	62
比較演算	26
比較演算子	26,169
引数	31
日付	326
標準出力	19
標準添付ライブラリ	41
ひらがな	244
ビッグエンディアン	183
ピン演算子	142
ファイル	380
フォーマット指示子	207
複素数	366
フック	450
浮動小数点数	48,53
ブレークポイント	467,475
ブロック	107,117
ブロックパラメータ	107
ブロック引数	107
分数	50
プリフィックス	59
プリペアドステートメント	569
平方根	365
ヘッダー	508
別名	160
補完	40
ホームディレクトリ	389

ま行

マッチ範囲	240
マッチャー	437
丸め	55
無限小	372
無限大	372
無限ループ	148
メソッド	31,100
メソッドチェーン	115,120
メタ文字	232,237
メンバー	97
文字クラス	232,235,245
文字コード	222
モジュール	288,296

モジュール関数	100,294
モック	447
モデル	592
モード	400

や行

有効桁数	55
有理数	50
ユニットテスト	441
要素	27
曜日	329
余弦関数	368
ライブラリ	485
乱数	373,375

ら行

リサイズ	535
リテラル	23
量指定子	240
ルーティング	634
例外	422
例外処理	422
レシーバ	100,117,278
レスポンスヘッダー	621
レスポンスボディ	621
連想配列	29
ログ	481,646
ログファイル	483
ログレベル	484
ロングオプション	550
論理演算	74,75
ローカル変数	21
ワンライナー	37

著者紹介

山本浩平

ソフトウェアエンジニア。GMOペパボ株式会社を経て、現在は株式会社一休に所属。GMOペパボではRuby on Railsなどを用いたECサイト構築サービスの開発に携わった。ソフトウェア開発に関するブログ記事執筆にも取り組む。Web上ではkymmt（@kymmt90）として活動。

下重博資

GMOペパボ株式会社に勤務するソフトウェアエンジニア。Ruby on Railsを用いたオリジナルグッズ作成サービスの開発に従事。Kaigi on RailsのオーガナイザーやRails Girlsのコーチとしてイベントの企画運営にも取り組む。Xアカウントは@shimoju_。

板倉悠太

ソフトウェアエンジニア。2010年にRubyを仕事で使い始め、2015年からRuby on RailsによるWebアプリケーション開発に携わる。GMOペパボ株式会社を経てフリーランスとなり、2024年にTARAREBA株式会社を設立、同社代表取締役。ネット上のIDはyuta25。

レビュー協力

伊藤滉祐
加山佳樹
高岡佑輔
中山志織
西田龍登
林優太
吉本康貴
渡部龍一

アートディレクション・	
カバーデザイン	山川香愛（山川図案室）
カバー写真	川上尚見
スタイリスト	浜田恵子
本文デザイン	原真一朗
編集・DTP	トップスタジオ（勝野久美子／相馬喜代子）

Rubyコードレシピ集

2024年9月7日 初版 第1刷発行

著　者	山本 浩平、下重 博資、板倉 悠太
発行者	片岡 巌
発行所	株式会社技術評論社
	東京都新宿区市谷左内町21-13
	電話　03-3513-6150　販売促進部
	03-3513-6170　第5編集部
印刷／製本	日経印刷株式会社

定価はカバーに表示してあります
本書の一部または全部を著作権法の定める範囲を超え、無断で複写、
複製、転載、テープ化、ファイルに落とすことを禁じます。

©2024　山本浩平、下重博資、板倉悠太

造本には細心の注意を払っておりますが、万一、乱丁（ページの乱れ）
や落丁（ページの抜け）がございましたら、小社販売促進部までお送り
ください。送料小社負担にてお取り替えいたします。

ISBN 978-4-297-14403-6　C3055

Printed in Japan

お問い合わせに関しまして

本書に関するご質問については、本書に記載されている内容に関するもののみとさせていただきます。本書の内容を超えるものや、本書の内容と関係のないご質問につきましては、一切お答えできませんので、あらかじめご了承ください。また、電話でのご質問は受け付けておりませんので、ウェブの質問フォームにてお送りください。FAXまたは書面でも受け付けております。

本書に掲載されている内容に関して、各種の変更などの開発・カスタマイズは必ずご自身で行ってください。弊社および著者は、開発・カスタマイズは代行いたしません。

ご質問の際に記載いただいた個人情報は、質問の返答以外の目的には使用いたしません。また、質問の返答後は速やかに削除させていただきます。

質問フォームのURL

https://gihyo.jp/book/2024/978-4-297-14403-6

※本書内容の訂正・補足についても上記URLにて行います。あわせてご活用ください。

FAXまたは書面の宛先

〒162-0846
東京都新宿区市谷左内町21-13
株式会社技術評論社　第5編集部
「Rubyコードレシピ集」係
FAX：03-3513-6179